# 电力领域
# 专利申请文件撰写
## 常见问题解析

主　编◎赵露泽
副主编◎徐珍霞　杨　静

知识产权出版社
全国百佳图书出版单位
—北京—

## 图书在版编目（CIP）数据

电力领域专利申请文件撰写常见问题解析/赵露泽主编. —北京：知识产权出版社，2022.10

ISBN 978-7-5130-7956-3

Ⅰ.①电… Ⅱ.①赵… Ⅲ.①电力工业—专利申请—写作—中国 Ⅳ.①G306.3

中国版本图书馆 CIP 数据核字（2022）第 182270 号

### 内容提要

本书包括两篇，第一篇为常见问题篇，通过六个典型案例分析电力领域专利申请文件撰写中常见的六类问题，每一类问题的分析均从案例出发，然后阐释法律规定及解释，再对问题详细分析，最后给出专利申请文件撰写时避免出现该问题的建议；第二篇为撰写示例篇，该篇首先介绍根据技术交底书，结合专利运用实际撰写专利申请文件的一般思路，然后给出电力变换、电力新业态、电感元件、导电材料、电机及其控制、开关连接器领域专利申请文件撰写示例，为相关领域专利申请文件的撰写提供参考。

读者对象：研发人员、专利申请人、专利代理师、企业 IPR 以及相关领域工作人员。

| 责任编辑：张利萍 | 责任校对：王 岩 |
|---|---|
| 封面设计：杨杨工作室·张冀 | 责任印制：刘泽文 |

## 电力领域专利申请文件撰写常见问题解析

主　编　赵露泽

副主编　徐珍霞　杨　静

| 出版发行：知识产权出版社有限责任公司 | 网　　址：http://www.ipph.cn |
|---|---|
| 社　　址：北京市海淀区气象路 50 号院 | 邮　　编：100081 |
| 责编电话：010-82000860 转 8387 | 责编邮箱：65109211@qq.com |
| 发行电话：010-82000860 转 8101/8102 | 发行传真：010-82000893/82005070/82000270 |
| 印　　刷：三河市国英印务有限公司 | 经　　销：新华书店、各大网上书店及相关专业书店 |
| 开　　本：720mm×1000mm　1/16 | 印　　张：19.5 |
| 版　　次：2022 年 10 月第 1 版 | 印　　次：2022 年 10 月第 1 次印刷 |
| 字　　数：350 千字 | 定　　价：96.00 元 |
| ISBN 978-7-5130-7956-3 | |

出版权专有　侵权必究

如有印装质量问题，本社负责调换。

## 编委会

**主　编**　赵露泽
**副主编**　徐珍霞　杨　静
**编　委**　黄　君　王晓燕　张海春
　　　　　李素娟　李　婧

# 前　言

专利申请文件是提出专利申请时必须提交的资料，专利申请文件撰写的质量一定程度上决定了专利申请是否可以获得授权，以及授权后专利的运用。

电力领域中涵盖的电力变换领域、电力新业态领域、电感元件领域、导电材料领域、电机及其控制领域、开关连接器领域等在专利申请文件撰写中存在一些较为典型的问题，从获取专利权方面来说，包括例如说明书公开不充分、专利申请不符合专利法规定的客体、权利要求不具备创造性、权利要求得不到说明书的支持、权利要求不具备单一性等；从专利权的运用方面来说，例如由于撰写的权利要求保护范围过小，而导致即使获得授权，专利运用效果不好或无法运用。

本书以案例引出电力领域专利申请文件常见问题，分析问题产生的原因并给出撰写建议；并对如何高质量地撰写相关领域专利申请文件给出撰写指引和具体撰写示例，为更多的创新者、专利代理师、企业 IPR 提供参考借鉴。

由于笔者知识水平有限，本书仅为抛砖引玉，疏漏在所难免，敬请各位读者斧正。

本书得到了国家知识产权局专利局各部门、创新主体、代理服务机构的支持和帮助，在此衷心感谢。

# 目 录

## 第一部分 常见问题

**第 1 章 说明书公开不充分** …………………………………… 3
  1.1 案例引出 …………………………………………………… 4
  1.2 法律规定及解释 …………………………………………… 6
  1.3 案例分析 …………………………………………………… 8
  1.4 撰写建议 …………………………………………………… 9

**第 2 章 发明创造不属于专利法保护的客体** ………………… 11
  2.1 案例引出 …………………………………………………… 12
  2.2 法律规定及解释 …………………………………………… 19
  2.3 案例分析 …………………………………………………… 21
  2.4 撰写建议 …………………………………………………… 22

**第 3 章 权利要求不具备创造性** ……………………………… 24
  3.1 案例引出 …………………………………………………… 25
  3.2 法律规定及解释 …………………………………………… 27
  3.3 案例分析 …………………………………………………… 28
  3.4 撰写建议 …………………………………………………… 31

**第 4 章 权利要求得不到说明书支持** ………………………… 33
  4.1 案例引出 …………………………………………………… 34
  4.2 法律规定及解释 …………………………………………… 43
  4.3 案例分析 …………………………………………………… 45
  4.4 撰写建议 …………………………………………………… 47

## 第 5 章　发明不具备单一性 ························ 50
### 5.1　案例引出 ························ 51
### 5.2　法律规定及解释 ························ 54
### 5.3　案例分析 ························ 55
### 5.4　撰写建议 ························ 56

## 第 6 章　独立权利要求写入非必要技术特征 ························ 57
### 6.1　案例引出 ························ 57
### 6.2　法律规定及解释 ························ 63
### 6.3　案例分析 ························ 65
### 6.4　撰写建议 ························ 66

# 第二部分　撰写示例

## 第 7 章　专利申请文件撰写一般思路 ························ 71
### 7.1　创新成果的分析 ························ 71
### 7.2　权利要求书的撰写 ························ 76
### 7.3　说明书及其摘要的撰写 ························ 78

## 第 8 章　电力变换领域 ························ 81
### 8.1　创新成果的分析 ························ 81
### 8.2　权利要求书的撰写 ························ 99
### 8.3　说明书及其摘要的撰写 ························ 108
### 8.4　发明专利申请的参考文本 ························ 109

## 第 9 章　电力新业态领域 ························ 127
### 9.1　创新成果的分析 ························ 127
### 9.2　权利要求书的撰写 ························ 138
### 9.3　说明书及其摘要的撰写 ························ 140
### 9.4　发明专利申请的参考文本 ························ 141

## 第 10 章　电感元件领域 ························ 160
### 10.1　创新成果的分析 ························ 160
### 10.2　权利要求书的撰写 ························ 170
### 10.3　说明书及其摘要的撰写 ························ 176
### 10.4　发明专利申请的参考文本 ························ 177

| 第 11 章 | 导电材料领域 | 187 |
|---|---|---|
| 11.1 | 创新成果的分析 | 187 |
| 11.2 | 权利要求书的撰写 | 201 |
| 11.3 | 说明书及其摘要的撰写 | 205 |
| 11.4 | 发明专利申请的参考文本 | 207 |
| 第 12 章 | 电机及其控制领域 | 223 |
| 12.1 | 创新成果的分析 | 223 |
| 12.2 | 权利要求书的撰写 | 237 |
| 12.3 | 说明书及其摘要的撰写 | 242 |
| 12.4 | 发明专利申请的参考文本 | 244 |
| 第 13 章 | 开关连接器领域 | 259 |
| 13.1 | 创新成果的分析 | 259 |
| 13.2 | 权利要求书的撰写 | 274 |
| 13.3 | 说明书及其摘要的撰写 | 285 |
| 13.4 | 发明专利申请的参考文本 | 287 |
| 参考文献 | | 301 |

# 第一部分

## 常见问题

# 第 1 章 说明书公开不充分

电力变换技术包括能够将具有一种形式/参数的电能变换为具有另一种形式/参数的电能从而满足传输或使用需求的涉及电路和控制的技术。

目前，该领域的技术发展更多地倾向于各部分电路结构的改进、已有电路结构与相适配的创新性控制方法的结合的改进、控制方法的改进以及与其他领域的技术的结合所带来的改进等，以进一步朝着高效能、高体积密度比、低成本、高兼容性和高鲁棒性的方向发展。

涉及电力变换技术的专利申请主要包括：

1) 电路结构类专利申请，例如电力变换主电路、辅助电路、保护电路和监测与检测电路等。

2) 控制方法类专利申请，例如控制算法以及仿真、设计、验证等。

3) 电路结构与相适配的控制方法相结合的专利申请，例如电力变换主电路或辅助电路与相适配的电力变换运行控制相结合的技术、保护电路与相适配的保护控制相结合的技术以及监测与检测电路与相适配的监测与检测控制相结合的技术等。

上述三种类型的专利申请的发明点通常涉及根据要解决的技术问题所采用的具体电路结构和/或控制方法的改进，其撰写的难点为：如何正确地描述上述改进，使得技术方案在具体实施时，具有上述改进的电路或系统能够正常运行并且解决其要解决的技术问题，即，达到专利申请的说明书应当清楚、完整，以使所属技术领域的技术人员能够实现的要求。

本章接下来将以上述第1) 种类型的专利申请、即电路结构类专利申请为例，通过下述案例引出、法律规定及解释以及案例分析三个部分，来详尽、透彻地分析该专利申请文件中存在的说明书公开不充分的问题。

## 1.1　案例引出

该专利申请涉及一种高压电源模块，说明书背景技术中记载：现有的高压电源不存在供电电源保护功能，当高压电源长时间处于高压输出状态时，会发生短路或损坏的情况，进而影响高压的稳定输出，导致与其连接的设备损坏。针对上述技术问题，本专利申请提出了一种包括由振荡电路和供电控制电路构成的控制驱动电路的高压电源模块，该高压电源模块能够长时间并且稳定地输出高压。

该专利申请涉及高压电源模块中控制驱动电路的结构改进。但是，在该专利申请的说明书中并没有正确地描述上述控制驱动电路的结构改进，使得所属技术领域的技术人员在按照说明书记载的内容进行实施时，电路不能正常工作，不能够解决现有技术中存在的"高压电源模块不能够长时间稳定输出高压"的技术问题，因此该专利申请的说明书不符合《中华人民共和国专利法》（以下简称《专利法》）第26条第3款的规定。

该专利申请的说明书（节选）如下：

随着科技的发展，市场需求的扩大，高压电源的应用越来越广泛。现有技术公开的高压电源一般是由控制电路、驱动电路、倍压整流滤波电路及电流或电压反馈电路组成的，但是现有的高压电源不存在供电电源保护功能，当高压电源长时间处于高压输出状态时，可能会发生短路或损坏的情况，进而影响高压的稳定输出，导致与其连接的设备损坏。

为了解决现有技术存在的问题，本发明提供一种高压电源模块，该高压电源模块可以保证长时间高压输出的稳定性。

下面结合图1-1所示的基于本发明的高压电源模块的电路结构示意图对本发明的技术方案进行说明。

本发明的技术方案如下：高压电源模块包括控制驱动电路 U2 和倍压整流滤波电路 U3。所述控制驱动电路 U2 通过变压器与倍压整流滤波电路 U3 连接。控制驱动电路 U2 控制输入电源 Vin 流入至变压器初级线圈 Lp1 和 Lp2 的电流，由此控制变压器次级线圈 Ls 的感应电压。变压器次级线圈 Ls 连接倍压整流滤波电路 U3，倍压整流滤波电路 U3 将变压器次级线圈 Ls 的感应电压转换为高压作为高压电源模块的输出。其中倍压整流滤波电路 U3 可为现有技术中通常的倍压整流滤波电路。

本发明的重点在于：控制驱动电路 U2 包括第一控制芯片 U1、第一电阻 R1、第二电阻 R2、第一电容 C1 至第三电容 C3、第一二极管 D1、第四二极管 D4、第一三极管 Q1 至第四三极管 Q4 等组成的振荡电路；以及第一三极管 Q1 至第四三极管 Q4、第七电阻 R7 至第八电阻 R8、第二十四电阻 R24、第一二极管 D1、第四二极管 D4 组成的供电控制电路。

所述振荡电路的振荡频率和输出占空比由第五电阻 R5 和第五电容 C5 决定。振荡电路输出信号受供电控制电路的控制。振荡电路的输出要通过第一三极管 Q1 才能够传输到变压器初级线圈上，振荡电路通过第一三极管 Q1 受第四二极管 D4 的控制。本发明可以根据第四二极管 D4 的稳定性设置预设值，进而控制整个高压电源模块的供电，为其长期稳定地输出高压提供保障。

其中，上述振荡电路和供电控制电路的具体连接如下：

所述第一控制芯片 U1 的第 2 引脚连接第一电阻 R1 的第一端，第 3 引脚连接第一电容 C1 的第一端，所述第一电阻 R1 的第二端和第一电容 C1 的第二端连接后接地；所述第一控制芯片 U1 的第 5 引脚连接第二电阻 R2 的第一端，第 6 引脚连接第二电容 C2 的第一端，所述第二电容 C2 的第二端和第二电阻 R2 的第二端连接后与第三电容 C3 的第一端连接，第三电容 C3 的第二端接地；所述第一控制芯片 U1 的第 8 引脚接+5V 电源，第 16 引脚连接第三电阻 R3 的第一端，第 14 引脚连接第四电容 C4 的第一端，第四电容 C4 的第二端连接第四电阻 R4 的第一端，所述第四电阻 R4 的第二端和第三电阻 R3 的第二端连接后接地，所述第一控制芯片 U1 的第 10 引脚和第 15 引脚均分别连接第五电阻 R5 的第一端、第五电容 C5 的第一端、第二十四电阻 R24 的第一端及第七电阻 R7 的第一端；所述第五电阻 R5 的第二端和第二电容 C5 的第二端连接后接地；所述第二十四电阻 R24 的第二端连接第四三极管 Q4 的基极，所述第四三极管 Q4 的发射极接地，集电极分别连接第六电阻 R6 的第一端及第三三极管 Q3 的集电极，所述第六电阻 R6 的第二端与第三三极管 Q3 的发射极连接后接+5V 电源，所述第三三极管 Q3 的基极通过第八电阻 R8 连接第二三极管 Q2 的基极，所述第二三极管 Q2 的发射极接地，集电极连接第四二极管 D4 的阳极，所述第七电阻 R7 的第二端连接第一三极管 Q1 的基极，所述第一三极管 Q1 的发射极接地，集电极连接第一二极管 D1 的阳极，第一二极管 D1 的阴极分别连接第四二极管 D4 的阴极、第七电容 C7 的第一端和变压器初级线圈 Lp2 的下端；所述变压器初级线圈 Lp1 的上端与第七电容 C7 的第二端连接，所述变压器初级线圈 Lp1 的另一端和 Lp2 的另一端均通过第十电阻 R10 连接第五二极管 D5 的阴极，第五二极管 D5 的阳极接供电输入端 +Vin。

其中第一控制芯片 U1 的型号可以为 LP3783 类控制芯片，或者是其他类控制芯片。

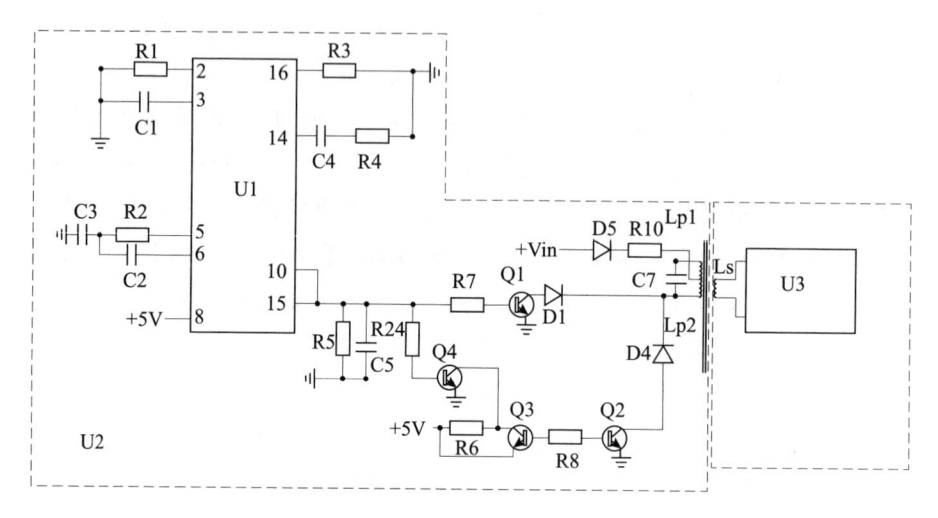

图 1-1 高压电源模块的电路结构示意图

该专利申请的权利要求中记载了高压电源模块中控制驱动电路 U2 的具体电路结构，与说明书中的描述一致。

## 1.2 法律规定及解释

《专利法》第 26 条第 3 款规定：说明书应当对发明或者实用新型作出清楚、完整的说明，以所属技术领域的技术人员能够实现为准。

《专利审查指南 2010》第二部分第二章第 2.1 节中指出：

说明书的内容应当清楚，具体应满足下述要求：

（1）主题明确。说明书应当从现有技术出发，明确地反映出发明或者实用新型想要做什么和如何去做，使所属技术领域的技术人员能够确切地理解该发明或者实用新型要求保护的主题。换句话说，说明书应当写明发明或者实用新型所要解决的技术问题以及解决其技术问题采用的技术方案，并对照现有技术写明发明或者实用新型的有益效果。上述技术问题、技术方案和有益效果应当相互适应，不得出现相互矛盾或不相关联的情形。

（2）表述准确。说明书应当使用发明或者实用新型所属技术领域的技术术语。说明书的表述应当准确地表达发明或者实用新型的技术内容，不得含糊不清或者模棱两可，以致所属技术领域的技术人员不能清楚、正确地理解该发明或者实用新型。

完整的说明书应当包括有关理解、实现发明或者实用新型所需的全部技术内容。

一份完整的说明书应当包含下列各项内容：

（1）帮助理解发明或者实用新型不可缺少的内容。例如，有关所属技术领域、背景技术状况的描述以及说明书有附图时的附图说明等。

（2）确定发明或者实用新型具有新颖性、创造性和实用性所需的内容。例如，发明或者实用新型所要解决的技术问题，解决其技术问题采用的技术方案和发明或者实用新型的有益效果。

（3）实现发明或者实用新型所需的内容。例如，为解决发明或者实用新型的技术问题而采用的技术方案的具体实施方式。

所属技术领域的技术人员能够实现，是指所属技术领域的技术人员按照说明书记载的内容，就能够实现该发明或者实用新型的技术方案，解决其技术问题，并且产生预期的技术效果。

以下各种情况由于缺乏解决技术问题的技术手段而被认为无法实现：

（1）说明书中只给出任务和/或设想，或者只表明一种愿望和/或结果，而未给出任何使所属技术领域的技术人员能够实施的技术手段；

（2）说明书中给出了技术手段，但对所属技术领域的技术人员来说，该手段是含糊不清的，根据说明书记载的内容无法具体实施；

（3）说明书中给出了技术手段，但所属技术领域的技术人员采用该手段并不能解决发明或者实用新型所要解决的技术问题；

（4）申请的主题为由多个技术手段构成的技术方案，对于其中一个技术手段，所属技术领域的技术人员按照说明书记载的内容并不能实现；

（5）说明书中给出了具体的技术方案，但未给出实验证据，而该方案又必须依赖实验结果加以证实才能成立。

《专利法》第26条第3款的作用主要体现在：申请人向社会公众公开其作出的具备新颖性、创造性和实用性的发明创造，换取国家授予其一定时间期限之内的专利独占权，即，申请人对其发明创造获得法律保护，这有利于鼓励其作出发明创造的积极性；同时，公众获得了新的技术信息，既能够在其基础上作出进一步改进，避免因重复研究开发而浪费社会资源，又能够促进发明创造的实施，有利于发明创造的推广应用。申请人和公众都有收获，因而是一种双赢的结果，这是实现《专利法》立法宗旨的基本保障❶。

判断说明书是否对发明或者实用新型作出了"清楚""完整"的说明，要看所属技术领域的技术人员根据说明书的记载是否能够实现该发明或者实用新型，如果所属技术领域的技术人员按照说明书记载的内容，能够实现该发明或者实用新型的技术方案，解决其技术问题，并且产生预期的技术效果，说明书就满足了"清楚""完整"的要求。因此，这里的"清楚""完整"是对说明书的实质内容的要求。如果所属技术领域的技术人员不能根据说明书的记载实现该发明或者实用新型，则无论说明书中的语句多顺畅，行文多清晰，也满足不了《专利法》第26条第3款对于"清楚""完整"的要求。

## 1.3 案例分析

根据说明书的记载，本专利申请的技术方案所要解决的技术问题是提供一种可以保证长时间稳定输出高压的高压电源模块，从而克服"现有的高压电源不存在供电电源保护功能，当高压电源长时间处于高压输出状态时，可能会发生短路或损坏的情况，进而影响高压的稳定输出，导致与其连接的设备损坏"的缺陷。

为了解决上述问题，本专利申请的说明书中记载："高压电源模块包括控制驱动电路 U2 和倍压整流滤波电路 U3，控制驱动电路 U2 包括振荡电路和供电控制电路，其中振荡电路和供电控制电路由如下元器件构成：第一控制芯片 U1、第一电阻 R1、第二电阻 R2、第一电容 C1 至第三电容 C3、第一二极管 D1、第四二极管 D4、第一三极管 Q1 至第四三极管 Q4、第七电阻 R7 至第八电阻 R8、第二十四电阻 R24。并且，振荡电路的振荡频率和输出占空比由第五电阻 R5 和第五电容 C5 决定，振荡电路输出信号受供电控制电路的控制。振荡电路的输出要通过第一三极管 Q1 才能够传输到变压器初级线圈上，振荡电路通过第一三极管 Q1 受第四二极管 D4 的控制。本专利申请可以根据第四

---

❶ 尹新天. 专利法详解 [M]. 北京：知识产权出版社，2011：357.

二极管 D4 的性能设置预设值，进而控制整个高压电源模块的供电，为其长期稳定地输出高压提供保障。"

由说明书的上述记载可知，控制驱动电路中的振荡电路、供电控制电路是该专利申请解决其所声称的要解决的技术问题的关键技术手段，是相对于现有技术的改进。

但是，根据说明书文字记载以及说明书附图中公开的振荡电路、供电控制电路的电路结构及其相关的功能描述，所属技术领域的技术人员可以发现，申请文件中记载的振荡电路和供电控制电路结构具有以下缺陷而无法正常工作：①第二三极管 Q2 与第三三极管 Q3 的基极仅通过电阻 R8 相互连接，由于三极管 Q2 和 Q3 的基极并没有连接至具有高低变化电平的控制信号，因此两个三极管的开关状态不会发生改变，从而与第二三极管 Q2 连接的第四二极管 D4 的状态不会发生改变，因此不会改变流经变压器初级绕组的电流，也不会影响第一三极管 Q1 的状态以及振荡电路的状态。②第三三极管 Q3 的发射极连接到 +5V 电源，其集电极通过电阻 R6 连接到 +5V 电源或者当第四三极管 Q4 导通时其集电极接地，即集电极电位始终低于发射极，而无法使集电结处于反偏状态，第三三极管 Q3 无法正常工作。③上述电路中的第一二极管 D1 和第四二极管 D4 的连接方向呈阻挡电流的方向，无法导通。因此，具有上述电路结构的控制驱动电路 U2 无法正常运行，更无法保证长时间稳定的高压输出，不能解决本专利申请声称所要解决的技术问题。可见本专利申请虽然在说明书中给出了技术手段，但所属技术领域的技术人员采用该技术手段不能解决该专利申请所要解决的技术问题并达到声称的技术效果。

因此，该专利申请的说明书不能满足使"所属技术领域的技术人员能够实现"的要求，由此，该专利申请说明书的撰写不符合《专利法》第 26 条第 3 款的规定，无法被授予专利权。

该专利申请属于电路中存在不能够正常工作的电路结构，由此使得整个电路无法解决该专利申请所要解决的技术问题，因此导致该专利申请的说明书不符合《专利法》第 26 条第 3 款的规定。

## 1.4 撰写建议

如果专利申请不满足《专利法》第 26 条第 3 款，即"说明书公开不充分"，通常难以在审查意见交互中通过修改来克服该缺陷。因为在发出该审查意见时，已经充分考虑了专利申请文件的全部内容，如果以增加内容的方式来克服该缺陷，很有可能引发"修改超范围"的问题。

电力变换技术领域专利申请的技术方案涉及电路组成、运行原理、开关控制等，属于原理性、逻辑性比较复杂的申请，容易出现说明书公开不充分的问题。在专利申请文件的撰写中，应当注意在说明书和附图中记载的涉及改进点的具体电路结构应当具有可运行性、相应的控制方法具有可执行性，即，与改进点相关的电路结构或控制方法对于所属技术领域的技术人员来说，能够按照说明书记载的内容实施并解决技术问题，具体表现为构成具体电路结构的元件之间的连接关系应当是正确的，并且结合其控制方法，能够正确运行，解决该专利申请所要解决的技术问题。

在撰写电力变换技术领域的专利申请文件时，为了防止出现不符合《专利法》第26条第3款规定的情况，给出如下几点撰写建议：

1）撰写前，应当采用软件仿真等手段对要写入说明书中的具体电路结构、控制方法或各种参数等进行仿真，以确保该电路或控制方法能够正确运行，并且能够解决该专利申请所要解决的技术问题。

2）在说明书中详细记载解决专利申请所要解决的技术问题的技术方案的原理，并在撰写过程中审核原理是否正确。

3）在说明书中应当公开构成解决专利申请所要解决技术问题的全部技术手段，其公开的标准以所属技术领域的技术人员能够实现为准，例如，为每个技术手段提供可实施的示意性实施例或背景技术。

4）当该专利申请的发明点仅涉及控制算法时，在说明书的撰写中应当记载该控制算法与具体的控制实现手段相结合的实施例，例如，在说明书中记载控制算法中具体数据的采样实现手段、具体用于控制何种电路/系统、期望解决什么技术问题以取得何种符合自然规律的技术效果等。

对于本案而言，申请人在撰写专利申请之前，应当对具备涉及改进点的控制驱动电路的高压电源模块进行仿真，以确保电路是正确的、可运行的并且能够解决本申请所要解决的技术问题，然后将经过仿真之后的正确的电路结构及其控制驱动原理清楚地记载在专利申请说明书中，以保证该专利申请的说明书符合《专利法》第26条第3款的规定。

# 第2章　发明创造不属于专利法保护的客体

随着新能源技术、大数据、云计算和人工智能等技术的广泛应用，能源电网转型和能源电力管理带来了电网形态功能的改变，互联网、物联网等新技术越来越深入地融合到电力系统的电网参数优化、微网的协调控制、分布式能源管理等技术中，带来了电力发展的新业态。

随着电力新业态的快速发展，与之相关的专利申请也呈快速增长趋势，这类专利申请主要包括：

1）商业规则和方法类专利申请。这类专利申请典型地是将"线下"已存在的应用场景借助人工智能、"互联网+"、大数据等手段在"线上"实现。例如，发明名称为"一种移动电源的租借方法、系统及租借终端"的专利申请，该专利申请要解决的是及时缓解充电需求剧增的问题，现有技术中没有提供自助从租借终端租借移动电源的技术，无法给用户提供灵活的充电服务。该专利申请的核心方案为：在移动终端、云端服务器、租借终端三方之间实现移动电源的租借，具体涉及在租借过程中第一、第二、第三借入移动电源的指令在三方之间进行发送与接收，以及如何通过身份识别号码识别移动电源、租借终端的身份以及根据上述指令信息进行移动电源租借的具体过程。即，该专利申请的实质是将租赁商业规则从"线下"转移到"线上"。

2）算法类专利申请这类专利申请通常是将算法应用于电力网络的数学模型中，以实现电力系统的潮流计算、故障分析、电网控制、能源管理等。这类专利申请典型地涉及算法、数学模型、参数优化等内容。

上述两类专利申请的特点均在于：方案的实现主要依赖于算法或者商业规则和方法，然而仅涉及抽象的算法或者单纯的商业规则和方法且不包含任何技术特征的方案通常属于不应当被授予专利权的情形。因此，电力新业态领域申请文件撰写的难点为：涉及商业规则和方法、算法、数学模型、参数优化等内容的专利申请，如何撰写才能符合专利保护客体的要求。

本章接下来的部分将以上述第2）种类型的专利申请，即算法类专利申请为例，基于属于专利保护的客体和不属于专利保护的客体两个案例，通过案例引出、法律规定及解释、案例分析三个部分，详尽、透彻地分析专利申请文件中存在的专利保护客体的问题并给出相关撰写建议。

## 2.1 案例引出

【案例 2-1】

本专利申请涉及配电网评价体系。对于主动配电网建设，既要考虑分布式电源、交互型负荷等主动配电网中的新元素，也要为主动配电网规划、设计等业务提供技术支撑，实现分布式能源的友好接入。现有技术中存在的问题是，现有评价方法不能够解决传统的配电网评价体系，也不能匹配未来主动配电网发展模式的问题。

该案例涉及配电网的参数优化，属于算法类专利申请。该专利申请对各优化参数的具体物理含义及其与电力系统中各运行性能参数相互结合，解决分布式能源友好接入的技术问题的过程进行了详细描述，属于专利保护的客体。

该专利申请的说明书（节选）如下：

为解决现有技术中的不足，申请人提出了一种基于分级指标的含分布式能源的主动配电网评价方法，该方法结合分布式电源的并网特性，针对分布式电源的间歇性、波动性对配电网造成的影响进行分析与评价，从规划层面指导分布式电源的选址和定容，以提高清洁新能源的消纳利用，提高供电可靠性和电能质量。该方法具体包括以下步骤：

S1. 设定三级主动配电网评价指标体系，包括一级综合评价指标、二级核心影响指标和三级基础指标项；

S2. 依据分布式电源接入对主动配电网的影响，确定各级评价指标中对应的下一级指标项；

S3. 建立第三级基础指标项的评估标度，将定性指标定量化、量化数据标准化；采用百分制模糊隶属度评估函数将基础指标项分为成本型指标、效益型指标和区间型指标三类，建立一个从指标实际数值到 [0, 100] 上的映射，计算各指标项的得分；

S4. 采用计及时空差异性的德尔菲法确定各级指标项对应上级指标的权重；

S5. 依据第三级基础指标的隶属度得分和权重，加权积分依次得到第二级核心影响指标和第一级综合评价指标的得分，最终根据一级指标权重得到相应分析区域主动配电网的综合评价分值；

S6. 改变分布式能源接入配电网中的位置和容量，重复步骤 S3 到步骤 S5，得到该区域在分布式能源不同接入方案下的综合评价分值，依据分析区域电网规划方案进行优选，综合评价分值高的说明对应分布式能源接入方案更加合理，有利于改善主动配电网络的运行情况，提升新能源消纳水平。

步骤 S2 中，具体三级评价指标体系如表 2-1 所示。

表 2-1 三级评价指标体系

| 一级综合评价指标 | 二级核心影响指标 | 三级基础指标项 |
| --- | --- | --- |
| 分布式电源容纳能力评价指标 | 分布式电源并网规模 | 分布式电源渗透率 |
|  |  | 分布式电源分布率 |
|  |  | 分布式电源分散度 |
|  | 分布式电源并网品质 | 分布式电源出力差异性 |
|  |  | 分布式电源出力波动性 |
|  |  | 储能容量比例 |
| 电压稳定性评价指标 | 整体稳定性 | 基于一般潮流解的电压稳定性 |
|  |  | 基于潮流解对的电压稳定性 |
|  | 局部稳定性 | 基于负荷裕度的电压稳定性 |
|  |  | 基于节点电压比的电压稳定性 |
| 供电安全评价指标 | 故障电流 | 线路故障电流合格率 |
|  |  | 线路故障保护动作合格率 |
|  | N-1 通过率 | 主变 N-1 通过率 |
|  |  | 高压线路 N-1 通过率 |
|  |  | 中压线路 N-1 通过率 |
|  | 设备利用率 | 容载比 |
|  |  | 主变利用率 |
|  |  | 配变利用率 |
|  |  | 高压线路利用率 |
|  |  | 中压线路利用率 |

续表

| 一级综合评价指标 | 二级核心影响指标 | 三级基础指标项 |
|---|---|---|
| 供电质量评价指标 | 供电可靠性 | 用户平均停电时间 |
| | | 用户平均停电次数 |
| | | 供电可靠率 |
| | | 用户故障停电平均持续时间 |
| | 电能质量 | 电压平均偏差 |
| | | 电压最大偏差 |
| | | 节点电压合格率 |
| | | 电压总谐波畸变率 |
| | | 电压波动率 |
| | | 电压不平衡度 |
| | 供电损耗 | 系统损耗改善指标 |
| | | 网损分配率 |

步骤 S3 中，成本型指标的隶属函数及无量纲化处理策略为：$S_c(x_{ij}) = \dfrac{M_j - x_{ij}}{M_j - m_j}$，式中，$S_c(x_{ij})$ 表示分析样本 $i$ 在成本型指标 $j$ 下经无量纲化处理后的分值，$x_{ij}$ 表示样本 $i$ 在指标 $j$ 下的原始数值，$m_j = \min\{x_{ij}\}$，$M_j = \max\{x_{ij}\}$；效益型指标的隶属函数及无量纲化处理策略为：$S_x(x_{ik}) = \dfrac{x_{ik} - m_k}{M_k - m_k}$，式中，$S_x(x_{ik})$ 表示分析样本 $i$ 在效益型指标 $k$ 下经无量纲化处理后的分值，$x_{ik}$ 表示样本 $i$ 在指标 $k$ 下的原始数值，$m_k = \min\{x_{ik}\}$，$M_k = \max\{x_{ik}\}$；区间型指标的隶属函数及无量纲化处理策略为：$S_Q(x_{iq}) = \dfrac{x_{iq} - m_q}{M_q - m_q}$，式中，$S_Q(x_{iq})$ 表示分析样本 $i$ 在区间型指标 $q$ 下经无量纲化处理后的分值，$x_{iq}$ 表示样本 $i$ 在指标 $q$ 下的原始数值，$m_q = \min\{x_{iq}\}$，$M_q = \max\{x_{iq}\}$。

该专利申请的权利要求书如下：

1. 一种基于分级指标的含分布式能源的主动配电网评价方法，其特征在于，包括以下步骤：

S1. 设定三级主动配电网评价指标体系，包括一级综合评价指标、二级核心影响指标和三级基础指标项；

S2. 依据分布式电源接入对主动配电网的影响，确定各级评价指标中对应的下一级指标项；

S3. 建立第三级基础指标项的评估标度，将定性指标定量化、量化数据标准化；采用百分制模糊隶属度评估函数将基础指标项分为成本型指标、效益型指标和区间型指标三类，建立一个从指标实际数值到［0，100］上的映射，计算各指标项的得分；

S4. 采用计及时空差异性的德尔菲法确定各级指标项对应上级指标的权重；

S5. 依据第三级基础指标的隶属度得分和权重，加权积分依次得到第二级核心影响指标和第一级综合评价指标的得分，最终根据一级指标权重得到相应分析区域主动配电网的综合评价分值；

S6. 改变分布式能源接入配电网中的位置和容量，重复步骤S3到步骤S5，得到该区域在分布式能源不同接入方案下的综合评价分值，依据分析区域电网规划方案进行优选，综合评价值高的说明对应分布式能源接入方案更加合理，有利于改善主动配电网络的运行情况，提升新能源消纳水平。

2. 根据权利要求1所述的一种基于分级指标的含分布式能源的主动配电网评价方法，其特征在于：步骤S2中，一级综合评价指标包括分布式电源容纳能力评价指标、电压稳定性评价指标、供电安全评价指标和供电质量评价指标；

分布式电源容纳能力评价指标对应的二级核心影响指标包括分布式电源并网规模和分布式电源并网品质，分布式电源并网规模对应的三级基础指标项包括分布式电源渗透率、分布式电源分布率和分布式电源分散度，分布式电源并网品质对应的三级基础指标项包括分布式电源出力差异性、分布式电源出力波动性和储能容量比例；

电压稳定性评价指标对应的二级核心影响指标包括整体稳定性和局部稳定性，整体稳定性对应的三级基础指标项包括基于一般潮流解的电压稳定性和基于潮流解对的电压稳定性，局部稳定性对应的三级基础指标项包括基于负荷裕度的电压稳定性和基于节点电压比的电压稳定性；

供电安全评价指标对应的二级核心影响指标包括故障电流、N-1通过率和设备利用率，故障电流对应的三级基础指标项包括线路故障电流合格率和线路故障保护动作合格率，N-1通过率对应的三级基础指标项包括主变N-1通过率、高压线路N-1通过率和中压线路N-1通过率，设备利用率对应的三级基础指标项包括容载比、主变利用率、配变利用率、高压线路利用率和中压线路利用率；

供电质量评价指标对应的二级核心影响指标包括供电可靠性、电能质量和供电损耗，供电可靠性对应的三级基础指标项包括用户平均停电时间、用户平均停电次数、供电可靠率和用户故障停电平均持续时间，电能质量对应的三级基础指标项包括电压平均偏差、电压最大偏差、节点电压合格率、电压总谐波畸变率、电压波动率和电压不平衡度，供电损耗对应的三级基础指标项包括系统损耗改善指标和网损分配率。

3. 根据权利要求2所述的一种基于分级指标的含分布式能源的主动配电网评价方法，其特征在于：步骤S3中，成本型指标的隶属函数及无量纲化处理策略为：$S_c(x_{ij}) = \frac{M_j - x_{ij}}{M_j - m_j}$，式中，$S_c(x_{ij})$表示分析样本$i$在成本型指标$j$下经无量纲化处理后的分值，$x_{ij}$表示样本$i$在指标$j$下的原始数值，$m_j = \min\{x_{ij}\}$，$M_j = \max\{x_{ij}\}$；效益型指标的隶属函数及无量纲化处理策略为：$S_x(x_{ik}) = \frac{x_{ik} - m_k}{M_k - m_k}$，式中，$S_x(x_{ik})$表示分析样本$i$在效益型指标$k$下经无量纲化处理后的分值，$x_{ik}$表示样本$i$在指标$k$下的原始数值，$m_k = \min\{x_{ik}\}$，$M_k = \max\{x_{ik}\}$；区间型指标的隶属函数及无量纲化处理策略为：$S_Q(x_{iq}) = \frac{x_{iq} - m_q}{M_q - m_q}$，式中，$S_Q(x_{iq})$表示分析样本$i$在区间型指标$q$下经无量纲化处理后的分值，$x_{iq}$表示样本$i$在指标$q$下的原始数值，$m_q = \min\{x_{iq}\}$，$M_q = \max\{x_{iq}\}$。

## 【案例 2-2】

本专利申请涉及 PHEV（新能源汽车）充电站需求侧的能量管理。在对 PHEV 充电站进行能量管理时可以将其看作微网，在能量供给侧方面，PHEV 充电站内部包括分布式可再生电源、传统的汽油发电机组；能量需求侧方面，PHEV 充电负荷可分为两类，一类是充电行为受电费价格影响的商业 PHEV 充电用户；另一类是因签订中长期充电合约而确定充电总成本的合同 PHEV 车队，签订中长期充电合约的合同 PHEV 车队的充电总量已经确定，可以由 PHEV 充电站集中进行时间尺度的优化分配。现有技术中，充电站运营商并没有进行充电站能量供给侧的能源管理，而且没有考虑到 PHEV 充电站的充电负荷的特性。

该案例涉及用户侧的能源管理，属于算法类专利申请。该专利申请主要发明点在于将算法应用于 PHEV 充电，但是申请文件中记载的算法特征与相关技术领域的技术特征功能上不存在彼此相互支持、相互作用的关系，不属于专利保护的客体。

该专利申请的说明书（节选）如下：

为解决现有技术中的不足，申请人提出一种针对 PHEV 充电站的能量管理优化方法，用于 PHEV 充电站实现更高的收益和更低的成本。该方法具体如下：

根据电能供应侧机组的类型计算 PHEV 充电站的总成本；

根据电能需求侧充电负荷的特征计算所述 PHEV 充电站的毛利润；

根据所述总成本和所述毛利润获得所述 PHEV 充电站的净利润；

所述电能供应侧机组的类型包括传统燃油发电机组和分布式可再生机组，根据电能供应侧机组的类型计算 PHEV 充电站的总成本的步骤，具体包括：

根据所述传统燃油发电机组的发电边际成本计算 PHEV 充电站的总成本，其中，所述传统燃油发电机组的发电边际成本包括开机成本、关机成本、空载成本和运行成本；

所述总成本 $C_{Gen,s}$ 的计算公式具体为：

$$C_{Gen,s} = \sum_{t \in T} \sum_{i \in I} [SU_i u_{i,t} + SD_i v_{i,t} + O_i o_{i,t} + C_i(p_{i,t})]$$

其中，$T$ 为运行时间集合，$t$ 为时间，$I$ 为传统燃油发电机组的机组集合，$i$ 为传统燃油发电机组，$SU_i$ 为传统燃油发电机组 $i$ 的开机成本，$SD_i$ 为传统燃油发电机组 $i$ 的停机成本，$u_{i,t}$ 为传统燃油发电机组 $i$ 的开机指示二进制变量，$v_{i,t}$ 为传统燃油发电机组 $i$ 的关机指示二进制变量，$o_{i,t}$ 为传统燃油发电机组 $i$ 的运行指示二进制变量，$O_i$ 为传统燃油发电机组 $i$ 的空载运行成本，$C_i(p_{i,t})$ 为传统燃油发电机组 $i$ 的运行成本函数，$C_i(p_{i,t}) = a_i p_{i,t} + b_i(p_{i,t})^2$，其中，$a_i$ 和 $b_i$ 是常数，$p_{i,t}$ 是传统燃油发电机组 $i$ 的出力功率决策；

所述电能需求侧充电负荷的特征包括商业 PHEV 负荷和合同 PHEV 车队负荷，根据电能需求侧充电负荷的特征计算所述 PHEV 充电站的毛利润的步骤，具体包括：

根据所述商业 PHEV 负荷的充电电价和所述合同 PHEV 车队负荷的充电时间段计算所述 PHEV 充电站的毛利润；

所述毛利润 $R_{Char,s}$ 的具体计算公式为：

$$R_{Char,s} = \sum_{t \in T} p_t^{II} \pi_t^{II} + \sum_{m \in M} \sum_{t \in T} p_{m,t}^{I} (\pi_t^{I} + \Delta \pi_t^{I})$$

其中，$T$ 为运行时间集合，$t$ 为时间，$M$ 为商业 PHEV 负荷中，根据价格弹性系数的不同而区分的三种负荷，其中，第一种负荷的充电功率不随时间发生变化，第三种负荷的价格弹性系数最大，第二种负荷的价格弹性系数介于第一种负荷和第三种负荷之间，$m$ 为 $M$ 中的一种负荷，$p_t^{\mathrm{II}}$ 为合同 PHEV 车队负荷的充电功率决策，$\pi_t^{\mathrm{II}}$ 为合同 PHEV 车队负荷的充电价格，$p_{m,t}^{\mathrm{I}}$ 为商业 PHEV 负荷的充电功率决策，$\pi_t^{\mathrm{I}}$ 为商业 PHEV 负荷的充电基础价格，$\Delta\pi_t^{\mathrm{I}}$ 为商业 PHEV 负荷的充电决策价格变化量，所述净利润 $P$ 的计算公式具体为：

$$P = \mathrm{Min}\, \frac{1}{N}\sum_{s\in S}(C_{\mathrm{Gen},s} - R_{\mathrm{Char},s})$$

其中，$S$ 为通过采样随机生成的场景数，$s$ 为场景序号，$C_{\mathrm{Gen},s}$ 为总成本，$R_{\mathrm{Char},s}$ 为毛利润，$P_{\min,i}o_{i,t} \le p_{i,t} \le P_{\max,i}o_{i,t}$，$(\forall t\in T, i\in I)$ 为传统燃油发电机组 $i$ 的出力功率决策的上下限约束，$P_{\min,i}$ 和 $P_{\max,i}$ 分别为传统燃油发电机组 $i$ 的发电最大和最小功率，$o_{i,t}$ 为在时间 $t$ 时传统燃油发电机组 $i$ 的运行指示二进制变量，其值为 1 时表示机组 $i$ 的开机决策，其值为 0 时表示机组 $i$ 的关机决策，$-o_{i,t-1} + o_{i,t} - o_{i,k} \le 0, 2 \le k-(t-1) \le MU_i$，$(\forall t\in T, i\in I)$ 为最小开机时间的约束，$k$ 为时间 $t$ 后的时刻，$MU_i$ 为传统燃油发电机组 $i$ 的最小开机时间，$o_{i,t-1} - o_{i,t} + o_{i,k} \le 1, 2 \le k-(t-1) \le MD_i$，$(\forall t\in T, i\in I)$ 为最小关机时间的约束，$MD_i$ 为传统燃油发电机组 $i$ 的最小关机时间，$-o_{i,t-1} + o_{i,t} - u_{i,t} \le 0$，$(\forall t\in T, i\in I)$ 为机组的启机约束，$u_{i,t}$ 为在时间 $t$ 时传统燃油发电机组 $i$ 的开机指示二进制变量，其值为 1 时表示机组 $i$ 的开机决策，其值为 0 时表示机组 $i$ 没有进行开机决策，$o_{i,t-1} - o_{i,t} - v_{i,t} \le 0$，$(\forall t\in T, i\in I)$ 为机组的停机约束，$v_{i,t}$ 为在时间 $t$ 时传统燃油发电机组 $i$ 的关机指示二进制变量，其值为 1 时表示机组 $i$ 的关机决策，其值为 0 时表示机组 $i$ 没有进行关机决策，$p_{i,t} - p_{i,t-1} \le (2 - o_{i,t-1} - o_{i,t})P_{\min,i} + (1 + o_{i,t-1} - o_{i,t})RU_i$，$(\forall t\in T, i\in I)$ 为机组的功率下降速度的约束，$RU_i$ 为传统燃油发电机组 $i$ 的功率上升速度约束，$p_{i,t} - p_{i,t-1} \le (2 - o_{i,t-1} - o_{i,t})P_{\min,i} + (1 - o_{i,t-1} + o_{i,t})RD_i$，$(\forall t\in T, i\in I)$ 为机组的功率下降速度约束，$RD_i$ 为传统燃油发电机组 $i$ 的功率下降速度约束，$p_t^{\mathrm{Wind}} \le A_{t,s}^{\mathrm{Wind}}$，$(\forall t\in T, s\in S)$ 为可再生风电出力的约束，$p_t^{\mathrm{Wind}}$ 为可再生风电出力，$A_{t,s}^{\mathrm{Wind}}$ 为场景 $s$ 中时间 $t$ 的风电机组的随机出力，$p_t^{\mathrm{Solar}} \le A_{t,s}^{\mathrm{Solar}}$，$(\forall t\in T, s\in S)$ 为可再生光伏出力的约束，$p_t^{\mathrm{Solar}}$ 为可再生光伏出力，$A_{t,s}^{\mathrm{Solar}}$ 为场景 $s$ 中时间 $t$ 的太阳能机组的随机出力，$p_{\min}^{\mathrm{II}} \le p_t^{\mathrm{II}} \le p_{\max}^{\mathrm{II}}$，$(\forall t\in T^{\mathrm{II}})$ 为对合同 PHEV 车队负荷在运行时间集合 $T^{\mathrm{II}}$ 内的时间段 $t$ 进行上下限约束，其中，$T^{\mathrm{II}}$ 为合同 PHEV 车队负荷

的运行时间集合，$p_{\min}^{\mathrm{II}}$ 为合同 PHEV 车队负荷的最小充电功率，$p_t^{\mathrm{II}}$ 为时间 $t$ 时合同 PHEV 车队负荷的充电功率决策，$\varepsilon_{m,t} = \dfrac{p_{m,t}^{\mathrm{I}} - p_{m,t}^{\mathrm{I-base}}/p_{m,t}^{\mathrm{I-base}}}{\Delta \pi_t^{\mathrm{I}}/\pi_t^{\mathrm{I}}}$，$(\forall t \in T,\ m \in M)$ 和 $\pi_{\min}^{\mathrm{I}} \leqslant (\pi_t^{\mathrm{I}} + \Delta \pi_t^{\mathrm{I}}) \leqslant \pi_{\max}^{\mathrm{I}}$，$(\forall t \in T)$ 为商业 PHEV 负荷相关约束定义，$p_{m,t}^{\mathrm{I}}$ 为时间 $t$ 时 $m$ 类的商业 PHEV 负荷的充电功率决策，$p_{m,t}^{\mathrm{I-base}}$ 为时间 $t$ 时 $m$ 类的商业 PHEV 负荷的基础充电功率，$\Delta \pi_t^{\mathrm{I}}$ 为时间 $t$ 时商业 PHEV 负荷的充电决策价格变化量，$\pi_t^{\mathrm{I}}$ 为时间 $t$ 时商业 PHEV 负荷的充电基础价格，$\pi_{\min}^{\mathrm{I}}$ 为商业 PHEV 负荷的最小充电价格，$\pi_{\max}^{\mathrm{I}}$ 为商业 PHEV 负荷的最大充电价格，$E^{\mathrm{II-Total}} = \sum_{t \in T^{\mathrm{II}}} p_t^{\mathrm{II}}$ 为对于合同 PHEV 车队负荷充电能量的总量约束，$E^{\mathrm{II-Total}}$ 为合同 PHEV 车队负荷的总充电能量。

该专利申请的权利要求请求保护一种 PHEV 充电站需求侧能量管理方法，权利要求限定的内容与说明书中记载的上述方法步骤一致。

## 2.2 法律规定及解释

《专利法》第 2 条第 2 款规定：发明，是指对产品、方法或者其改进所提出的新的技术方案。

《专利审查指南 2010》第二部分第一章第 2 节指出：

专利法所称的发明，是指对产品、方法或者其改进所提出的新的技术方案，这是对可申请专利保护的发明客体的一般性定义，不是判断新颖性、创造性的具体审查标准。

技术方案是对要解决的技术问题所采取的利用了自然规律的技术手段的集合。技术手段通常是由技术特征来体现的。

未采用技术手段解决技术问题，以获得符合自然规律的技术效果的方案，不属于《专利法》第 2 条第 2 款规定的客体。

《专利审查指南 2010》第二部分第九章第 2 节指出：

涉及计算机程序的发明专利申请只有构成技术方案才是专利保护的客体。

如果涉及计算机程序的发明专利申请的解决方案执行计算机程序的目的是解决技术问题，在计算机上运行计算机程序从而对外部或内部对象进行控制或处理所反映的是遵循自然规律的技术手段，并且由此获得符合自然规律的技术效果，则这种解决方案属于《专利法》第 2 条第 2 款所说的技术方案，属于专利保护的客体。

如果涉及计算机程序的发明专利申请的解决方案执行计算机程序的目的不是解决技术问题，或者在计算机上运行计算机程序从而对外部或内部对象进行控制或处理所反映的不是利用自然规律的技术手段，或者获得的不是受自然规律约束的效果，则这种解决方案不属于《专利法》第 2 条第 2 款所说的技术方案，不属于专利保护的客体。

例如，如果涉及计算机程序的发明专利申请的解决方案执行计算机程序的目的是为了实现一种工业过程、测量或测试过程控制，通过计算机执行一种工业过程控制程序，按照自然规律完成对该工业过程各阶段实施的一系列控制，从而获得符合自然规律的工业过程控制效果，则这种解决方案属于《专利法》第 2 条第 2 款所说的技术方案，属于专利保护的客体。

如果涉及计算机程序的发明专利申请的解决方案执行计算机程序的目的是为了处理一种外部技术数据，通过计算机执行一种技术数据处理程序，按照自然规律完成对该技术数据实施的一系列技术处理，从而获得符合自然规律的技术数据处理效果，则这种解决方案属于《专利法》第 2 条第 2 款所说的技术方案，属于专利保护的客体。

如果涉及计算机程序的发明专利申请的解决方案执行计算机程序的目的是为了改善计算机系统内部性能，通过计算机执行一种系统内部性能改进程序，按照自然规律完成对该计算机系统各组成部分实施的一系列设置或调整，从而获得符合自然规律的计算机系统内部性能改进效果，则这种解决方案属于《专利法》第 2 条第 2 款所说的技术方案，属于专利保护的客体。

《专利审查指南 2010（2019 年修订）》第二部分第九章新增第 6 节指出：

审查应当针对要求保护的解决方案，即权利要求所限定的解决方案进行。在审查中，不应当简单割裂技术特征与算法特征或商业规则和方法特征等，而应将权利要求记载的所有内容作为一个整体，对其中涉及的技术手段、解决的技术问题和获得的技术效果进行分析。

对一项包含算法特征或商业规则和方法特征的权利要求是否属于技术方案进行审查时，需要整体考虑权利要求中记载的全部特征。如果该项权利要求记载了对要解决的技术问题采用了利用自然规律的技术手段，并且由此获得符合自然规律的技术效果，则该权利要求限定的解决方案属于《专利法》第 2 条第 2 款所说的技术方案。例如，如果权利要求中涉及算法的各个步骤体现出与所要解决的技术问题密切相关,如算法处理的数据是技术领域中具有确切技术含义的数据,算法的执行能直接体现出利用自然规律解决某一技术问题的过程,并且获得了技术效果,则通常该权利要求限定的解决方案属于《专利法》第 2 条第 2 款所说的技术方案。

《专利审查指南 2010》和《专利审查指南 2010(2019 年修订)》的规定从整体上体现了技术手段、技术问题和技术效果三者之间的关联性。针对专利申请要求保护的解决方案,权利要求记载的所有内容应当作为一个整体,对其中涉及的技术手段、解决的技术问题和获得的技术效果进行关联分析,判断其是否构成技术方案,进而判断其是否属于专利保护的客体。

## 2.3 案例分析

针对案例 2-1,从该专利申请的说明书和权利要求书记载的整体方案来看,该主动配电网评价方案的评价方法中所选取的三级具体指标都是电网的各种运行性能参数指标,代表了主动配电网的分布式电源容纳能力、电压稳定性、供电安全评价和供电质量,具有明确的物理含义,评价的对象也是基于分布式能源接入配电网中的不同位置和容量下的配电网运行性能。分布式能源接入配电网的位置和容量不同,必然导致配电网不同的运行情况,相关参数指标数值和综合评价分值则反映了该运行情况,这些参数指标数值随分布式能源接入配电网中的位置和容量的不同而改变的过程,受到了电力系统运行规律的约束,体现了电力系统运行的自然规律。

该方案整体上解决了"为主动配电网的规划、设计提供技术支持,实现分布式能源的友好接入"的问题,属于技术问题;所采用的手段是,以具有明确物理含义的评价指标为依据得到区域电网在分布式能源不同接入方案下的综合评价分值,根据该综合评价分值选取合理的分布式能源接入方案,这属于技术手段;所获得的效果是使得主动配电网具有良好的可扩展性和可操作性,属于技术效果。因此,该发明专利申请的解决方案属于《专利法》第 2 条第 2 款规定的技术方案,属于专利保护的客体。

针对案例 2-2,该 PHEV 充电站需求侧能量管理方法的具体方案包括:根据电能供应侧机组的类型计算 PHEV 充电站的总成本,根据电能需求侧充电负荷的特征计算 PHEV 充电站的毛利润,根据所述总成本和所述毛利润获得PHEV充电站的净利润，根据价格弹性系数动态调整毛利润中商业PHEV负荷的充电时间段，并根据电网负荷调整毛利润中合同PHEV车队负荷的充电功率，由此合理布局发电机组。

根据说明书和权利要求书记载的方案整体来看，其中涉及计算PHEV充电站的总成本、计算PHEV充电站的毛利润、获得PHEV充电站的净利润等手段，这些手段仅涉及净利润的计算方法，不属于符合自然规律的技术手段；针对该方案中涉及根据价格弹性系数动态调整毛利润中商业PHEV负荷的充电时间段、根据电网负荷调整毛利润中合同PHEV车队负荷的充电功率、合理布局发电机组等手段，这些手段并不涉及如何利用符合自然规律的技术手段对充电功率、充电时段进行调整，也不涉及对充电功率、充电时段等技术参数进行加工和优化，即上述调整和布局并不涉及安排电力系统的启停、出力、发电量等与电气运行有关的符合自然规律的技术手段。就是说，上述方案实际上未采用任何技术手段。并且，该方案所解决的问题是实现PHEV充电站的净利润最大化，这属于经济问题，而非技术问题。所获得的效果是实现更高的经济收益，这属于经济效果，而不是技术效果。因此，该发明专利申请的解决方案不属于《专利法》第2条第2款规定的技术方案，不属于专利保护的客体。

## 2.4　撰写建议

基于以上案例，针对电力新业态领域涉及商业规则和方法、算法、数学模型、参数优化等内容的专利申请文件应该如何撰写，给出如下建议：

1）关于说明书：说明书中应当清楚记载技术特征、与其功能上彼此相互支持并存在相互作用关系的商业规则和方法、算法、数学模型、参数优化等特征，以及二者如何共同作用并且产生有益效果。例如，涉及算法、数学模型、参数优化特征时，这些特征应当与具体的技术领域结合，至少一个输入参数及其相关输出结果的定义应当与技术领域中的具体数据对应关联起来；涉及商业规则和方法特征时，应当对解决技术问题的整个过程进行详细描述和说明，尤其是商业规则和方法与其他技术特征相互结合解决具体技术问题的过程，使得所属技术领域的技术人员按照说明书记载的内容，能够实现该发明的解决方案。尤其应当避免，仅在说明书背景技术中笼统记载某算法或优化参数可以应用于某些技术相关场合，或者在说明书背景技术中记载了某算法或优化参数可以应用于某具体应用领域，但是具体实施方式所记载的方案中未再提及如何应用。有益效果主要是技术效果，包括例如质量、精度或效率的提高，系统内部性能的改善等。

2）关于权利要求：权利要求中除了记载商业规则和方法、算法、数学模型、参数优化等特征，还应当包含技术特征，而且这些特征之间还应当具有一定的关联性。具体来说，①应当避免一项权利要求记载的解决方案限定的全部特征仅仅是抽象的算法或者参数，没有结合任何具体应用；还应当避免一项权利要求记载的解决方案仅在主题名称中体现了应用领域，除了主题名称，方案的特征部分未体现出这些特征在该领域的具体适用和关联。②权利要求中记载的全部特征都应当在技术上相关联，例如包含算法特征时，算法处理的数据应当为技术领域中具有确切含义的数据，算法特征能够使方案整体上解决其应用领域的技术问题，算法的各步骤能够体现出将该算法应用到该具体领域时所作出的适应性修改，或算法的各步骤能直接体现出该算法应用到该具体领域时的执行过程。

# 第3章 权利要求不具备创造性

电感元件通常指电感器和变压器。电感元件的主要作用是将电能转换为磁能而储存起来，变压器的主要作用是利用电磁感应原理在输配电系统中实现电压变换、电流变换、阻抗变换、安全隔离和稳压等。

电感元件领域专利申请请求保护的主题包括产品和方法，一般涉及以下几类：

1）涉及电感元件的具体结构，其发明的关键技术在于对电感元件的具体构成部件的形状、材料、绝缘、屏蔽以及各个部件之间的位置关系的改进等。

2）涉及电感元件的固定、安装以及运输的改进等。

3）涉及电感元件的磁芯成分的制造、线圈的绕制方式的改进等。

通常情况下，上述三种类型的专利申请的特点均在于，发明为结构上的改进，一件申请中涉及多个解决发明要解决的技术问题的"关键技术手段"，技术问题可能是一个（多个关键技术手段相互补强）或多个（多个关键技术手段解决不同的技术问题）。相关专利申请撰写的难点为：一是首次撰写的权利要求满足创造性规定；二是当在审查意见交互中指出权利要求不具备创造性时，如何修改权利要求，以克服创造性问题。对于第一方面，通常在专利申请撰写前以及专利申请审查中都会对现有技术进行检索，但由于检索主体、检索范围、检索手段的不同，检索结果也不尽相同，所以"发明的起点"可能会发生变化，且对创造性进行审查时使用对比文件的组合也可能不同。由此，在专利申请审查过程中收到不满足创造性的审查意见是比较常见的情形，因此对于如何撰写满足创造性规定的权利要求，更多体现在审查意见交互中为克服审查意见中提出的不具备创造性的审查意见而对于权利要求的修改方面，即第二方面。

本章接下来将以上述第1）种类型的专利申请，即涉及电感元件具体结构的专利申请为例，通过案例引出、法律规定及解释以及案例分析三个部分，详尽、透彻地分析如何在审查意见交互中，撰写满足创造性要求的权利要求。

## 3.1 案例引出

本专利申请涉及一种变压器，具体涉及一种设有屏蔽装置的变压器。

一些特殊工作环境下配设有众多的电子、电气设备，电磁环境十分恶劣，设备之间的相互干扰相当严重，这不仅影响设备的工作可靠性，还影响其功能的充分发挥。普通的变压器没有采用电屏蔽和磁屏蔽等隔离措施，虽然可以对一些电磁兼容性要求不高的用电设备供电，但是由于电源产品电路结构越来越复杂，多个电子元件共同组成一个复杂的电路，在应用过程中常常产生漏磁，当漏磁穿过外围电路时将对其他元器件产生电磁干扰，特别是对小功率放大器的影响最大。因此，在设计中必须考虑电磁干扰（EMI）和电磁兼容（EMC），从而保证各零件的运行不受影响。变压器作为电源的核心部件，做好电磁屏蔽是变压器性能的重要考量因素。现有技术中，为了避免变压器受到外界的电磁干扰及减少电磁污染，变压器中设置一个屏蔽绕组，其置于初级绕组和次级绕组之间，但是在初级绕组和次级绕组内部增加屏蔽绕组，会导致线包结构增加，绕组会增多，体积会增大，工艺复杂，从而加大生产制程的难度。

本申请涉及一种设有屏蔽结构的变压器，在最初撰写的权利要求1中仅记载通过线圈的绕制进行屏蔽，没有记载加强屏蔽的其他技术手段，而仅通过绕线方式实现变压器屏蔽的相关技术手段已经被现有技术公开或给出了技术启示，因此原权利要求1不具备创造性。

该专利申请的说明书（节选）如下：

为解决现有技术中的上述问题，本专利申请提供一种设有屏蔽结构的变压器，其产品设计合理，变压器线圈缠绕工艺简单，体积小，生产成本低，能有效屏蔽电与磁、减少设备间的互相干扰。

下面结合附图描述本专利申请的技术方案。如图3-1、图3-2和图3-3所示，本发明实施例提供了一种变压器，包括变压器骨架、初级线圈1和次级线圈2，所述变压器骨架包括初级绕线槽5和次级绕线槽6，初级线圈1绕制于变压器骨架上的初级绕线槽5，次级线圈2绕制于变压器骨架上的次级绕线槽6，初级线圈1包括主绕组10和辅助绕组11，这样可以消除变压器的三次谐波，并提供变压器保护用的电压源及信号；主绕组10和辅助绕组11之间设有绝缘层3，主绕组10绕制于绝缘层3外侧，辅助绕组11绕制于绝缘层3内侧，绝缘层3为绝缘胶带或绝缘板，在本实施例中主要使用绝缘胶带，绝缘胶带可以隔离主绕组10和辅助绕组11，防止二者短路。

变压器骨架还包括屏蔽装置8，设置于初级绕线槽5和次级绕线槽6之间，屏蔽装置8由卡槽9和屏蔽件4构成，屏蔽件4设于卡槽9中，与主绕组10一端相连接，使得屏蔽件4与主绕组10一端处于同一电位，可以使屏蔽件4有效接地，形成一个闭合的回路，屏蔽件4的屏蔽效果更好，如图3-2所示，在本实施例中屏蔽件4连接至PIN针1-4上。屏蔽件4与卡槽9形状相配合，屏蔽件4为回形插件，卡槽9内部竖直截面的形状为与回形屏蔽件4长宽相同的U形，磁芯从变压器骨架两侧平行装入，穿过回形屏蔽件4的中间通孔部分。

根据电磁屏蔽原理，电磁屏蔽即利用屏蔽材料阻隔或衰减被屏蔽区域与外界的电磁能量传播。屏蔽件4为金属材质，比如采用铜板、铁板、铝板等金属板，优选采用PCB铜覆板，使用效果较好，铜质较软，切割加工方便，材料来源比较广泛，也比较便宜，便于大规模加工生产。在变压器组装时，需要将屏蔽件4插入变压器骨架的卡槽9中，屏蔽装置8切断了初级线圈1和次级线圈2之间杂散电容的路径，让其都对地形成电容，屏蔽效果好，可有效减小线圈之间的电磁干扰。

该专利申请的相关附图如图3-1至图3-3所示。

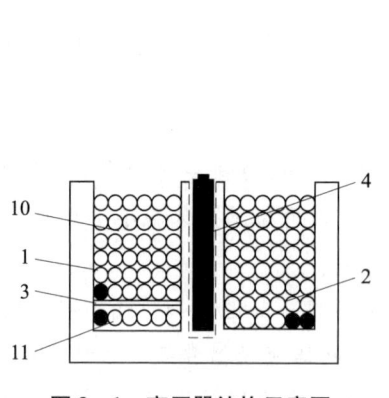

图3-1　变压器结构示意图　　图3-2　变压器的电路图

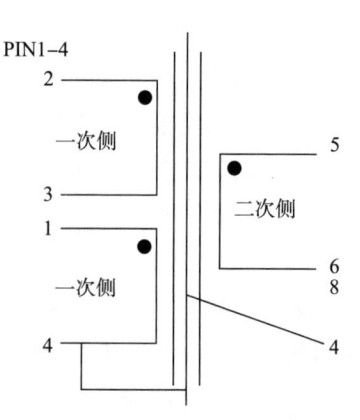

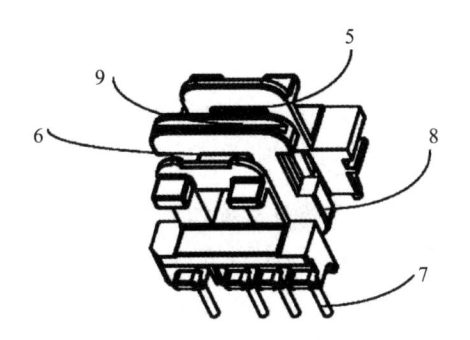

图 3-3　变压器骨架立体图

申请人撰写的权利要求 1 如下：

1. 一种变压器，包括：变压器骨架、初级线圈（1）和次级线圈（2），所述变压器骨架包括初级绕线槽（5）和次级绕线槽（6），所述初级线圈（1）绕制于所述变压器骨架上的初级绕线槽（5），所述次级线圈（2）绕制于所述变压器骨架上的次级绕线槽（6），其特征在于，初级线圈（1）包括主绕组（10）和辅助绕组（11），主绕组（10）和辅助绕组（11）之间设有绝缘层（3），所述变压器骨架还包括屏蔽装置（8），所述屏蔽装置（8）设置于初级绕线槽（5）和次级绕线槽（6）之间。

## 3.2　法律规定及解释

《专利法》第 22 条第 3 款规定：创造性，是指与现有技术相比，该发明具有突出的实质性特点和显著的进步，该实用新型具有实质性特点和进步。

《专利审查指南 2010》第二部分第四章第 2 节指出：

（1）突出的实质性特点

发明有突出的实质性特点，是指对所属技术领域的技术人员来说，发明相对于现有技术是非显而易见的。如果发明是所属技术领域的技术人员在现有技术的基础上仅仅通过合乎逻辑的分析、推理或者有限的试验可以得到的，则该发明是显而易见的，也就不具备突出的实质性特点。

（2）显著的进步

发明有显著的进步，是指发明与现有技术相比，能够产生有益的技术效果。例如，发明克服了现有技术中存在的缺点和不足，或者为解决某一技术问题提供了一种不同构思的技术方案，或者代表某种新的技术发展趋势。

（3）所属技术领域的技术人员

发明是否具备创造性，应当基于所属技术领域的技术人员的知识和能力进行评价。所属技术领域的技术人员，也可称为本领域的技术人员，是指一种假设的"人"，假定他知晓申请日或者优先权日之前发明所属技术领域所有的普通技术知识，能够获知该领域中所有的现有技术，并且具有应用该日期之前常规实验手段的能力，但他不具有创造能力。如果所要解决的技术问题能够促使本技术领域的技术人员在其他技术领域寻找技术手段，他也应具有从该其他技术领域中获知该申请日或优先权日之前的相关现有技术、普通技术知识和常规实验手段的能力。

《专利法》第22条第3款的法律背景和判断要点为：

（1）西方国家在其建立专利制度的初期都只规定了新颖性条件，而没有规定创造性条件。随着专利制度的发展，各国逐渐认识到仅仅满足新颖性条件就授予专利权容易导致与现有技术区别不大的发明创造性被授予专利权，不利于实现专利制度鼓励和促进创新的宗旨。因此，除了新颖性条件，还有必要再增加另一个要求更高的授权条件。

（2）"具有突出的实质性特点""有实质性特点"是指申请专利的发明或者实用新型与申请日（有优先权日的指优先权日）以前的现有技术相比，在技术方案的构成上具有实质性的区别，不是在现有技术的基础上，通过逻辑的分析、推理或者简单的试验就能得出的结果，而是必须经过创造性思维活动才能获得的结果。

"有显著的进步""有进步"是指申请专利的发明或者实用新型同申请日（有优先权日的指优先权日）以前的现有技术相比，其技术方案具有良好的效果。❶

## 3.3 案例分析

在该专利申请的审查中，使用两篇对比文件评价了权利要求1的创造性，即对比文件1：CN102682968A；对比文件2：CN202632965U。

---

❶ 尹新天. 专利法详解[M]. 北京：知识产权出版社，2011：262-263.

对比文件1公开了一种超薄磁芯高频变压器，如图3-4、图3-5和图3-6所示，该变压器包括初级线包1（即初级线圈）、次级线包2（即次级线圈）和绕线骨架，绕线骨架包括初级线包架11（即初级绕线槽）和次级线包架21（即次级绕线槽），漆包线7分别缠绕于初级线包架11和次级线包架21上，初级线包1的一侧开设有槽口3，该槽口3内嵌设有铜片4（即屏蔽装置），铜片4位于初级线包架11与次级线包架21之间（即，屏蔽装置位于初级绕线槽与次级绕线槽之间）。通过这样设计的变压器，结构简单、体积小、成本低，还起到了屏蔽的作用。

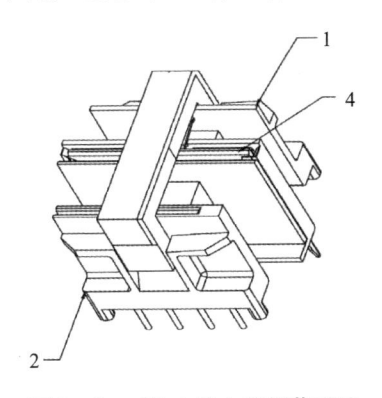

图3-4 对比文件1的超薄磁芯高频变压器的结构示意图

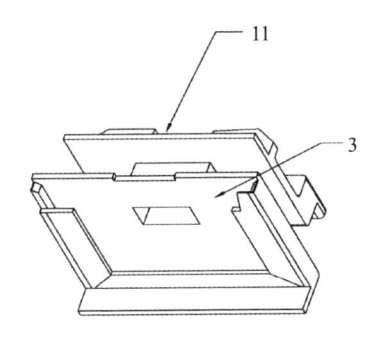

图3-5 对比文件1的超薄磁芯高频变压器初级线包架的结构示意图

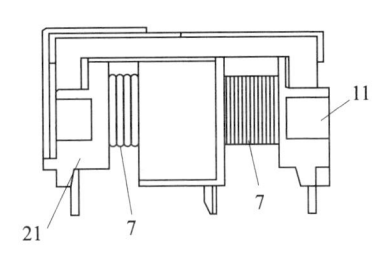

图3-6 对比文件1的超薄磁芯高频变压器的右视图

审查意见中指出，权利要求1相对于对比文件1的区别特征为：初级线圈包括主绕组和辅助绕组，主绕组和辅助绕组之间设有绝缘层。

基于上述区别特征，重新确定出权利要求1实际解决的技术问题是：消除变压器的三次谐波，提供变压器保护用电压源及信号；对绕组间进行隔离，防止短路。

对比文件2公开了一种变压器结构，如图3-7所示，包括骨架、磁芯、初级绕组 N1、次级绕组 N2、芯片辅助供电绕组 N3/N31（即辅助绕组），芯片辅助供电绕组 N3/N31 被绕制在与初级绕组 N1 相邻的位置（即初级绕组与辅助绕组一起构成初级线圈），相互间利用胶带 T（即绝缘层）隔离开。变压器还包括屏蔽绕组 N4。其中骨架包括初级骨架 P 和次级骨架 S，用于分别供初级绕组 N1 和次级绕组 N2 绕制。

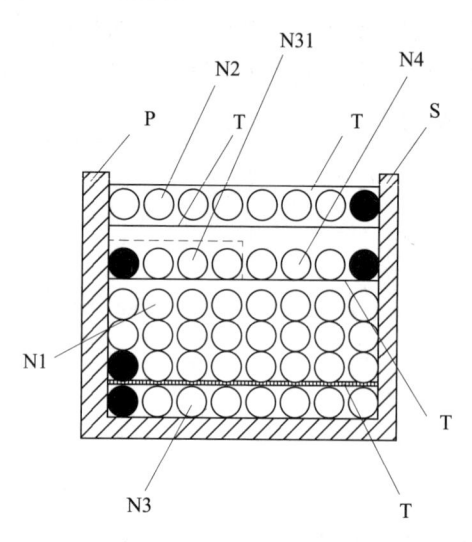

**图 3-7　对比文件 2 的变压器结构示意图**

由此可见，对比文件 2 公开了"初级线圈包括主绕组和辅助绕组，主绕组和辅助绕组之间设有绝缘层"，并且该特征在对比文件 2 中所起的作用与其在本专利申请中所起的作用相同，都是为了消除变压器的三次谐波，提供变压器保护用电压源及信号，并对绕组间进行隔离，防止绕组短路。本领域的技术人员可以从对比文件 2 中获得启示，将该技术特征结合到对比文件 1 的技术方案中。

可见，权利要求 1 相对于对比文件 1 和对比文件 2 的结合不具备创造性。

在收到这样的审查意见后，应当进一步分析发明创造相对于审查中提到的现有技术是否作出了技术贡献，并对权利要求书进行修改。此时，如果发明创造相对现有技术解决了新的技术问题，且专利撰写人员对于专利撰写比较精通，在修改得当的情况下，可以克服不具备创造性的缺陷。

对于本专利申请，通过进一步分析申请文件的说明书，并和对比文件 1、对比文件 2 公开的技术内容进行对比分析可知：

相对于最接近的现有技术对比文件 1，本申请在隔离区内设有卡槽，所述卡槽中可插拔安装屏蔽件，结构简单、方便更换且屏蔽效果更好；并且屏蔽件采用 PCB 铜覆板，厚度更大，增加了初级线圈和次级线圈之间的爬电距离，并降低了成本。铜覆板与铜片相比存在易被电压击穿损坏的问题，即铜覆板作为屏蔽件存在损坏时需要更换的问题，因此，这也与本申请中上述屏蔽件可插拔地设置于卡槽中以便于更换相呼应。

此外，本专利申请中对于屏蔽装置的设置方式也没有被对比文件 1、对比文件 2 公开，并且相对于现有技术，本专利申请中提供的屏蔽装置方便更换、结构简单，而且屏蔽效果更好。具体为：变压器骨架还包括屏蔽装置 8，设置于初级绕线槽 5 和次级绕线槽 6 之间，屏蔽装置 8 由卡槽 9 和屏蔽件 4 构成，屏蔽件 4 设于卡槽 9 中，与主绕组 10 一端相连接，使得屏蔽件 4 与主绕组 10 一端处于同一电位，可以使屏蔽件 4 有效接地，形成一个闭合的回路，屏蔽装置 8 切断了初级线圈 1 和次级线圈 2 之间杂散电容的路径，让其都对地形成电容，屏蔽效果好，可有效减小线圈之间的电磁干扰。并且对于屏蔽件 4 的选择采用 PCB 铜覆板，切割加工方便，材料来源比较广泛，也比较便宜，便于大规模加工生产。

## 3.4 撰写建议

对于电感元件领域专利申请文件应该如何撰写，针对该领域的特点以及存在的难点，给出如下几点建议。

1）撰写之前充分检索现有技术。

在撰写一件专利申请之前，应当充分检索现有技术。检索应包含相同领域、相近领域的技术方案，以及与本专利申请要解决的技术问题密切相关的技术手段，以便确定最接近的"背景技术"作为发明的起点，尽量突出相对于现有技术的创新高度，如果检索充分且对技术分析准确，首次撰写的申请文件可能就具备了新颖性、创造性，如果专利申请中也不存在其他缺陷，专利申请就有可能经审查直接授权，从而极大地缩短审查周期。

2）针对创造性审查意见修改权利要求时，充分挖掘、分析技术方案。

很多情况下，由于现有技术过于复杂和烦琐，作为发明起点的现有技术可能并不准确，而且可能由于检索条件所限，导致撰写的权利要求范围过大。在收到不具备创造性的审查意见时，应当充分挖掘并分析本专利申请相比较于最接近的现有技术是否实际解决了新的技术问题，如果有解决新的技术问题，可以重新撰写权利要求以克服不具备创造性的缺陷。如果本申请中在撰写前就能充分挖掘对现有技术作出的贡献聚焦于屏蔽结构的具体结构，那么可以大大提高授权概率。

对于本申请，重新撰写权利要求1如下：

1. 一种变压器，包括：变压器骨架、初级线圈（1）和次级线圈（2），所述变压器骨架包括初级绕线槽（5）和次级绕线槽（6），所述初级线圈（1）绕制于所述变压器骨架上的初级绕线槽（5），所述次级线圈（2）绕制于所述变压器骨架上的次级绕线槽（6），初级线圈（1）包括主绕组（10）和辅助绕组（11），主绕组（10）和辅助绕组（11）之间设有绝缘层（3），其特征在于，所述变压器骨架还包括屏蔽装置（8），所述屏蔽装置（8）设置于初级绕线槽（5）和次级绕线槽（6）之间，所述屏蔽装置（8）由卡槽（9）和屏蔽件（4）构成，所述屏蔽件（4）可插拔地设于卡槽（9）中，所述屏蔽件（4）为PCB铜覆板。

现有技术中并未公开过屏蔽件可插拔地设置于卡槽，而且为了提高屏蔽效果和节约成本选择制造成本较低的PCB铜覆板作为屏蔽件，通过增加上述特征，可以使得该技术方案区别于现有技术，满足《专利法》第22条第3款的规定。

# 第 4 章　权利要求得不到说明书支持

导电材料是指在电场作用下具有大量能够自由移动的带电颗粒，用于传送电流但没有或只有很小电能损失的材料，其具有优异的电流传导功能。导电材料的主要功能是传输电能和电信号，可广泛应用于电磁屏蔽、电极、仪器外壳、显示等。

导电材料的发明创造既涉及导电材料的参数和材料组分方面的改进，又涉及制备导电材料的制造工艺流程等。因此，导电材料相关专利申请的权利要求通常可以撰写为产品权利要求和/或制备导电材料的方法权利要求，具体如下：

导电材料领域的产品权利要求的撰写特点为：通常采用导电材料的组成成分，结合制备流程和/或效果特征和/或功能性特征限定，工艺流程包含条件参数，例如温度、气压等。

导电材料领域方法权利要求的撰写特点为：通常采用制备工艺流程，结合工艺流程中的条件参数例如温度、气压等可以获得的功能进行限定。

可见，无论是产品权利要求，还是方法权利要求，由于其经常需要采用参数限定、功能性限定，如何对权利要求合理概括，使得权利要求能够得到说明书的支持为该领域申请文件的撰写难点。

以下将通过案例分析导电材料领域专利申请撰写中出现的权利要求得不到说明书支持的问题和撰写建议。该案例涉及一种导电材料及其制备方法，通过下述案例引出、法律规定及解释以及案例分析三个部分，来详尽、透彻地分析该专利申请文件中存在的权利要求得不到说明书支持的问题，并对如何避免出现该问题给出撰写建议。

## 4.1 案例引出

本专利申请涉及一种适用于形成导电且透明的膜（例如适于用作透明电极）的熔合金属纳米线网络、熔合纳米线以形成网络的方法。由导电且透明的膜制成的透明导体可用于若干光电子应用，例如触摸屏、液晶显示器（LCD）、平面显示器、有机发光二极管（OLED）、太阳能电池和智能窗。铟锡氧化物（ITO）由于其在高电导率下具有相对较高的透明度，已成为普遍选择的材料。但是ITO仍存在很多缺点，例如，ITO是脆性陶瓷，需要使用溅镀来沉积，而溅镀工艺需要高温和真空条件，因此工艺较慢且成本较高。为得到成本合理且能够以大规模制造（例如涂覆或喷墨印刷方法）的柔性透明导电材料，目前已研发出众多新的材料作为铟锡氧化物（ITO）的替代物，潜在ITO的替代物是金属网络。使用图案化方式（例如光学光刻）形成的金属网络可在低方块电阻下实现极高性能。然而，金属网络膜无法借助涂覆来进行溶液处理，且制造成本较高，通常难以实现大规模制造。尽管金属网络的性能可能超过ITO，但成本和加工性仍阻碍其广泛应用。

本专利申请通过采用经改良熔合/烧结金属纳米线网络在实现低方块电阻值的同时提供良好的光透射率。在一些实施例中，熔合金属纳米线网络在550nm波长的光下可具有至少85%的光透射率，同时具有不超过约100Ω/sq的方块电阻。在其他或替代实施例中，熔合金属纳米线网络在550nm波长的光下可具有至少90%的光透射率和不超过约250Ω/sq的方块电阻。基于同时实现良好光学透明度和低方块电阻的能力，熔合金属纳米线膜可有效地用作透明电极。可选择形成网络的纳米线的负载以实现所需的性能。

该案涉及一种适用于形成导电且透明的膜（例如适于用作透明电极）的熔合金属纳米线网络、熔合纳米线以形成网络的方法。该专利申请文件应当对于该熔合金属纳米线网络以及制备该材料的方法进行详细的介绍，在权利要求中进行合理的概括，不能仅作功能性或上位的概括性描述，以免使得权利要求得不到说明书的支持。然而，目前的申请文件中权利要求的范围概括不得当，得不到说明书的支持。

该专利申请的权利要求书如下：

1. 一种材料，其包括透明导电涂层和所述涂层支撑于其上的衬底，所述涂层包括包含熔合金属纳米线的熔合金属纳米线网络,其中所述涂层具有至少85%的可见光透射率和不超过100Ω/sq的方块电阻或至少90%的可见光透射率和不超过250Ω/sq的方块电阻。

2. 根据权利要求1所述的材料,其中所述金属纳米线具有50到5000的纵横比和不超过250nm的直径。

3. 根据权利要求1所述的材料,其中所述金属纳米线具有100到2000的纵横比和10nm到120nm的直径。

4. 根据权利要求1到3中任一权利要求所述的材料,其具有不超过75Ω/sq的方块电阻和在550nm下至少85%的可见光透射率。

5. 根据权利要求1到3中任一权利要求所述的材料,其具有不超过175Ω/sq的方块电阻和在550nm下至少90%的可见光透射率。

6. 一种形成透明导电膜的方法,所述方法包括:

将多根金属纳米线作为涂层沉积在衬底表面上以形成预处理材料;

将所述预处理材料暴露于蒸气助熔剂历时不超过4min以将所述金属纳米线中的至少一些熔合在一起,以形成包括熔合金属纳米线网络的所述透明导电膜。

其中经处理材料的所述熔合金属纳米线网络具有至少85%的550nm可见光透射率和不超过100Ω/sq的方块电阻或所述熔合金属纳米线网络具有至少90%的550nm可见光透射率和不超过250Ω/sq的方块电阻。

7. 根据权利要求6所述的方法,其中所述助熔剂包括HCl、HBr、HF、HI或其组合的蒸气。

8. 根据权利要求6或7所述的方法,其中所述暴露于所述助熔剂历时不超过3min。

9. 根据权利要求6或7所述的方法,其中所述金属纳米线在所述衬底上具有$0.1\mu g/cm^2$到$5mg/cm^2$的表面负载水平。

10. 一种形成透明导电膜的方法,所述方法包括:

将金属纳米线的分散液沉积在衬底表面上;

将包括存于熔剂中的助熔剂的溶液递送到所述衬底表面上;

在沉积所述金属纳米线并递送所述助熔剂溶液后干燥所述衬底表面,以将至少一些所述金属纳米线熔合成包括熔合金属纳米线网络的所述透明导电膜。

该专利申请的说明书(节选)如下:

本发明涉及适用于形成导电且透明的膜（例如适于用作透明电极）的熔合金属纳米线网络。本发明进一步涉及关于熔合纳米线以形成网络的化学方法以及并入熔合金属纳米线网络的装置。

透明导体可用于若干光电子应用，例如触摸屏、液晶显示器（LCD）、平面显示器、有机发光二极管（OLED）、太阳能电池和智能窗。铟锡氧化物（ITO）由于其在高电导率下具有相对较高的透明度已成为普遍所选的材料。然而，ITO仍存在若干缺点。例如，ITO是脆性陶瓷，其需要使用溅镀来沉积，溅镀工艺涉及高温和真空，因此相对较慢且成本较高。此外，已知ITO在柔性衬底上容易出现裂纹。

以下实施例使用市售不同大小的银纳米线。所述银纳米线的性质为平均直径为60nm且平均长度为10μm，或平均直径为115nm且平均长度为30μm。

实施例1－使用HCl蒸气作为助熔剂处理的透明导电材料的制造

此实施例展示了使用基于HCl蒸气的助熔剂以化学方式驱动银纳米线的熔合以显著改良电导率的能力。

将市售银纳米线（AgNW）分散于醇（例如乙醇或异丙醇）中以形成AgNW分散液。AgNW分散液通常在0.1wt%到1.0wt%范围内。然后使用喷涂等方式将分散液沉积在玻璃或聚对苯二甲酸乙二酯（PET）表面上作为AgNW膜。然后将AgNW膜短时间暴露于作为助熔剂的HCl蒸气中。具体来说，使用不同大小的AgNW，在室温下将AgNW膜暴露于来自浓HCl溶液的HCl蒸气中约10s。测量并记录经HCl蒸气处理前后AgNW膜的方块电阻和透明度。来自第一供应商的AgNW的数据列示于表4-1中，来自第二供应商的AgNW的数据列示于表4-2中。

表4-1 来自第一供应商的AgNW的数据

| 样品编号 | HCl蒸气处理之前的方块电阻（Ω/sq） | HCl蒸气处理之后的方块电阻（Ω/sq） |
| --- | --- | --- |
| 1 | 10000000 | 660 |
| 2 | 83000 | 60 |
| 3 | 10000000 | 1909 |
| 4 | 10000000 | 451 |
| 5 | 800000 | 113.4 |
| 6 | 695000 | 30 |
| 7 | 10000000 | 62 |

续表

| 样品编号 | HCl 蒸气处理之前的方块电阻（Ω/sq） | HCl 蒸气处理之后的方块电阻（Ω/sq） |
| --- | --- | --- |
| 8 | 399000 | 562 |
| 9 | 14200 | 53.4 |
| 10 | 10000000 | 283 |
| 11 | 10000000 | 1260 |
| 12 | 10000000 | 364 |
| 13 | 10000000 | 6700 |
| 14 | 10000000 | 1460 |
| 15 | 10000000 | 70.5 |
| 16 | 10000000 | 2280 |
| 17 | 10000000 | 155 |
| 18 | 10000000 | 1654 |
| 19 | 10000000 | 926 |

表 4-2 来自第二供应商的 AgNW 的数据

| 样品 | HCl 蒸气处理之前的方块电阻（Ω/sq） | HCl 蒸气处理之后的方块电阻（Ω/sq） |
| --- | --- | --- |
| 1 | 13180 | 253 |
| 2 | 6200000 | 244 |
| 3 | 6030 | 115 |
| 4 | 32240 | 43.6 |
| 5 | 4300000 | 68.3 |
| 6 | 10000000 | 1060 |
| 7 | 10000000 | 47.5 |
| 8 | 3790 | 61.7 |
| 9 | 4690 | 42.4 |
| 10 | 404 | 37.5 |

表 4-1 中的数据绘制于图 4-1 中，表 4-2 中的数据绘制于图 4-2 中，由于所涉及的数值范围较大，因此所述数据在图 4-1 和图 4-2 中是以对数格式绘制，以使得较小值也可以图表形式可视化。对应于表 4-1 和表 4-2 中的膜具有中等负载与相应的对可见光的合理透明度，如图 4-2 中经 HCl 蒸

气处理后 AgNW 膜的方块电阻改良 4~5 个数量级。此外，所述 AgNW 膜在 550nm 波长的光下具有大于 75% 的透明度，即在 HCl 蒸气处理后透明度减小不到 0.5%，但可以看到方块电阻的显著改良。对于这两组纳米线，图 4-1 和图 4-2 示出熔合后纳米线网络的性质相对独立于初始纳米线的性质，两图比较可见，熔合之前较长的纳米线在熔合后具有较小的方块电阻值。

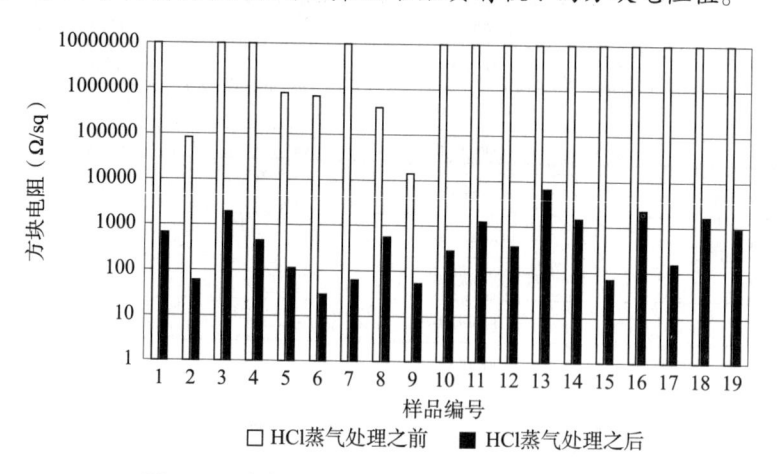

**图 4-1　来自第一供应商的 AgNW 的数据图例**

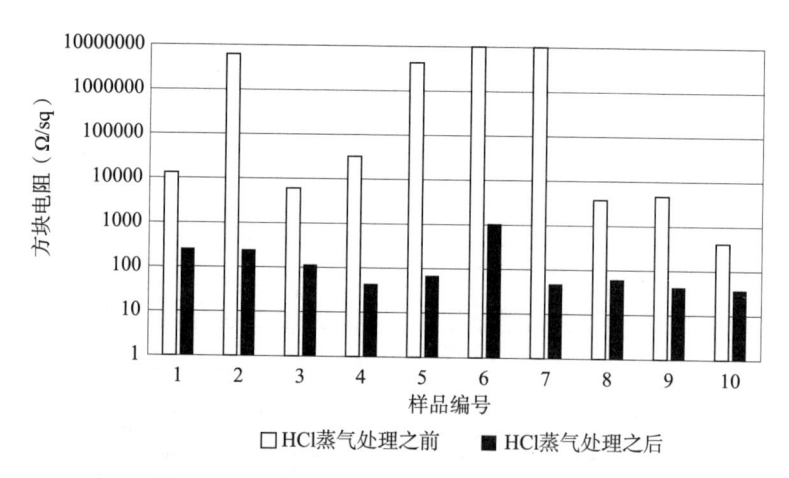

**图 4-2　来自第二供应商的 AgNW 的数据图例**

形成在 550nm 波长的光下透明度大于 85% 的其他 AgNW 膜。用 HCl 蒸气将这些膜处理约 10s，测量经 HCl 蒸气处理前后 AgNW 膜的方块电阻。表 4-3 中所示的结果清楚地展示经 HCl 蒸气处理后在 550nm 波长的光下获得 90% 左右的透射率且方块电阻显著减小（部分小于 50Ω/sq）的能力。

表4-3 其他样品经HCL蒸气处理前后方块电阻及透射率

| HCl蒸气处理前的电阻（Ω/sq） | HCl蒸气处理后的电阻（Ω/sq） | 在550nm下的透射率（仅导电膜） |
| --- | --- | --- |
| 801 | 45 | 89.1 |
| >$10^6$ | 40 | 88.9 |
| >$10^6$ | 33 | 88.1 |
| >$10^6$ | 20 | 87.8 |
| >$10^6$ | 46 | 90.6 |
| >$10^6$ | 182 | 92.4 |
| >$10^6$ | 129 | 91.6 |

实施例2-银纳米线熔合的观察结果

此实施例提供了纳米线由于与化学助熔剂接触而物理熔合的证据。

在实施例1中所观察到的电导率显著改良可归因于一些银纳米线与邻近银纳米线的熔合。处理前，一些银纳米线的末端看上去彼此接触，但实际上并未熔合在一起。作为比较，将银纳米线在100℃下加热10min，加热后并未观察到明显的方块电阻的变化，即获得热处理后的银纳米线，加热并未使其末端熔合。然而HCl蒸气处理后的银纳米线的末端已熔合在一起，并且邻近纳米线之间的其他接触位置以相似方式熔合以形成熔合银纳米线网络。

实施例3-使用卤化物溶液处理制造透明导电材料

此实施例展示了经由用含有卤阴离子的溶液作为助熔剂处理使导电网格的方块电阻减小。

具体来说，使用50mM的AgF或NaCl存于乙醇中的溶液来处理AgNW膜。如果使用助熔剂溶液将AgNW膜浸没或覆盖10~30s，或将AgF或NaCl的稀溶液喷涂到AgNW上，然后使AgNW干燥。测量经卤化物溶液处理前后的AgNW膜的方块电阻且把结果显示于图4-3中。方块电阻与电导率成反比，如图4-3所示，经卤化物溶液处理后的AgNW膜的方块电阻显著减小，即电导率得到了改良，并且经AgF处理的样品与经NaCl处理的样品相比有更显著的改良。

电导率的显著改良与透明度对透明导体的应用至关重要。透明导体的电导率通常是通过添加更多导电材料（例如更多AgNW）来改良，但添加更多导电材料后透射率显著减小。通过上述方法可显著改良纳米线材料的方块电阻以及电导率而不牺牲透明度。

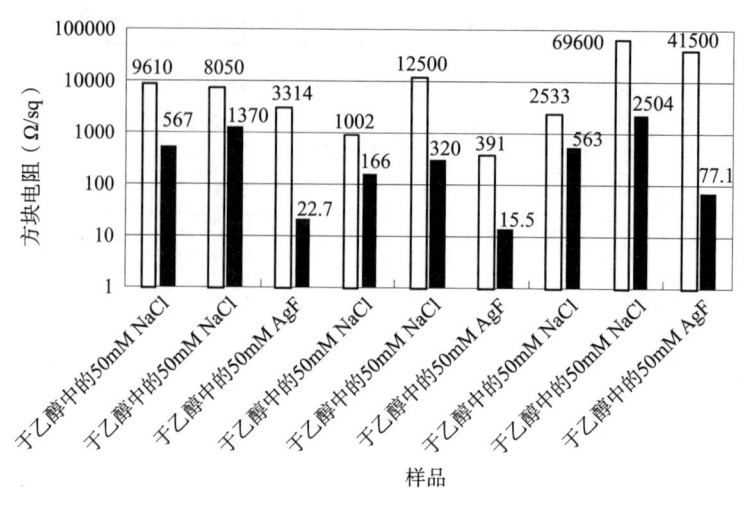

图4-3 经卤化物溶液处理前后的AgNW膜的方块电阻

实施例4-使用HCl蒸气作为烧结剂的低雾度透明导电材料

此实施例展示了使用HCl蒸气结合银纳米线形成电导率显著改良,同时具有低雾度并维持透明度的核壳结构的能力。

将直径约35nm,且长度为15~20μm的市售银纳米线(AgNW)分散于例如乙醇或异丙醇等醇中以形成AgNW分散液。AgNW分散液通常具有约0.2wt%的浓度。然后将分散液浇注到聚对苯二甲酸乙二酯(PET)表面上作为AgNW膜样品31~41。然后将AgNW膜样品置于HCl蒸气中暴露约5s以将AgNW烧结在一起从而形成核壳调配物,测量烧结工艺前后AgNW膜样品的方块电阻。AgNW膜样品31~41的数据列示于表4-4中。烧结前后膜样品的方块电阻绘制于图4-4中,并且以对数标度表示,可以看到方块电阻显著减小,电导率得到了改良。

表4-4 AgNW膜样品31~41的数据

| 样品 | 烧结前 | | 烧结后 | | |
|---|---|---|---|---|---|
| | Rs(Ω/sq) | T% | Rs(Ω/sq) | T% | 雾度 |
| 31 | >10⁴ | 99.1 | 135 | 99.0 | 0.65 |
| 32 | >10⁴ | 99.1 | 128 | 99.1 | 0.61 |
| 33 | >10⁴ | 99.0 | 178 | 98.9 | 0.10 |
| 34 | >10⁴ | 98.2 | 204 | 98.1 | 0.23 |

续表

| 样品 | 烧结前 | | 烧结后 | | |
|---|---|---|---|---|---|
| | Rs（Ω/sq） | T% | Rs（Ω/sq） | T% | 雾度 |
| 35 | $10^3$ | 98.9 | 120 | 98.7 | 0.43 |
| 36 | $10^3$ | 98.9 | 191 | 98.9 | 0.46 |
| 37 | $10^3$ | 99.0 | 122 | 99.0 | 0.34 |
| 38 | >$10^4$ | 99.4 | 105 | 99.1 | 0.47 |
| 39 | >$10^3$ | 98.1 | 150 | 98.1 | 0.92 |
| 40 | >$10^4$ | 98.5 | 198 | 98.5 | 0.53 |
| 41 | $10^3$ | 98.6 | 306 | 98.6 | 0.52 |

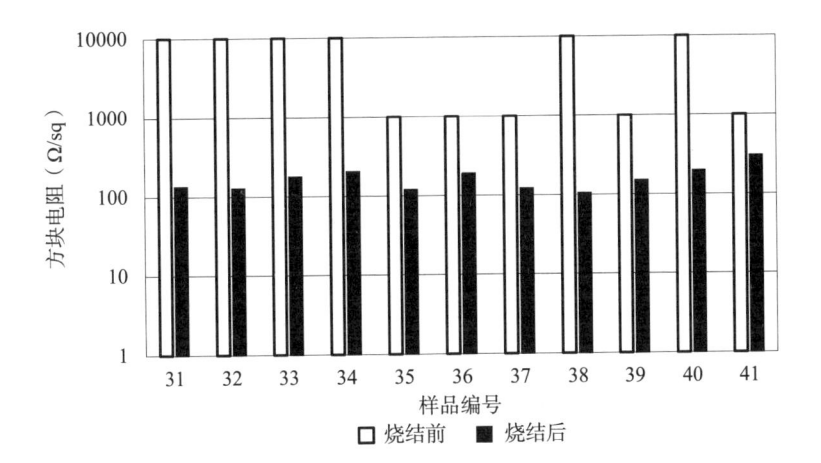

图 4-4 烧结前后膜样品的方块电阻

实施例 5-使用单独添加的氟化物盐作为烧结剂的透明导电材料

此实施例展示了使用氟化物盐作为烧结剂，结合银纳米线形成的电导率经显著改良同时维持较高透明度的核壳结构。

将直径约 40nm 且长度为 15~20μm 的市售银纳米线（AgNW）分散于例如乙醇或异丙醇等醇中以形成 AgNW 分散液。所述 AgNW 分散液通常具有约 0.2wt% 的浓度。然后将分散液浇注到聚对苯二甲酸乙二酯（PET）表面上作为 AgNW 膜样品 42 和 43。样品 42 和 43 各一式三份形成。然后将 AgNW 膜样品 42 和 43 分别于 LiF 或 NaF 溶液中浸没约 5s 以实施烧结工艺。LiF 或 NaF 溶液的浓度是约 1.0mM。然后用氮干燥浸没的膜以形成核壳金属网络。烧结前后膜样品 42 和 43 的方块电阻分别绘制于图 4-5A 和图 4-5B 中，并且以对数标度表示，可以看到方块电阻显著减小，电导率得到了改良。所形成的膜通常具有大于约85%的透明度。

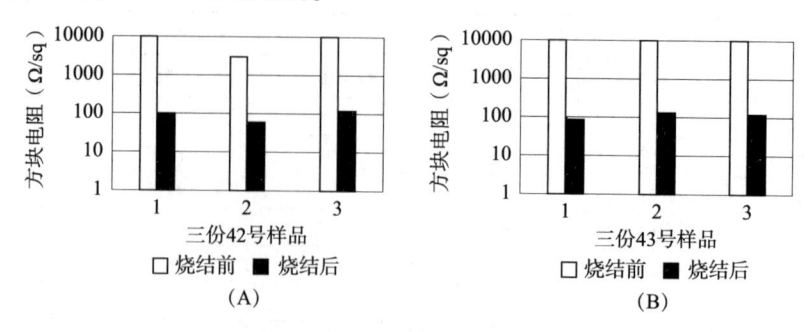

图 4-5 烧结前后膜样品 42 和 43 的方块电阻

**实施例 6 – 使用氟化物盐与 AgNW 混合物的透明导电材料**

此实施例展示了氟化物盐与银纳米线的混合物形成电导率经显著改良同时具有低雾度且维持透明度的核壳结构。

将平均直径为约 40nm 且平均长度为 15~20μm 的市售银纳米线（AgNW）分散于例如乙醇或异丙醇等醇中以形成 AgNW 储备分散液。在例如异丙醇（IPA）等醇中产生浓度约为 1.0~5.0mM 的 AgF 和 AlF$_3$ 溶液。然后将 AgNW 储备分散液添加到 AgF 和 AlF$_3$ 溶液中以分别形成混合物溶液 44 和 45。这些混合物溶液中的 AgNW 的浓度约为 0.2wt%。然后将混合物溶液 44 和 45 浇注到聚对苯二甲酸乙二酯（PET）表面上作为 AgNW 膜样品 44 和 45。样品 44 和 45 各一式三份形成。然后使用热风枪将膜样品 44 和 45 干燥约 5s 以制造核壳调配物。对一式三份的样品 44 和 45 各自实施相同程序。烧结前后膜样品 44 和 45 的方块电阻分别绘制于图 4-6A 和图 4-6B 中，并且以对数标度表示。经如此处理后形成的膜具有较高透明度，通常大于约 85% 且在一些样品中大于约 89%。

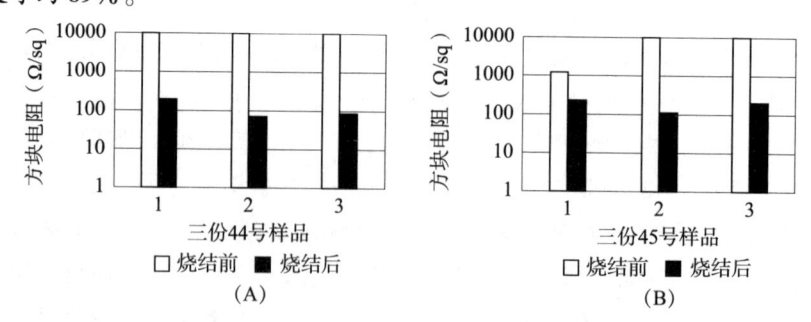

图 4-6 烧结前后膜样品 44 和 45 的方块电阻

实施例7-经HCl蒸气处理,及未经其处理的图案化区域的AgNW膜的对比

将直径约35nm且长度为15~20μm的市售银纳米线(AgNW)分散于例如乙醇或异丙醇等醇中以形成AgNW分散液。所述AgNW分散液通常具有约0.2wt%的浓度。然后将分散液浇注到聚对苯二甲酸乙二酯(PET)表面上作为大小约2in×2in的AgNW膜样品42~46。将样品膜区域的一半"a"(约1in×2in)于HCl蒸气中暴露约5s,同时保护样品膜区域的另一半"b"免于在HCl蒸气中暴露。

测量这两个区域在550nm波长的光下的透射率百分比(T%)和方块电阻且将数据列示于表4-5中,可以看出经HCl蒸气处理与未经其处理的区域"a"与"b"的方块电阻差>$10^4$。

表4-5 区域"a"与"b"在550nm波长的光下的透射率百分比和方块电阻值

| 样品/区域 | 是否经HCl蒸气处理 | 方块电阻值Rs (Ω/sq) | T% |
| --- | --- | --- | --- |
| 42a | 否 | >100k | 88.2 |
| 42b | 是 | 187 | 88.1 |
| 43a | 否 | >100k | 88.2 |
| 43b | 是 | 155 | 88.0 |
| 44a | 否 | >100k | 87.0 |
| 44b | 是 | 112 | 87.2 |
| 45a | 否 | >100k | 87.9 |
| 45b | 是 | 69 | 88.3 |
| 46a | 否 | >100k | 87.8 |
| 46b | 是 | 152 | 88.4 |

## 4.2 法律规定及解释

《专利法》第26条第4款规定:权利要求书应当以说明书为依据,清楚、简要地限定要求专利保护的范围。

《专利审查指南2010》第二部分第二章第3.2.1节中指出:

权利要求书应当以说明书为依据,是指权利要求应当得到说明书的支持。权利要求书中的每一项权利要求所要求保护的技术方案应当是所属技术领域

的技术人员能够从说明书充分公开的内容中得到或概括得出的技术方案,并且不得超出说明书公开的范围。

《专利法》第26条第4款规定的含义在于:

"所谓'权利要求书应当以说明书为依据',其基本含义是指每一项权利要求所要求保护的技术方案在说明书中都应当有清楚充分的记载,使所属领域的技术人员能够从说明书公开的内容中得出或者概括出该技术方案。由于附图是说明书的组成部分之一,因此附图中可以明确辨认的技术特征是说明书内容的一部分,可以作为支持权利要求的依据。由于权利要求书的作用是确定专利保护范围,而不是为公众提供为实施发明或者实用新型所需要的具体技术信息,申请人为了获得尽可能宽的保护范围,其撰写的权利要求,尤其是独立权利要求,一般都是对说明书记载的一个或者多个具体技术方案的概括,而不是照抄说明书中披露的具体实施方式。这样的概括是允许的,但是应当适当。权利要求保护的范围不应当过宽,以至于与发明人所作技术贡献不相称。如果权利要求的概括包括申请人推测的内容,而其效果又难以确定和评价,就应当认为这样的概括是不当的,没有得到说明书的支持。如果权利要求的概括使所属领域的技术人员有理由怀疑采用上位概念或者并列概括所涵盖的一种或者多种下位概念或者选择方式不能解决发明或者实用新型所要解决的技术问题,不能达到申请人预期的有益效果,也应当认为这样的概括是不当的,没有得到说明书的支持。"❶

基于《专利审查指南2010》第二部分第二章第3.2.1节中记载的内容,一般而言,为了使权利要求得到说明书的支持,通常需要注意以下几个方面:

1)对于产品权利要求,应当尽量避免使用功能或效果特征来限定发明。只有在某一技术特征无法用结构特征来限定,或者技术特征用结构特征限定不如用功能或效果特征来限定更为恰当,且该功能或效果可以通过说明书中规定的实验或操作或所属技术领域的惯用手段直接和肯定地验证的情况下,使用功能或效果特征来限定发明才可能是允许的。功能性限定应该是覆盖了能够实现所述功能的所有实施方式,如果权利要求中限定的功能是说明书中特定方式完成的,且所属技术领域的技术人员无法获得其他替代方式,或有理由怀疑其中的某一种或几种方式无法实现其功能,就不可采用功能性限定。

---

❶ 尹新天. 专利法详解[M]. 北京:知识产权出版社, 2011: 367.

纯功能性的权利要求得不到说明书的支持，也是不允许的。

2）说明书中不可以以含糊的方式描述其他替代方式也可能适用，因为对于所属技术领域的技术人员而言，并不清楚这些替代方式是什么或如何应用这些替代方式。

3）在判断权利要求是否得到说明书支持时，需要考虑说明书的全部内容，且需要每一项权利要求都得到说明书的支持。

4）权利要求的技术方案在说明书中存在一致性的表述，并不代表权利要求必然得到说明书的支持。只有所属技术领域的技术人员能够从说明书充分公开的内容中得到或概括得出该权利要求所要求保护的技术方案时，则该技术方案的权利要求才被认为得到说明书的支持。

导电材料领域的一些专利申请，在难以用结构进行描述时，在撰写权利要求时会通过功能或效果对其结构的特定部分予以限定，需要注意的是，这些功能或效果往往又必须依赖于说明书中的特定实施方式，或者，在撰写时某些数值或数值范围与说明书不完全一致，可能存在权利要求没有以说明书为依据从而得不到说明书支持的问题。

## 4.3 案例分析

本专利申请的权利要求1请求保护一种材料，其包括透明导电涂层和所述涂层支撑于其上的衬底，并进一步限定"所述涂层包括包含熔合金属纳米线的熔合金属纳米线网络，其中所述涂层具有至少85%的可见光透射率和不超过100Ω/sq的方块电阻或至少90%的可见光透射率和不超过250Ω/sq的方块电阻"。可见，该权利要求中对于透明导电涂层，未采用具体成分或具体结构，或形成透明导电涂层的制备方法或工艺步骤进行限定，而是采用了功能性限定，对于权利要求中包含功能性限定的技术特征，应该理解为覆盖了所有能够实现所述功能的实施方式。

该专利申请说明书的具体实施例1~7对透明导电层进行了具体描述：该专利申请为实现权利要求1所述限定的透明导电涂层的性能，采用了以HCl蒸气处理透明导电材料（参见实施例1、2、4、7）、以卤化物溶液处理透明导电材料（参见实施例3、5、6）。

根据该专利申请说明书实施例的记载，为实现权利要求1所述限定的透明导电材料的性能，必须采用使用卤素无机物组合对透明导电材料进行特定的处理工艺，并且该专利申请说明书的实施例中记载的未使用卤素无机物组合对透明导电材料进行特定的处理的对比实验，也说明了不使用该专利申请说明书中记载的上述特定处理工艺，不能实现权利要求1中限定的透明导电涂层的性能（参见实施例1~7），也就是说，权利要求1中限定的透明导电涂层的特性是需要特定的制备工艺以形成了特定结构才能具备的，且所属技术领域的技术人员不能明了此功能还可以采用说明书中未提到的其他替代方式来完成，或所属技术领域的技术人员有理由怀疑该功能性限定所包含的一种或几种方式不能解决发明或实用新型所要解决的技术问题，并达到相同的技术效果，则权利要求中不得采用覆盖了上述其他替代方式或不能解决发明或实用新型技术问题的方式的功能性限定。

可见，权利要求1的功能性限定概括了过宽的保护范围，得不到该专利申请说明书的支持。

权利要求6请求保护形成一种透明导电膜的方法，该技术方案中限定"将所述预处理材料暴露于蒸气助熔剂历时不超过4min以将所述金属纳米线中的至少一些熔合在一起"，根据该专利申请说明书具体实施例可知，实施例中记载的使用蒸气助熔剂的时间分别为10s（参见实施例1）、5s（参见实施例4、7），以上时间均远远低于权利要求6限定的4min，该专利申请说明书中也未记载处理时间以4min为边界值的实施例，可见，该权利要求所限定的数值范围远远超出了本说明书实施例部分记载的数值范围。而在金属纳米线领域中，对金属纳米线的处理时间过长，会导致金属纳米线层的可见光透射率下降，从而影响金属纳米线层的光学特性为所属技术领域的技术人员的公知常识，所属技术领域的技术人员难以预期采用处理时间的数值范围远大于该专利申请实施例的数值范围的方式能否实现权利要求6保护的技术方案的技术效果。因此，权利要求6概括的保护范围不适当，得不到该专利申请说明书实质上的支持。

权利要求10限定了"将包括存于熔剂中的助熔剂的溶液递送到所述衬底表面上"，根据该专利申请说明书的具体实施例可知，该专利申请采用卤化物溶液作为助熔剂处理透明导电材料（参见实施例3、5、6）。根据该专利申请说明书实施例的记载，必须采用使用卤素无机物组合对透明导电材料进行特定的处理工艺，使用助熔剂浸没或覆盖的处理时间为10~30s（参见实施例3）、5s（参见实施例5）。由上述可知为实现该专利申请的技术效果，需要采用卤化物溶液作为助熔剂，并具有特定的处理时间范围，然而权利要求10没有限定助熔剂的成分，也没有限定采用助熔剂的处理时间，并且在金属纳米线领域中，所属技术领域的技术人员公知的是对金属纳米线的处理时间过长，会导致金属纳米线层的可见光透射率下降，从而影响金属纳米线层的光学特性。因此，所属技术领域的技术人员难以预期采用该专利申请说明书实施例记载的特定处理方式以外的采用其他助熔剂以及处理时间处理透明导电材料的方式能否实现权利要求10保护的技术方案的技术效果。因此，权利要求10概括的保护范围不适当，其保护范围过宽，得不到该专利申请说明书实质上的支持。

## 4.4 撰写建议

首先，在导电材料领域中，产品权利要求经常会使用"功能性"或"参数特征"限定。

（1）对于功能性限定的权利要求如何撰写，给出如下建议。

一般来说，对于产品类的权利要求，应尽量避免使用功能或技术效果来限定该专利申请。但如果必须要使用功能性限定，该功能或效果能够通过说明书中规定的实验或者操作或者所属技术领域的惯用手段直接和肯定地验证，才是允许的。

在撰写的过程中，是否适合采用功能性限定，可以依照以下步骤进行判定：

第一步：该功能性限定权利要求的技术方案是否只能以实施例记载的特定的方式完成？如果只能以实施例记载的特定的方式完成，那么不适合采用功能性限定，如果可以采用除实施例中记载特定的方式之外的其他方式完成，可以考虑采用功能性限定。

第二步：该功能性限定权利要求的技术方案是否可以用其他方式替代完成相应的功能？如果不能采用其他方式替代完成相应的功能，则不适合采用功能性限定，如果可以采用其他方式替代完成相应的功能，可以考虑采用功能性限定。

在上述两步工作完成后，还需进一步考虑：

第三步：权利要求中的功能性限定特征，是否将不能实现所述功能的部分排除在外？需要注意，允许出现在权利要求中的功能性限定特征，必须是将不能实现所述功能的部分排除在外的，否则不得采用这样的功能性限定表述。这一步是在做最后的排查工作，即便已经明确相关功能的实施方式和原理，而且也能够想到一些可替代的实施方式，但是如果有理由质疑该功能性限定包含了一种或几种无法解决其声称的技术问题并达到相同技术效果的实施方式，也不能采用功能性限定的表述。

另外，如果在权利要求书中采用了功能性限定的撰写方式，需要在撰写说明书的具体实施例时，尽可能写出两种以上的具体实现方式，以支持权利要求中关于功能性限定的概括。

（2）对于参数特征限定的权利要求如何撰写，给出如下建议。

撰写权利要求时，需要判断权利要求中所限定的数值范围或者点值是否在说明书实施例部分记载的数值范围之内，若概括的数值范围超出了说明书记载的范围，判断超出的部分是否也可以实现本申请。另外，如果某一工艺制备步骤需要在特定的参数（例如温度/时间等）下进行，那么在概括权利要求时，一定要注意将该限制参数写入权利要求中。

对于本案，可以将得不到说明书支持的权利要求1、6、10进行如下修改：

1. 一种材料，其包括透明导电涂层和所述涂层支撑于其上的衬底，所述涂层包括包含熔合金属纳米线的熔合金属纳米线网络，<u>经过暴露于蒸气助熔剂中或卤化物溶液处理后</u>，其中所述涂层具有至少85%的可见光透射率和不超过100Ω/sq的方块电阻或至少90%的可见光透射率和不超过250Ω/sq的方块电阻。

6. 一种形成透明导电膜的方法，所述方法包括：

将多根金属纳米线作为涂层沉积在衬底表面上以形成预处理材料；

将所述预处理材料暴露于蒸气助熔剂历时<u>不超过5s或10s</u>以将所述金属纳米线中的至少一些熔合在一起，以形成包括熔合金属纳米线网络的所述透明导电膜。

其中经处理后材料的所述熔合金属纳米线网络具有至少85%的550nm可见光透射率和不超过100Ω/sq的方块电阻或所述熔合金属纳米线网络具有至少90%的550nm可见光透射率和不超过250Ω/sq的方块电阻。

10. 一种形成透明导电膜的方法，所述方法包括：

将金属纳米线的分散液沉积在衬底表面上；

将包括存于熔剂中的助熔剂的溶液递送到所述衬底表面上,助熔剂浸没或覆盖的处理时间为10~30s;以及在沉积所述金属纳米线并递送所述助熔剂溶液后干燥所述衬底表面,以将至少一些所述金属纳米线熔合成包括熔合金属纳米线网络的所述透明导电膜。

# 第5章　发明不具备单一性

近年来，随着各种新技术的发展，例如，数字技术、半导体技术等的发展，各种技术交叉融合，电机朝着高效能、小型化、低成本、高兼容性和结构简单化的方向发展。因此，对电机的结构、性能、冷却、控制精度等都提出了更高的要求，由此催生了各种新结构、高性能、高冷却效率的电机和先进的电机控制技术。

电机及其控制领域的发明创造既涉及电机结构、电机的制造装置、电机的冷却装置、电机的控制系统等，又涉及电机的制造方法、电机的控制方法等。该领域的专利申请主要包括：

1）涉及电机的控制类专利申请，例如通过控制电路以及控制程序的设计，检测、反馈、调整电机的运行情况，对电机实现更精确的控制、更安全的保护，电机控制类专利申请其发明点在于控制电路的结构和控制方法，专利申请的主要特点和撰写的难点与第1章电力变换技术类专利申请文件相同。

2）涉及电机的结构类专利申请，例如电机的零部件结构、电机的整体结构、电机与其他设备的集成等，该类申请通过结构的改进实现电机的结构简单、小型化、低噪声等。该类申请的主要特点为对同一结构或类似结构作出的改进可用于解决不同的技术问题，专利申请的撰写难点在于：当发明创造涉及对电机的类似部件的结构作出改进时，如何撰写才能满足单一性的要求。

3）涉及电机的制造类专利申请，例如电机的制造设备、电机的装配方法等。该类专利申请的特点和第2）类专利申请特点较为相似，撰写难点也相同。

本章接下来部分将以上述第2）种类型的专利申请，即"电机的结构类"的专利申请为例，通过案例引出、法律规定及解释、案例分析，详尽、透彻地分析该专利申请文件中存在的单一性问题，并给出撰写建议。

# 5.1 案例引出

该专利申请涉及电机转子组件的端环结构。现有的驱动车轮的电动机包括环形转子组件,该环形转子组件设置在轴上或是轮毂上以驱动车轮转动。转子组件构造成通过利用排列在转子铁芯内的多个永磁体来产生磁场。为了使永磁体轴向地保持在转子铁芯内,端环在转子铁芯端部处被安装在轴或轮毂上。此类端环通常具有平坦的盘状或环形结构,利用摩擦安装到轴或轮毂上,所以需要对端环的内圆周进行精密加工以确保在高转速下操作的紧密和牢固的配合。针对现有的端环结构,该专利申请提供一种用于车辆电动机的端环,其能够减少精密加工的步骤。同时,为了增强转子的冷却效果,该专利申请还对现有的端环结构作出了改进。

该专利申请是为了减少现有技术中对端环的内圆周进行精密加工的步骤而作出的改进。但是,在该专利申请的说明书中既记载了针对如何减少精密加工的步骤的技术问题而提出的技术方案,也记载了针对如何增强转子的冷却效果的技术问题而提出的技术方案,权利要求书围绕上述两个技术问题记载了三个独立权利要求。由于其中一个独立权利要求与其他两个独立权利要求不属于一个总的发明构思,因此,不符合《专利法》第31条第1款的规定。

该专利申请的说明书(节选)如下:

实施例1:图5-1为本发明的一种与电动机一起使用的端环结构,其中,电动机32包括壳体42、定子组件46和转子组件50。定子组件46容纳在壳体42内并且固定地联接到壳体42。转子组件50包括转子铁芯52,并且可旋转地联接到定子组件46,并且在轴54上与轴54一起绕轴线$A-A'$旋转。轴承56联接到壳体42,并且可旋转地联接到轴54,为轴54提供支撑。转子组件50还包括磁体阵列58,该磁体阵列58可具有任意数量的结合在转子铁芯52外表面缝槽内的独立永磁体。磁体阵列58构造成产生磁场,该磁场与定子组件46产生的电磁场相互作用以向转子组件50提供转矩。端环34联接到转子组件50的端部62。端环34具有环状环66和套筒70,其中,套筒70联接到环状环66且周向地过盈配合在轴54上。环状环66和套筒70采用低磁导率材料制成并且轴向地保持磁体阵列58。

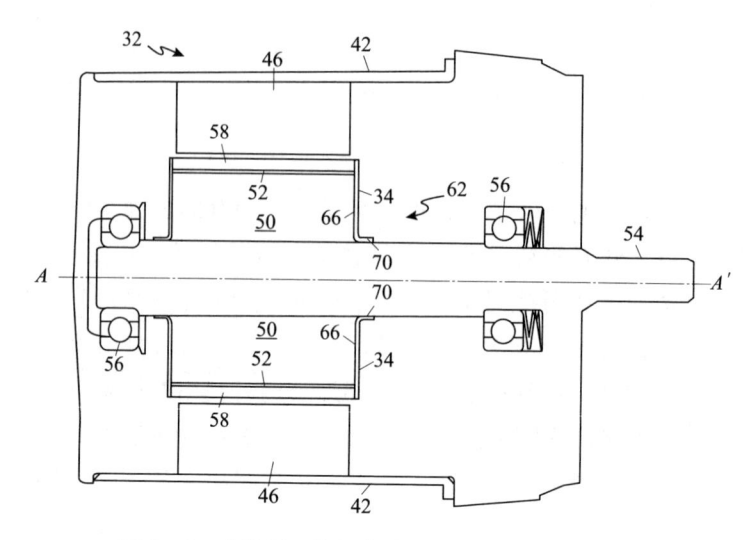

图 5-1 实施例 1 的与电动机一起使用的端环结构

实施例 2：图 5-2 为本发明的另一种与电动机一起使用的端环结构，其中，电动机 132 具有轮毂组件 142、转子铁芯 146、磁体阵列 150 和定子组件 154，位于轮毂组件 142 上的转子组件可以绕定子组件 154 旋转。端环具有环状环 166 和套筒 170，套筒 170 联接在环状环 166 上且周向地过盈配合在轮毂组件 142 上。

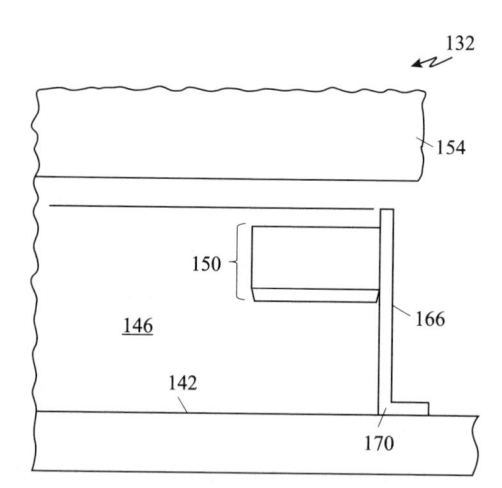

图 5-2 实施例 2 的与电动机一起使用的端环结构

实施例 3：图 5-3 为本发明的又一种与电动机一起使用的端环结构，其中，电动机 232 具有轮毂组件 242、转子铁芯 246、磁体阵列 250 和定子组件 254，轮毂组件 242 包括凸缘部分 262，端环包括环状环 266，环状环 266 插入凸缘部分 262 的端部 270 和转子铁芯 246 的端部之间。端环具有内圆周边缘 268，其周向地联接到凸缘部分 262 的外圆柱表面 269。端环还包括彼此分开的至少两个突起 278 和 298，从而在端环和轮毂组件 242 之间产生连续通道 290、291 以及在端环与磁体阵列 250 之间产生连续通道 282，用于电动机 232 内的冷却剂的流动。

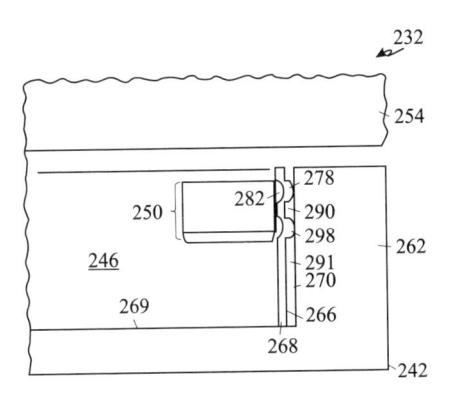

**图 5-3　实施例 3 的与电动机一起使用的端环结构**

该专利申请的 3 项独立权利要求如下：

1. 一种转子组件（50）的端环（34），所述转子组件（50）具有端部并且构造成与轴（54）一起旋转，所述端环（34）包括：

环状环（66），其围绕所述轴（54）并且联接所述转子组件（50）的端部；以及

套筒（70），其联接到所述环状环（66）并围绕且周向地过盈配合到所述轴（54）上。

2. 一种转子组件的端环，所述转子组件具有端部并且构造成设置在轮毂组件（142）上绕定子组件（154）旋转，所述端环包括：

环状环（166），其围绕所述轮毂组件（142）并且联接所述转子组件的端部；以及

套筒（170），其联接到所述环状环（166）并围绕且周向地过盈配合到所述轮毂组件（142）上。

3. 一种转子组件的端环，所述转子组件具有端部并且构造成设置在轮毂组件（242）上绕定子组件（254）旋转，所述轮毂组件（242）包括凸缘部

分（262），所述端环包括：

环状环（266），其具有插入所述凸缘部分（262）的端部；以及

彼此分开的至少两个突起（278，298），其设置于所述环状环（266）的远离所述端部的一端。

## 5.2 法律规定及解释

《专利法》第 31 条第 1 款规定：一件发明或者实用新型专利申请应当限于一项发明或者实用新型。属于一个总的发明构思的两项以上的发明或者实用新型，可以作为一件申请提出。

《专利法实施细则》第 34 条规定："依照《专利法》第三十一条第一款规定，可以作为一件专利申请提出的属于一个总的发明构思的两项以上的发明或者实用新型，应当在技术上相互关联，包含一个或者多个相同或者相应的特定技术特征，其中特定技术特征是指每一项发明或者实用新型作为整体，对现有技术作出贡献的技术特征。"

《专利审查指南 2010》第二部分第六章第 2.1.2 节中指出：

属于一个总的发明构思的两项以上的发明在技术上必须相互关联，这种相互关联是以相同或者相应的特定技术特征表示在它们的权利要求中的。特定技术特征是专门为评定专利申请单一性而提出的一个概念，应当把它理解为体现发明对现有技术作出贡献的技术特征，也就是使发明相对于现有技术具有新颖性和创造性的技术特征，并且应当从每一项要求保护的发明的整体上考虑后加以确定。因此，《专利法》第 31 条第 1 款所称的"属于一个总的发明构思"是指具有相同或者相应的特定技术特征。

《专利法》第 31 条第 1 款的作用主要体现在："采用单一性原则，是为了防止申请人在一件专利申请中囊括内容上无关或者关系不大的多项发明创造，便于国家知识产权局对专利申请进行处理、检索和审查，便于授予专利权之后权利人行使权利、承担义务，便于法院和管理专利工作的部门审理或者处理专利纠纷，也便于公众有效地利用专利文献。"[1]

两项以上的发明是否属于一个总的发明的判断重点在于是否具有"特定

---

[1] 尹新天. 专利法详解［M］. 北京：知识产权出版社，2011：398.

技术特征"。特定技术特征是体现发明对现有技术作出贡献的技术特征,"对现有技术作出贡献"的含义为具有创造性意义上的贡献。已被现有技术公开的技术特征通常不属于特定技术特征。

特定技术特征包括"相同的特定技术特征"和"相应的特定技术特征"。如果多项发明或者实用新型以相同的方式记载了使其相对于现有技术具备创造性的技术特征,那么这些特征为"相同的特定技术特征"。如果多项发明或者实用新型具有不同的技术特征,它们能够使发明或实用新型相互配合,解决相互关联的技术问题,或者这些不同的技术特征性质类似可以相互替代,解决相同的技术问题,对现有技术作出相同的技术贡献,那么这些不同的技术特征即为"相应的特定技术特征"。

## 5.3 案例分析

上述专利申请中,权利要求1和权利要求2中存在相同的技术特征"端环具有环状环和套筒",相对于现有的不带套筒、需要对端环的内周面进行精密加工的盘状或环状端环,"端环具有环状环和套筒"是权利要求1和权利要求2相对于现有技术作出贡献的特定技术特征。基于该特定技术特征,环状环和套筒之间相互关联,使得权利要求1和权利要求2的技术方案相对于现有技术解决了如何减少制造端环的精密加工步骤这一同样的技术问题,其发明构思在于对现有的盘状或环状端环进行改进,使其具有沿轴向延伸的围绕且周向地过盈配合到轴或轮毂上的套筒。因此,权利要求1和权利要求2属于一个总的发明构思,它们之间具有单一性。

权利要求3中记载了"端环具有环状环",虽然存在与权利要求1或权利要求2相同的技术特征"环状环",但是,权利要求3中的端环并不具备"套筒",不能构成与权利要求1或权利要求2相同的特定技术特征,其相对于现有技术作出的贡献在于端环上设置突起。基于该技术特征,权利要求3所要解决的技术问题是如何增强转子和轮毂之间的冷却液流动从而提高转子的冷却效果,即权利要求3解决的技术问题与权利要求1或权利要求2的技术方案所要解决的技术问题不同,不属于相同的发明构思,因此,权利要求3与权利要求1或权利要求2不具有单一性。

虽然缺乏单一性不影响专利权的有效性,不会作为专利无效的理由,但是，在专利审查期间，如果存在单一性问题，通常会收到专利申请不符合《专利法》第 31 条第 1 款有关单一性的审查意见，如果修改不能克服该问题，可能会导致该专利申请无法获得授权或是延长审查程序，因此，在撰写专利申请文件时应当注意避免该类问题。

## 5.4 撰写建议

为了避免在撰写专利申请文件时出现单一性的缺陷，给出以下几点建议：

1) 属于一个总的发明构思的两项以上的发明的权利要求可以按照《专利审查指南 2010》第二部分第六章中给出的六种方式撰写：①不能包括在一项权利要求内的两项以上产品或者方法的同类独立权利要求；同类独立权利要求是指 2 项以上的发明只是涉及产品发明，或者只是涉及方法发明；2 项以上的产品发明或方法发明独立权利要求之间具有 1 个或多个相同或者相应的特定技术特征。这时在 1 份权利要求书中可以包括这些发明的 2 项以上的独立权利要求；②产品和专用于制造该产品的方法的独立权利要求；③产品和该产品的用途的独立权利要求；④产品、专用于制造该产品的方法和该产品的用途的独立权利要求；⑤产品、专用于制造该产品的方法和为实施该方法而专门设计的设备的独立权利要求；⑥方法和为实施该方法而专门设计的设备的独立权利要求。

2) 同类独立权利要求中应包含至少一个相同或相应的特定技术特征，该特定技术特征并非形式撰写上的相同或相应，而是实质内容上的相同或相应。

3) 不同类独立权利要求采用引用的方式撰写以避免因为撰写上的遗漏和失误而导致独立权利要求之间没有相同或相应的特定技术特征。例如 1 件有关电机转子和其制造方法的发明专利申请，权利要求书中包括的两项独立权利要求可以采用如下方式撰写：

1. 一种电机转子，包括……。

2. 一种制造如权利要求 1 所述的电机转子的方法，其特征在于：包括下述步骤……。

对于本案而言，申请人可以在撰写专利申请文件之前，针对不同发明构思的技术方案分别提出专利申请，也可以在提出专利申请之后主动要求分案或是在收到审查员要求对申请文件进行修改使其符合单一性要求时进行分案。

# 第6章 独立权利要求写入非必要技术特征

连接器、开关是电力系统中常见的电力元件。其中，连接器是用于实现电路或电子设备等相互间电气连接的电力元件，其作用是传送、传输、转换两个连接界面之间的电流或信号。开关是用于接通或切断电源、转换电路以改变设备的工作状态的电力元件。

大多情况下，此类电力元件的发明专利申请涉及对其结构的改进，通常撰写为产品权利要求。此类发明专利申请的主要特点为：技术方案中往往包括大量的具体结构细节，因此撰写此类专利申请的难点为：撰写权利要求时，需要对具体结构细节深入分析，准确判断哪些技术特征对于本专利申请所要解决的技术问题而言是必不可少的，属于必要技术特征，哪些技术特征属于非必要技术特征，避免在独立权利要求中写入非必要技术特征。如果独立权利要求写入了非必要技术特征，即使后续专利申请获得授权，也会因所获得的专利权的保护范围过窄，与申请人作出的技术贡献不相称，而导致申请人的发明创造不能得到合理的保护。

本章接下来的部分将以涉及电力元件领域中的连接器类专利申请——"一种防爆电连接器"为例，通过案例引出、法律规定及解释、案例分析，详尽、透彻地分析该专利申请文件中存在的独立权利要求中写入非必要技术特征的缺陷，并给出撰写建议。

## 6.1 案例引出

本专利申请涉及一种防爆电连接器，现有电连接器的接线端子部分裸露在外面，且连接状态下密封效果不够紧密，导致连接器的防爆效果不佳。针对上述问题，该专利申请提供一种防爆效果好且密封性能佳的防爆电连接器。

本申请提出的改进措施是：在插头和插座的连接过程中，使插座接线杆与插头接线杆接触的过程在一个密封的环境中发生，不与外界环境接触，避免发生爆炸，而且即使发生爆炸，也不会影响到外界环境。

在本专利申请的技术方案中，对于插头和插座均包括大量的具体结构细节，其中大部分结构细节相对于本申请所要解决的技术问题而言，均是非必要技术特征，申请人将这些非必要技术特征均写入了独立权利要求中，导致权利要求限定的保护范围过窄。

下面对该案例进行具体介绍。

该专利申请的说明书（节选）如下：

目前，现场使用的电连接器的端子接线部分大都裸露在外面，因而远远达不到防爆要求。

针对现有技术的不足，本发明提供了一种防爆效果好、连接牢靠的防爆电连接器。

下面将结合本发明实施例中的附图，对本发明实施例中的技术方案进行清楚、完整的描述。

请参阅图6-1、图6-2、图6-3，一种防爆电连接器，包括插头1以及插座2，插座2包括插座壳3、第一定位板4、插座密封圈5、插座线6以及插座接线杆7，插座壳3最前端设置螺纹8，插座壳3内置第一空腔9，第一空腔9前端开口，第一空腔9后端开孔，开孔形状与插座线6横截面一致，插座线6穿过第一空腔9后端开孔固定在第一空腔9内，第一空腔9中间位置开设第一定位板4，插座接线杆7固定在第一定位板4上，插座接线杆7一端与插座线6连接，另一端伸出第一定位板4且长度短于第一定位板4到插座壳3前端的距离，插座密封圈5固定在第一空腔9后端侧壁且与插座线6接触，插头1包括插头壳10、第二定位板11、插头密封圈12、插头线13以及插头接线杆14，插头壳10内置第二空腔15，第二空腔15前端开口，第二空腔15后端开孔，开孔形状与插头线13横截面一致，插头线13穿过第二空腔15后端开孔固定在第二空腔15内，第二空腔15中间位置开设第二定位板11，插头接线杆14固定在第二定位板11上，插头接线杆14一端与插头线13连接，另一端伸出第二定位板11且长度短于第二定位板11到插头壳10前端的距离，插头密封圈12固定在第二空腔15后端侧壁且与插头线13接触，插头壳10外壁设置限位块16，插头壳10通过限位块16套装螺帽17。使用时，将插座壳3与插头壳10相互对齐，使插座壳3套在插头壳10上，随着插座壳3套在插头壳

10外表面的距离增加，螺纹8与螺帽17接触，之后旋转螺帽17，在螺帽17与螺纹8配合的过程中，使得插座壳3与插头壳10相互连接且插座壳3套在插头壳10外表面的距离继续增加，从而使第一空腔9与第二空腔15形成一个密封的环境，之后插座接线杆7与插头接线杆14接触，形成通路，最终螺帽17完全与螺纹8配合，将插座2与插头1紧密连接在一起，由于插座接线杆7与插头接线杆14接触的过程是在第一空腔9与第二空腔15形成的一个密封环境中发生的，不与外界环境接触，所以避免发生爆炸，而且即使发生爆炸，也不会影响到外界环境，密封圈的设置可以进一步加强密封的效果，从而防尘、防水，以及减少爆炸对于外界环境的影响。

请参阅图6-4、图6-5，插座接线杆7为"圆管"状，插座接线杆7穿过第一定位板4一端两侧分别设置凸块18，凸块18远离第一空腔9侧壁一端垂直于插座接线杆7，凸块18另一端设置为一斜面，凸块18底端位于第一定位板4内分别设置第三空腔19，第三空腔19内设置滑块20，滑块20与凸块18底部连接，第三空腔19靠近插座壳3侧壁一端分别连接复位弹簧21的一端，复位弹簧21的另一端与滑块20连接；插头接线杆14除去最前端的外表面包裹插头接线杆壳22，插头接线杆壳22最前端设置为向内的斜面。插座接线杆7与插头接线杆14接触过程中，插头接线杆14伸入"圆管"状插座接线杆7中，插头接线杆壳22最前端向内的斜面可以对凸块18的斜面施加作用力，从而使凸块18向插座接线杆7中心方向移动，使得凸块18竖直方向的侧面夹紧插头接线杆14，使得插座接线杆7与插头接线杆14连接更加紧密。

螺帽17外侧侧面安装防滑纹23，使得旋转螺帽17更为方便。

请参阅图6-5、图6-6，插头连接杆壳22内设置有插头接线杆14。为了凸块18更好地夹紧插头接线杆14，本发明改进有，凸块18垂直于插座接线杆7一面安装橡胶垫24，使得凸块18更好地夹紧插头接线杆14。

请参阅图6-2、图6-3，第二空腔15内滑动设置保护板25，保护板25设置插头接线杆孔26，保护板25后端侧面连接保护弹簧27的一端，保护弹簧27的另一端与第二空腔15后端侧壁连接，第一定位板4前端设置保护块28，保护块28前端与插座接线杆7前端齐平。在使用时，随着插座壳3套在插头壳10外表面的距离增加，保护块28顶住保护板25将保护板25顶到插头接线杆孔26后面，从而露出插头接线杆14，方便插头接线杆14与插座接线杆7的接触，不工作时，保护板25在保护弹簧27的作用下位于插头接线杆14前端，对插头接线杆14进行保护。

第一空腔9与第二空腔15内侧壁表面喷涂绝缘漆层,增加该防爆电连接器的安全性。

综上所述,该防爆电连接器,在使用时,将插座壳3与插头壳10相互对齐,使插座壳3套在插头壳10上,随着插座壳3套在插头壳10外表面的距离增加,螺纹8与螺帽17接触,之后旋转螺帽17,在螺帽17与螺纹8配合的过程中,使得插座壳3与插头壳10相互连接且插座壳3套在插头壳10外表面的距离继续增加,从而使第一空腔9与第二空腔15形成一个密封的环境,之后插座接线杆7与插头接线杆14接触,形成通路,最终螺帽17完全与螺纹8配合,将插座2与插头1紧密连接在一起,而由于插座接线杆7与插头接线杆14接触的过程是在第一空腔9与第二空腔15形成的一个密封环境中发生的,不与外界环境接触,所以避免发生爆炸,而且即使发生爆炸,也不会影响到外界环境,密封圈的设置可以进一步加强密封的效果,从而防尘,防水,以及减少爆炸对于外界环境的影响。插座接杆7与插头接线杆14接触过程中,插头接线杆14伸入"圆管"状插座接线杆7中,插头接线杆壳22最前端向内的斜面可以对凸块18的斜面施加作用力,从而使凸块18向插座接线杆7中心方向移动,使得凸块18竖直方向的侧面夹紧插头接线杆14,使插座接线杆7与插头接线杆14连接更加紧密。随着插座壳3套在插头壳10外表面的距离增加,保护块28顶住保护板25将保护板25顶到插头接线杆孔26后面,从而露出插头接线杆14,方便插头接线杆14与插座接线杆7的接触,不工作时,保护板25在保护弹簧27的作用下位于插头接线杆14前端,对插头接线杆14进行保护。

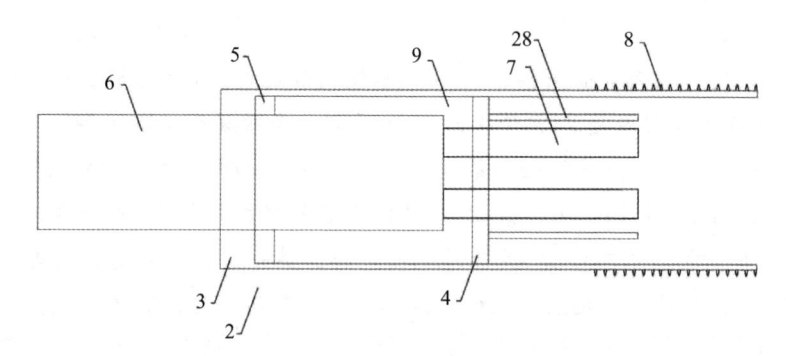

图6-1 本发明的插座结构示意图

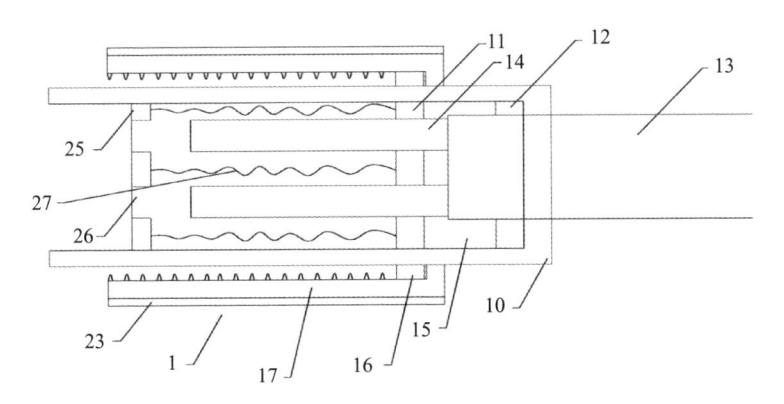

图 6-2　本发明的插头结构示意图

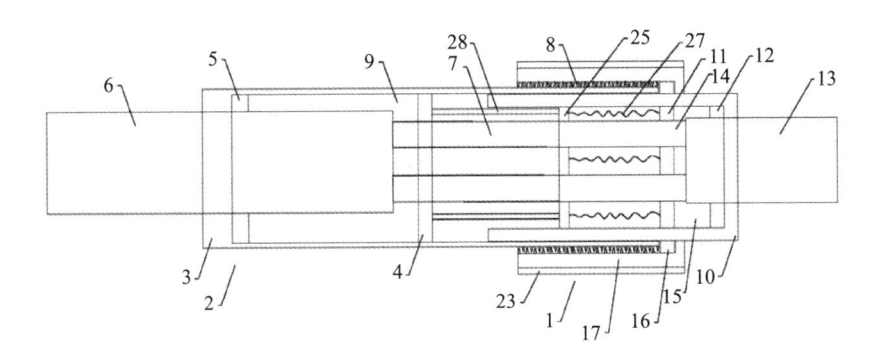

图 6-3　本发明的插座和插头相连接结构示意图

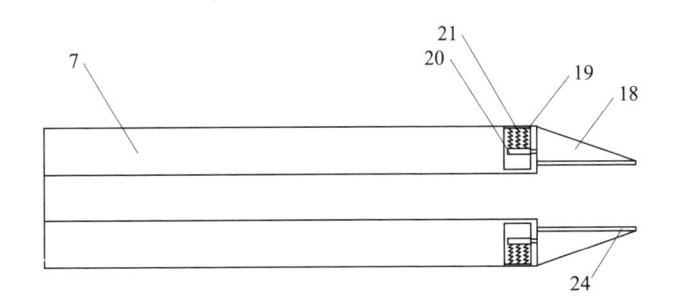

图 6-4　本发明的插座连接杆结构示意图

◎ 电力领域专利申请文件撰写常见问题解析

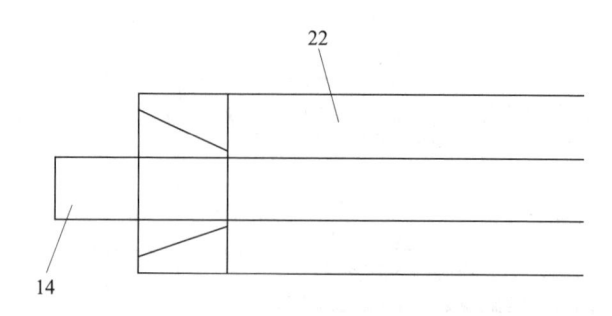

图 6-5 本发明的插头连接杆结构示意图

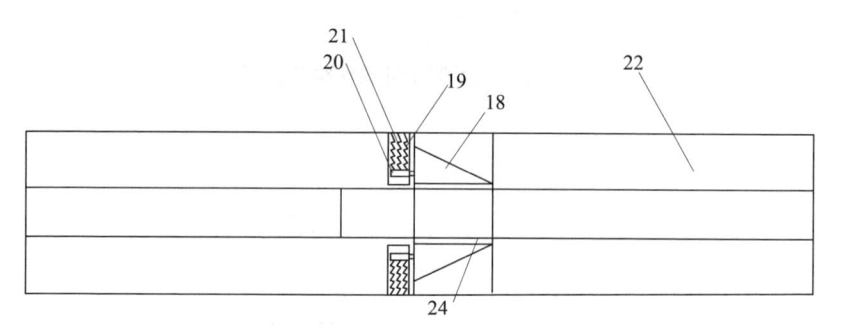

图 6-6 本发明的插座连接杆与插头连接杆相互配合的结构示意图

本专利申请的权利要求 1 如下：

1. 一种防爆电连接器，包括插头（1）以及插座（2），插座（2）包括插座壳（3）、插座线（6）以及插座接线杆（7），插座壳（3）内置第一空腔（9），第一空腔（9）前端开口，第一空腔（9）后端开孔，开孔形状与插座线（6）横截面一致，插座线（6）穿过第一空腔（9）后端开孔固定在第一空腔（9）内，插头（1）包括插头壳（10）、插头线（13）以及插头接线杆（14），插头壳（10）内置第二空腔（15），第二空腔（15）前端开口，第二空腔（15）后端开孔，开孔形状与插头线（13）横截面一致，插头线（13）穿过第二空腔（15）后端开孔固定在第二空腔（15）内；

其特征在于：插座壳（3）最前端设置螺纹（8），插座（2）的第一空腔（9）中间位置开设第一定位板（4），插座接线杆（7）固定在第一定位板（4）上，插座接线杆（7）一端与插座线（6）连接，另一端伸出第一定位板（4）且长度短于第一定位板（4）到插座壳（3）前端的距离，插座壳（3）设置螺纹（8）的端部延伸超过插座接线杆（7）；插头（1）的第二空腔（15）中间位置开设第二定位板（11），插头接线杆（14）固定在第二定位板

(11) 上，插头接线杆 (14) 一端与插头线 (13) 连接，另一端伸出第二定位板 (11) 且长度短于第二定位板 (11) 到插头壳 (10) 前端的距离，插头壳 (10) 外壁设置限位块 (16)，插头壳 (10) 通过限位块 (16) 套装螺帽 (17)，插头壳 (10) 和螺帽 (17) 的开放端延伸超出插头接线杆 (14)；

插座接线杆 (7) 为"圆管"状，插座接线杆 (7) 穿过第一定位板 (4) 的一端的两侧分别设置凸块 (18)，凸块 (18) 远离第一空腔 (9) 侧壁一端垂直于插座接线杆 (7)，凸块 (18) 另一端设置为斜面，凸块 (18) 底端位于第一定位板 (4) 内分别设置第三空腔 (19)，第三空腔 (19) 内设置滑块 (20)，滑块 (20) 与凸块 (18) 底部连接，第三空腔 (19) 靠近插座壳 (3) 侧壁一端分别连接复位弹簧 (21) 的一端，复位弹簧 (21) 的另一端与滑块 (20) 连接；插头接线杆 (14) 除去最前端的外表面包裹插头接线杆壳 (22)，插头接线杆壳 (22) 最前端设置为向内的斜面；

螺帽 (17) 外侧侧面安装防滑纹 (23)；

凸块 (18) 垂直于插座接线杆 (7) 一面安装橡胶垫 (24)；

第二空腔 (15) 内滑动设置保护板 (25)，保护板 (25) 设置插头接线杆孔 (26)，保护板 (25) 后端侧面连接保护弹簧 (27) 的一端，保护弹簧 (27) 的另一端与第二空腔 (15) 后端侧壁连接，第一定位板 (4) 前端设置保护块 (28)，保护块 (28) 前端与插座接线杆 (7) 前端齐平，第一空腔 (9) 与第二空腔 (15) 内侧壁表面喷涂绝缘漆层。

## 6.2 法律规定及解释

《专利法》第 64 条第 1 款规定：发明或者实用新型专利权的保护范围以其权利要求的内容为准，说明书及附图可以用于解释权利要求的内容。

《专利法实施细则》第 20 条规定：权利要求书应当有独立权利要求，也可以有从属权利要求。独立权利要求应当从整体上反映发明或者实用新型的技术方案，记载解决技术问题的必要技术特征。从属权利要求应当用附加的技术特征，对引用的权利要求作进一步限定。

《专利审查指南 2010》第二部分第二章第 3.1.2 节中指出：

必要技术特征是指，发明或者实用新型为解决其技术问题所不可缺少的技术特征，其总和足以构成发明或者实用新型的技术方案，使之区别于背景技术中所述的其他技术方案。

判断某一技术特征是否为必要技术特征,应当从所要解决的技术问题出发并考虑说明书描述的整体内容,不应简单地将实施例中的技术特征直接认定为必要技术特征。

在一件专利申请的权利要求书中,独立权利要求所限定的一项发明或者实用新型的保护范围最宽。

如果一项权利要求包含了另一项同类型权利要求中的所有技术特征,且对该另一项权利要求的技术方案作了进一步的限定,则该权利要求为从属权利要求。由于从属权利要求用附加的技术特征对所引用的权利要求作了进一步的限定,所以其保护范围落在其所引用的权利要求的保护范围之内。

由上述规定可知:"一项权利要求中记载的所有技术特征共同限定了要求专利保护的范围。但凡在权利要求中记载一个技术特征,都会对该权利要求的保护范围产生一定的限定作用。所谓'限定作用',是指该权利要求所保护的技术方案应当包括该技术特征。一般来说,在授予专利权之后,他人实施的技术方案如果再现了一项权利要求中记载的全部技术特征,就落入该权利要求的文字所确定的保护范围之内,这是权利要求所确定的最为狭义的保护范围。如果他人实施的技术方案除了包含权利要求中记载的全部技术特征之外,还包括一个或者多个权利要求中不曾记载的其他技术特征,上述结论的成立不受任何影响;反之,如果他人实施的技术方案没有包括一项权利要求中记载的某一技术特征,一般就会被认为没有落入该项权利要求的文字所确定的保护范围。"

"根据上述确定发明或者实用新型专利保护范围的基本原则,可以得出如下结论:一项权利要求记载的技术特征数目越少,则该权利要求所确定的保护范围就越大;反之则越小。这是权利要求的基本属性。"❶

可见,专利保护范围的界定,以写入权利要求的全部内容为准。因此为了获得尽可能宽的保护范围,独立权利要求中只需要包含相对于本专利申请所要解决的技术问题而言是必不可少的那些技术特征,即必要技术特征,并尽可能避免写入非必要技术特征。如果独立权利要求中包含非必要技术特征,即使该专利申请获得了专利权,也会因授权的专利申请的保护范围太窄而无

---

❶ 尹新天. 专利法详解 [M]. 北京:知识产权出版社,2011:555-556.

法给申请人提供合理的与其发明创造相称的保护，可能给申请人带来损失。

## 6.3 案例分析

本专利申请的技术方案涉及一种防爆电连接器，其所要解决的技术问题是提高连接器的防爆效果，针对该技术问题，本专利申请采用的技术手段是使插头的接线杆和插座的接线杆在密封环境下进行连接，因此与该技术手段相关的技术特征为该专利申请的必要技术特征。

具体而言，必要技术特征包括：

1）使插头和插座实现电连接的结构，即插座线 6、插头线 13、插座接线杆 7、插头接线杆 14、使插座接线杆 7 和插头接线杆 14 固定的第一定位板 4 和第二定位板 11。

2）使插头和插座实现密封连接的结构，即设置螺纹 8 的插头壳 10、插座壳 3、螺帽 17、使螺帽套装在插座壳上的限位块 16，以及各个部件之间的配合关系。

然而，目前的权利要求 1 中还包括为了进一步改进连接器的性能的其他特征，对于该专利申请所要解决的技术问题而言，这些特征并不是必不可少的。具体而言：

设置密封圈 5 是为了进一步增强密封性能；

设置保护板 25、固定保护板 25 的弹簧 27 和定位板 11、保护块 28、安装保护块 28 的定位板 4 是为了在不使用插头时保护插头接线杆；

将插座接线杆 7 设置为圆管状、设置位于插座接线杆端部的凸块 18、配合的滑块 20、弹簧 21、设置插头接线杆前端的斜面，都是为了使插头接线杆和插座接线杆更加紧密地连接；

在第一空腔 9 和第二空腔 15 的内侧壁表面喷涂绝缘漆层，是为了进一步增加防爆电连接器的安全性；

在螺帽外侧侧面安装防滑纹，是为了便于旋转螺帽；

安装橡胶垫 18，是为了使插座接线杆更好地夹紧插头接线杆。

通过分析可见，上述特征均不属于该专利申请解决"提高连接器的防爆效果"的必要技术特征，因此可以不在独立权利要求 1 中进行限定，避免独立权利要求 1 的保护范围过窄。但是这些非必要技术特征解决了另外的技术

◎ 电力领域专利申请文件撰写常见问题解析

问题，可以将这些技术特征分别写入从属权利要求，得到层级性保护的权利要求书。

## 6.4 撰写建议

在撰写独立权利要求时，应当尽量撰写出与技术贡献相称的保护范围适当的独立权利要求，其中仅需要包括必要技术特征。对于其他对该专利申请进行进一步改进的特征，可写入不同的从属权利要求中，使整个权利要求书呈现梯度化的保护层级，从宽泛到具体保护多个保护范围不同的技术方案。这样撰写的好处在于，首先能够对创新成果最大化保护，并且当独立权利要求被指出不具备新颖性或创造性时或后续需要动态调整时，可以将从属权利要求的附加技术特征增加到独立权利要求中实现动态保护。

为了避免在独立权利要求中写入非必要技术特征，能够准确地确定发明的必要技术特征是关键所在。为此，需要对现有技术进行充分检索，尽可能准确地确定最接近的现有技术，基于检索到的现有技术，客观准确地分析专利申请实际解决的技术问题，针对该技术问题，结合技术方案分析哪些技术特征是必不可少的，将其确定为发明的必要技术特征，而那些在解决了发明所要解决的技术问题的基础上进一步解决其他技术问题的技术特征，其作用是对能体现发明构思的技术方案的进一步优化，则属于发明的非必要技术特征，此外，在确定是否为必要技术特征时还需要注意，对于那些协同作用、彼此关联的技术特征不能割裂开来，而是应该将其视为一个整体进行考虑。

根据以上分析，对独立权利要求1可以重新撰写如下：

1. 一种防爆电连接器，包括插头（1）以及插座（2），插座（2）包括插座壳（3）、插座线（6）以及插座接线杆（7），插座壳（3）内置第一空腔（9），第一空腔（9）前端开口，第一空腔（9）后端开孔，开孔形状与插座线（6）横截面一致，插座线（6）穿过第一空腔（9）后端开孔固定在第一空腔（9）内，插头（1）包括插头壳（10）、插头线（13）以及插头接线杆（14），插头壳（10）内置第二空腔（15），第二空腔（15）前端开口，第二空腔（15）后端开孔，开孔形状与插头线（13）横截面一致，插头线（13）穿过第二空腔（15）后端开孔固定在第二空腔（15）内。

其特征在于：插座壳（3）最前端设置螺纹（8），插座（2）的第一空腔

(9)中间位置开设第一定位板(4),插座接线杆(7)固定在第一定位板(4)上,插座接线杆(7)一端与插座线(6)连接,另一端伸出第一定位板(4)且长度短于第一定位板(4)到插座壳(3)前端的距离,插座壳(3)设置螺纹(8)的端部延伸超过插座接线杆(7);插头(1)的第二空腔(15)中间位置开设第二定位板(11),插头接线杆(14)固定在第二定位板(11)上,插头接线杆(14)一端与插头线(13)连接,另一端伸出第二定位板(11)且长度短于第二定位板(11)到插头壳(10)前端的距离,插头壳(10)外壁设置限位块(16),插头壳(10)通过限位块(16)套装螺帽(17),插头壳(10)和螺帽(17)的开放端延伸超出插头接线杆(14)。

重新撰写后的独立权利要求1与最初撰写的独立权利要求1相比,删除了大量技术特征,这些删除的技术特征相对于本申请所要解决的技术问题而言,为非必要技术特征(具体分析可参见本章第6.3部分),所删除的非必要技术特征具体为:

插座接线杆(7)为"圆管"状,插座接线杆(7)穿过第一定位板(4)的一端的两侧分别设置凸块(18),凸块(18)远离第一空腔(9)侧壁一端垂直于插座接线杆(7),凸块(18)另一端设置为斜面,凸块(18)底端位于第一定位板(4)内分别设置第三空腔(19),第三空腔(19)内设置滑块(20),滑块(20)与凸块(18)底部连接,第三空腔(19)靠近插座壳(3)侧壁一端分别连接复位弹簧(21)的一端,复位弹簧(21)的另一端与滑块(20)连接;插头接线杆(14)除去最前端的外表面包裹插头接线杆壳(22),插头接线杆壳(22)最前端设置为向内的斜面;

螺帽(17)外侧侧面安装防滑纹(23);

凸块(18)垂直于插座接线杆(7)一面安装橡胶垫(24);

第二空腔(15)内滑动设置保护板(25),保护板(25)设置插头接线杆孔(26),保护板(25)后端侧面连接保护弹簧(27)的一端,保护弹簧(27)的另一端与第二空腔(15)后端侧壁连接,第一定位板(4)前端设置保护块(28),保护块(28)前端与插座接线杆(7)前端齐平,第一空腔(9)与第二空腔(15)内侧壁表面喷涂绝缘漆层。

对于上述从独立权利要求1中删除的非必要技术特征,可将其写入从属权利要求中:

2. 根据权利要求1所述的防爆电连接器,其特征在于:插座接线杆(7)为"圆管"状,插座接线杆(7)穿过第一定位板(4)一端两侧分别设置凸块（18），凸块（18）远离第一空腔（9）侧壁一端垂直于插座接线杆（7），凸块（18）另一端设置为斜面，凸块（18）底端位于第一定位板（4）内分别设置第三空腔（19），第三空腔（19）内设置滑块（20），滑块（20）与凸块（18）底部连接，第三空腔（19）靠近插座壳（3）侧壁一端分别连接复位弹簧（21）的一端，复位弹簧（21）的另一端与滑块（20）连接；插头接线杆（14）除去最前端的外表面包裹插头接线杆壳（22），插头接线杆壳（22）最前端设置为向内的斜面。

3. 根据权利要求1所述的防爆电连接器，其特征在于：螺帽（17）外侧侧面安装防滑纹（23）。

4. 根据权利要求2所述的防爆电连接器，其特征在于：凸块（18）垂直于插座接线杆（7）一面安装橡胶垫（24）。

5. 根据权利要求1所述的防爆电连接器，其特征在于：第二空腔（15）内滑动设置保护板（25），保护板（25）设置插头接线杆孔（26），保护板（25）后端侧面连接保护弹簧（27）的一端，保护弹簧（27）的另一端与第二空腔（15）后端侧壁连接，第一定位板（4）前端设置保护块（28），保护块（28）前端与插座接线杆（7）前端齐平。

6. 根据权利要求1~5任一项所述的防爆电连接器，其特征在于：第一空腔（9）与第二空腔（15）内侧壁表面喷涂绝缘漆层。

7. 根据权利要求1~5任一项所述的防爆电连接器，其特征在于：还包括有插座密封圈（5），所述插座密封圈（5）固定在第一空腔（9）后端侧壁且与插座线（6）接触。

# 第二部分

## 撰写示例

# 第7章 专利申请文件撰写一般思路

专利申请文件撰写一般包括创新成果的分析、权利要求书的撰写和说明书及其摘要的撰写三个部分。本章介绍专利申请文件撰写的一般思路。

## 7.1 创新成果的分析

撰写一份专利申请，首先应当对创新成果进行分析，分析的过程是对发明的深刻理解，以及对创新内容完善丰富"再开发"的过程。在创新成果分析阶段既要作出是否可以申请专利的初步判断，又要对创新内容进行拓展，并且还要考虑未来专利运用，做好权利要求的"布局"。可见，创新成果的分析过程是撰写一份高质量专利申请文件的必要过程。

创新成果的分析应当包含充分理解、客观判断、丰富完善三个部分，充分理解是基础、客观判断是关键、丰富完善是重点。

### 7.1.1 创新成果的理解

发明人完成一项发明后，在申请专利前通常会提供一份记载发明主要内容的技术交底书。在阅读了技术交底书之后需要考虑以下几个问题：

1）发明涉及哪些技术主题。

2）发明对现有技术作出的改进，及初步判断发明相对于现有技术是否具有新颖性和创造性。

3）对现有技术交底书进行分析，考虑是否需要进行发明内容的拓展。

### 7.1.1.1 发明涉及的技术主题

发明的技术主题应当基于发明的技术领域、依据发明构思确定。技术主题应当与发明的技术方案密切关联，技术主题的类型可以是产品，也可以是用于制造产品的方法等。

技术主题的准确确定非常重要。通常情况下，一件专利申请的发明名称是基于其所涉及的技术主题确定的，并且与权利要求的主题名称相一致，权利要求的主题名称作为权利要求的一部分，对权利要求起到限定作用，构成权利要求保护范围的一部分。

### 7.1.1.2 发明对现有技术作出的改进及新颖性和创造性的初步判断

根据专利法相关规定，具备新颖性、创造性是发明能够被授予专利权的必要条件之一，因此在专利申请文件撰写前应对发明是否具备新颖性、创造性进行初步判断。

判断的依据在于明确发明对于现有技术的改进之处，因此通常无论在发明创造之前或在发明创造过程中都要进行充分检索。在充分理解了技术交底书中的技术内容之后、撰写专利申请文件之前，还需要对技术方案再次进行充分检索，检索后确定最接近的现有技术，并将作出的发明与最接近的现有技术进行比对，分析发明的改进之处，在此基础上对发明是否具备新颖性和创造性作出初步判断。

### 7.1.1.3 现有技术交底书的分析

技术交底书是撰写专利申请文件的依据，一般情况下，技术交底书是由技术专家撰写完成的。常见的技术交底书的问题包括：功能性描述多、实质性描述少；关键技术手段未充分披露；实施方式单一；语言随意不规范；描述错误；同样内容前后描述不一致等。

然而，专利申请文件是一种法律文件，说明书和权利要求书的撰写应当满足《专利法》及其实施细则的相关要求。其中，实质性的要求之一为"说明书充分公开"。因此，对于技术交底书首先要分析其对发明涉及的技术原理、技术手段等是否公开足够充分以达到所属技术领域的技术人员能够实施的程度。

权利要求书限定了专利权的保护范围，是一项专利申请的核心。权利要求一般是在说明书或者附图公开的实施例的基础上进行的合理概括,为了获得更大的保护范围,需要进一步思考是否还有能够获得本发明同样技术效果的等同实施方式或具体实施手段以及发明的应用领域,即,在对现有技术交底书进行分析时,需要进一步思考以下问题:

1)发明的原理是否清晰、关键技术手段是否描述清楚、技术方案是否公开充分。

2)是否有实现发明效果的等同实施例和具体技术手段的其他实施方式。

3)从专利保护和运用出发,考虑技术方案的应用领域是否能够扩大。

### 7.1.2 发明内容的拓展

将分析技术交底书时需要思考的问题作为发明内容拓展的出发点,具体考虑对如下技术内容进行补充:

1)对发明的原理以及同发明原理密切联系的关键技术手段和等同实施例进行补充。

2)对技术方案的应用领域进行挖掘。

#### 7.1.2.1 发明的原理以及同发明原理密切联系的关键技术手段和等同实施例的补充

发明原理应当记载正确、准确、完整,同发明原理密切联系的关键技术手段同样应当清楚、完整,以使得所属技术领域的技术人员能够实施发明且能够达到所述的技术效果。

由于实施例对于权利要求起着关键性的支撑作用,因此对实施例进行扩展,使说明书的内容充实和全面,是撰写出高质量专利申请的重要方面之一。

对发明原理、同发明原理密切联系的关键技术手段和等同实施例的补充要站位所属技术领域的技术人员,使用规范术语。

#### 7.1.2.2 技术方案的应用领域的挖掘

一般情况下,一项发明创造会从一个具体的应用场景出发,仅涉及一个特定的技术领域。但是在撰写申请文件之前应当基于作出发明的最小单元考虑:该"最小发明单元"是否可以应用于其他领域,以获得更大范围的保护。

## 7.1.3 专利运用的考量

对技术交底书进行了补充和完善后，在进一步充分理解技术交底书和现有技术的基础上、在撰写申请文件之前，还需要考虑权利要求保护力度、权利要求的保护范围、侵权的可发现性、权利的可用性、权利要求调整的灵活性等，以实现专利的运用。具体需要考虑：

1) 权利要求涉及哪些类型。
2) 如何概括保护范围合理的权利要求。
3) 权利要求的执行主体有哪些。
4) 采用何种方式撰写权利要求。
5) 如何使权利要求得到动态保护。

### 7.1.3.1 权利要求的类型

对于权利要求的类型，从易于取证的角度考量，"产品"权利要求优于"方法"权利要求，即"产品"权利要求的保护力度更大。更多情况下，可以考虑同时申请方法权利要求和产品权利要求以相互补充。

### 7.1.3.2 权利要求的保护范围

考虑专利申请获权后的运用，获得尽可能大的保护范围是权利要求撰写中最需要关注的问题之一。因此，在撰写权利要求之前，通常需要依据说明书中记载的一个或多个具体实施方式进行合理的概括，使之既能够得到说明书的支持，又能够尽可能地获得较大的保护范围，同时使得该权利要求的技术方案不易被规避。

在对权利要求进行概括时，可以考虑以下几点：

1) 技术交底书中具有多个实施例时权利要求的合理概括。

如果技术交底书中给出了实现特定技术效果的技术手段有多种实施方式，可以基于这些实施方式给出的技术教导进行上位概括。

2) 技术交底书中仅给出了技术手段的一种实施方式时的上位概括。

如果技术交底书中仅给出了技术手段的一种实施方式，但是，通过检索和基于对所属技术领域的了解知晓还存在其他的实施方式时可以进行合理的上位概括。

3）避免直接将独立权利要求的技术方案限定于技术交底书中提及的唯一应用领域。

如果发明的技术方案可以应用于多种应用领域，要避免在独立权利要求中对具体应用领域进行限定。

### 7.1.3.3 权利要求的执行主体

如果权利要求限定的技术方案实施中涉及不同的执行主体，每个执行主体执行各自的内容步骤，这样的技术方案就有多侧执行主体。在侵权判定时，多个侵权者全部参与才能覆盖权利要求中的全部技术特征，维权时会涉及多个被告，侵权判定及维权的难度较大。因此在权利要求的撰写中应注意从单侧执行主体的角度出发。

虽然多执行主体的方案主要出现在软件方法相关专利申请中，但是随着技术领域之间的相互交叉融合，电力领域专利申请中涉及软件方法的相关专利申请也越来越多，因此，在电力领域专利申请文件权利要求的撰写中，也需要考虑站位于单侧执行主体角度撰写权利要求，以便于授权后的专利运用。

### 7.1.3.4 显性撰写方式

在撰写申请文件时，应当注意采用容易被取证的显性的撰写方式。如果权利要求中包含比较晦涩、难以理解的表述，在侵权诉讼阶段可能会造成技术方案理解偏差，以及难以将权利要求中的技术特征与侵权证据进行比对。

采用显性的撰写方式，例如，技术特征采用标准、含义明确的术语表述，说明书对于相关特征带来的技术效果有明确、准确的记载，在侵权诉讼时更容易找到侵权证据，也更易于权利要求保护范围与侵权证据之间的比对。

### 7.1.3.5 考虑动态保护

通常，在撰写专利申请文件时，权利要求书往往无法穷尽所有的技术方案，而且在发明专利实质审查程序和无效审理阶段，也可能需要对权利要求进行修改。此外，随着市场、标准、竞争对手产品等的变化发展，权利要求的保护范围可能需要适时地作出调整。因此，在撰写专利申请文件时，需要提前考虑动态保护策略。例如，在说明书中撰写多个实施例，以及在权利要求书撰写时权利要求布局层级清晰，以便于后续对权利要求进行修改或分案，也即考虑动态保护主要在于考虑权利要求书的整体布局。

## 7.2 权利要求书的撰写

在上述工作完成后，可以进行申请文件的撰写，通常情况下，首先撰写权利要求书。

在撰写权利要求书时，可以按照不同的技术主题分别撰写，撰写时先撰写独立权利要求，再撰写从属权利要求。对于一个技术主题，独立权利要求是保护范围最大的权利要求，在撰写独立权利要求之前，应当列出技术方案的全部技术特征、明确发明要解决的技术问题，以及确定独立权利要求的必要技术特征，然后着手撰写独立权利要求。对于从属权利要求，布局时从动态保护策略的角度出发，综合考虑权利要求的项数、无效时的修改和专利的稳定性来选择采用并列式的撰写方式还是递进式的撰写方式。

### 7.2.1 列出技术方案的全部技术特征

在列出技术方案的全部技术特征时，可以考虑以当前技术主题下的一个具体实施方式为基础，列出该实施方式的全部技术特征。在列出全部技术特征时，还应当考虑其他实施方式，基于对发明内容的理解，对一些技术特征进行合理概括。在列出全部技术特征时还需要注意对技术特征的描述和表达应采用显性的撰写方式。

### 7.2.2 明确发明要解决的技术问题

发明要解决的技术问题，不一定是发明人原始声称要解决的技术问题，应当是在理解了技术交底书中的技术内容，对现有技术进行了检索和分析，确定了最接近的现有技术之后，发明相对于该最接近的现有技术实际解决的技术问题。

发明要解决的技术问题可能是一个，也可能是多个。

## 7.2.3 确定独立权利要求的必要技术特征

独立权利要求既包含为解决所要解决的技术问题的所有必要技术特征，又不包含其他非必要技术特征，是高质量专利撰写的特点之一。关于必要技术特征如何确定的具体分析，请参见本书第 8～13 章的具体案例示例。

## 7.2.4 撰写独立权利要求

在确定了发明要解决的技术问题所需的所有必要技术特征之后，可以着手撰写该技术主题的独立权利要求。在撰写独立权利要求时，应按照《专利法实施细则》第 21 条第 1 款的规定，将与之最接近的现有技术共有的技术特征写入独立权利要求的前序部分，将其他必要技术特征写入独立权利要求的特征部分。

## 7.2.5 撰写从属权利要求

从属权利要求跟随在其所引用的独立权利要求之后，采用附加技术特征对引用的权利要求作出进一步的限定。一般情况下，一份专利申请需要撰写适当数量的从属权利要求，使整个权利要求书形成层级性保护。从属权利要求虽名为"从属"，但在专利被无效时能发挥重要作用。

对于无效宣告程序中专利文件的修改，《专利审查指南 2010》第四部分第三章第 4.6.2 节指出：

修改权利要求书的具体方式一般限于权利要求的删除、合并和技术方案的删除。

权利要求的删除是指从权利要求书中去掉某项或者某些项权利要求，例如独立权利要求或者从属权利要求。

权利要求的合并是指两项或者两项以上相互无从属关系但在授权公告文本中从属于同一独立权利要求的权利要求的合并。

例如，在独立权利要求被无效的情况下，后续的从属权利要求就要在格式上改写为独立权利要求，但是其所界定的范围仍然与其当初作为从属权利要求所界定的范围一样，可见，从属权利要求的撰写也是非常重要的。

因此，同样需要重视从属权利要求的撰写与布局。在撰写从属权利要求时，应当注意以下两点：

1) 每项从属权利要求能够解决一个技术问题，即为解决同一技术问题所应包含的附加技术特征应全部写入同一项从属权利要求，保证技术方案的完整性。

2) 每项从属权利要求只解决一个技术问题，即避免写入不是为解决从属权利要求要解决的技术问题的技术特征，避免缩小从属权利要求的保护范围。

对于从属权利要求的撰写格式，根据《专利法实施细则》第22条第1款的规定，发明或者实用新型的从属权利要求应当包括引用部分和限定部分，按照下列规定撰写：①引用部分：写明引用的权利要求的编号及其主题名称；②限定部分：写明发明或者实用新型附加的技术特征。

从属权利要求的布局可以采用递进式撰写或是并列式撰写。递进式可以逐级减小权利要求保护的范围。并列式使得从属权利要求之间的保护范围相互独立，但会造成权利要求项数的增加。从修改权利要求的灵活性方面来，并列式的撰写方式优于递进式的撰写方式。从专利的稳定性方面来，递进式的撰写方式优于并列式的撰写方式。

## 7.3 说明书及其摘要的撰写

说明书及其摘要应当按照《专利审查指南2010》第二部分第二章2.2节的方式和顺序撰写。说明书应当包括发明名称和正文部分，必要时应当有附图。发明名称写在说明书首页正文部分的上方居中位置。正文部分按照技术领域、背景技术、发明或者实用新型内容、附图说明、具体实施方式等顺序撰写，并在每一部分前面写明标题。

（1）发明或者实用新型的名称

发明或者实用新型专利申请的说明书应当写明发明或者实用新型的名称，该名称应当清楚、简要、全面地反映要求保护的发明或者实用新型的主题和类型。发明名称应表明或反映发明是产品还是方法。

（2）发明或者实用新型的技术领域

发明或者实用新型的技术领域应当是要求保护的发明或者实用新型技术方案所属或者直接应用的具体技术领域。

(3) 发明或者实用新型的背景技术

发明或者实用新型的背景技术部分应当写明对发明或者实用新型的理解、检索、审查有用的背景技术，并且尽可能引证反映这些背景技术的文件，尤其要引证与发明或者实用新型专利申请最接近的现有技术文件。

此外，在说明书背景技术部分中，还要客观地指出背景技术中存在的问题和缺点。背景技术的内容与发明或者实用新型的内容是密切联系的，一般情形下发明背景技术中只需描述发明要解决的那部分问题和缺点。

(4) 发明或者实用新型的内容

本部分应当清楚、客观地写明要解决的技术问题、采用的技术方案和与现有技术相比所具有的有益效果。

1) 关于要解决的技术问题，是指发明或者实用新型要解决的现有技术中存在的技术问题，此部分应采用正面的、尽可能简洁的语言客观而有根据地反映发明或者实用新型要解决的技术问题。

2) 关于技术方案，是指发明或者实用新型解决其技术问题所采用的技术方案，包含能够清楚、完整地描述发明或者实用新型解决其技术问题所采取的技术方案的技术特征，此部分至少应反映包含全部必要技术特征的独立权利要求的技术方案，还可以给出包含其他附加技术特征的进一步改进的技术方案。并且，说明书中记载的这些技术方案应当与权利要求所限定的相应技术方案的表述相一致。

3) 关于有益效果，应写入由构成发明或者实用新型的技术特征直接带来的，或者是由所述的技术特征必然产生的有益效果。

通常，有益效果可以由产率、质量、精度和效率的提高，能耗、原材料、工序的节省，加工、操作、控制、使用的简便等方面反映出来。

不得只断言发明或者实用新型具有有益的效果，应当通过对发明内容的分析与理论说明相结合，或者通过列出实验数据的方式予以说明。

(5) 附图说明

说明书有附图的，应当在本部分写明各幅附图的图名，并对图示的内容作简要说明。如果零部件较多，可以用列表的方式对附图中的零部件名称列表说明。

(6) 具体实施方式

具体实施方式是说明书的重要组成部分，它对于充分公开、理解和实现发明或者实用新型，支持和解释权利要求都极为重要。在撰写本部分内容时，应至少描述一个具体实施方式，使所属技术领域的技术人员按照描述的内容不必付出创造性的劳动就可以再现本发明。但是对于一件高质量的专利申请，通常撰写有多个实施方式，这样可以更好地支持采用上位概括或功能性限定技术特征的权利要求。

该部分中，对与最接近的现有技术共有的技术特征，一般来说可以不作详细的描述，但对区别于现有技术的技术特征以及从属权利要求中的附加技术特征应当作出足够详细的描述，以所属技术领域的技术人员能够实现该技术方案为准。如果采用的技术手段使技术方案解决了新的技术问题、取得了新的技术效果，应当在实施方式中记载该技术效果。

如果说明书具有附图，具体实施方式应当对照附图进行说明。尤其对于结构、流程复杂的专利申请，对照附图说明更易于清楚地描述发明。

（7）说明书附图

说明书附图的作用在于用图形补充说明书文字部分的描述，使人能够直观地、形象化地理解发明或者实用新型的每个技术特征和整体技术方案，是说明书的重要组成部分之一。

需要注意的是，说明书附图应当清楚地反映发明或者实用新型的内容。同一个实施方式的各幅图中，表示同一组成部分、同一技术特征或者同一对象的附图标记应当一致。说明书文字部分中未提及的附图标记不得在附图中出现，附图中未出现的附图标记也不得在说明书文字部分中提及。

（8）说明书摘要

说明书摘要是对说明书记载的内容的概述，应当写明发明或者实用新型的名称和所属技术领域，并清楚地反映所要解决的技术问题、解决该技术问题的技术方案的要点。说明书有附图的，应提供一幅最能反映该发明或者实用新型技术方案的主要技术特征的附图作为摘要附图，该摘要附图应当是说明书附图中的一幅。摘要中的文字部分出现的附图标记应当加括号。

# 第 8 章  电力变换领域

本章以"一种常闭型开关管串的驱动电路及其驱动方法"为例,介绍根据技术交底书撰写电力变换技术领域专利申请的一般思路。在本章中,通过对发明人提交的技术交底书中的技术内容的理解、挖掘以及对现有技术的检索,进一步明确本发明相对于现有技术的改进点以及本发明所要解决的技术问题,完善和突出与改进点相关的内容,同时补充扩展实施例以支持发明人能够获得范围合理的专利保护,最终形成清楚、完整、发明内容公开充分、层次分明、保护范围合理、能带来运用价值的申请文件。

## 8.1  创新成果的分析

发明人提交的技术交底书记载的技术方案如下:

近年来,风能等新能源的大力发展及电力电子的广泛应用,多电平变流器越来越多地应用于大功率和中高压领域,成为电机变频调速、并网逆变器等电力电子变压器的主要组成部分。多电平变流器作为一种新型的高压大容量变流器,虽然具有输出波形质量高、系统效率高等优点,但由于其使用的开关器件和储能器件数量较多,具有体积较大以及控制和调制技术比较复杂的缺陷。而使用高压硅基器件可以简化其拓扑结构,但高压硅基器件开关频率仅能在1kHz之内,被动器件体积较大,功率密度难以提高。如果选用新型的碳化硅器件,开关频率可以提高至几十kHz,但到目前为止,只有1200V和1700V SiC MOSFET 管和 SiC JFET 管的驱动电路有一些商业化产品,更高电压等级的 SiC 器件还处于实验室研究阶段,由于技术和成本原因,目前还未得到大规模使用。

为了解决上述技术问题,本发明提供了一种 SiC JFET 串的驱动电路,可以实现：1) 用于驱动至少 6kV 的高耐压和开关频率几十 kHz 的功率器件，提高了器件的运行效率和频率，同时能够有效控制成本。2) 可选用低压 MOSFET 管以及由辅助低压 JFET 管构成的第一 SiC JFET 管驱动电路，在节省成本的同时实现了启动过程控制和器件保护，可保证 SiC JFET 串任何时刻都不被击穿或自然短路，非常适合于高压、高温、高功率密度电力电子变压器领域。3) 利用低压 MOSFET 管常通时的内在小电阻检测过流或短路电流，电路简单，既能保证静态或故障时 Cascode 结构的完整运行，又能降低保护电路成本。4) 本发明开关频率较其他高压器件高很多，因此其组成的变流器功率密度高。5) 静态均压电阻可以实现各 SiC JFET 管均压，保证各 SiC JFET 管不至于被击穿，此外，由于该电阻很大，相对静态损耗较小。6) 动态运行时，分压由电阻电容串联回路中的电阻电容决定，且电容的储能基本用于 SiC JFET 管的开通过程，因此，实际运行的开关损耗较小。7) 电路中电流反向流动时，通过对电容自动放电，电流仅流过 SiC JFET 管通道，既降低了导通损耗，又节省了反并联二极管。8) 多阶段正电压驱动，可以抵消驱动电路中二极管的压降，加速 SiC JFET 串的开通过程，还能保证各 SiC JFET 管运行在安全范围内。

其中，电机变频调速、并网逆变器等电力电子变压器中均可采用该 SiC JFET 串，通过该 SiC JFET 串可以高效安全地将输入电压变换为所需的输出电压。

该 SiC JFET 串的驱动电路如图 8-1 所示，其中 J1~J6 分别为 6 个 SiC JFET 管，M1 为低压 MOSFET 管，JA 为辅助低压 JFET 管，R1~R5 分别为 5 个电阻电容串联回路中的电阻，C1~C5 分别为 5 个电阻电容串联回路中的电容，RF1~RF6 分别为 6 个静态均压电阻，DF1~DF5 分别为 5 个二极管，JGD1~JGD6 分别为 6 个驱动电阻，CJS 为 JFET 串的源极，对应低压 MOSFET 管 M1 的源极，CJD 为 JFET 串的漏极，对应 SiC JFET 管 J6 的漏极，CJMG 为低压 MOSFET 管 M1 的栅极，CJGA 为辅助低压 JFET 管 JA 的栅极，CJS1~CJS6 分别为 SiC JFET 管 J1~J6 的源极，CJG1~CJG6 分别对应 SiC JFET 管 J1~J6 的驱动节点。

该 SiC JFET 串（下称 JFET 串）的驱动电路包括低压 MOSFET 管 M1、与 6 个 SiC JFET 管（下称 JFET 管）相对应的 6 个 JFET 管驱动电路和 6 个驱动电阻 JGD1~JGD6。低压 MOSFET 管为 P 沟道低压 MOSFET 管。6 个 JFET 管依次串联，两个相邻 JFET 管的漏极与源极连接；第 1 个 JFET 管 J1 的源极与

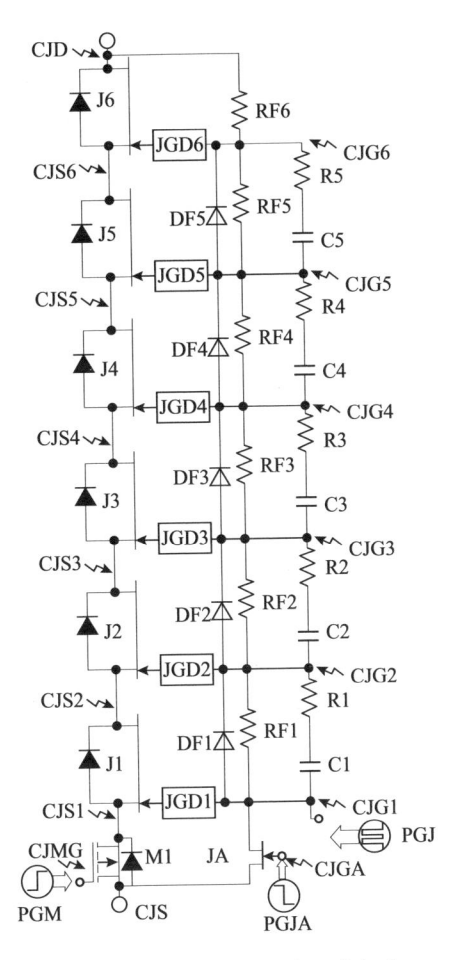

图 8-1 SiC JFET 串的驱动电路

低压 MOSFET 管 M1 的漏极连接。第 1 个 JFET 管 J1 栅极作为 JFET 串的栅极，第 6 个 JFET 管 J6 的漏极作为 JFET 串的漏极，低压 MOSFET 管 M1 的源极作为 JFET 串的源极。6 个 JFET 管的驱动电路依次串联，每个 JFET 管驱动电路的输出端与其相邻的下一个 JFET 管驱动电路的输入端连接，6 个 JFET 驱动电路的输出端分别通过 6 个驱动电阻与 6 个 JFET 管的栅极连接。最后一个 JFET 管的驱动电路的输出端与 JFET 串的漏极之间设置有静态均压电阻。

第 1 个 JFET 管驱动电路包括辅助低压 JFET 管 JA，辅助低压 JFET 管 JA 的源极与 JFET 串的源极连接，辅助低压 JFET 管 JA 的漏极为第 1 个 JFET 管驱动电路的输出端。

第2个至第6个JFET管驱动电路结构一致，包括并联的二极管、静态均压电阻和电阻电容串联回路，二极管的阳极、静态均压电阻的一端以及电阻电容串联回路的一端连接成第一节点，第一节点为JFET管驱动电路的输入端。二极管的阴极、静态均压电阻的另一端以及电阻电容串联回路的另一端连接成第二节点，第二节点为JFET管驱动电路的输出端。静态均压电阻可以实现各JFET管均压，保证各JFET管不至于被击穿，此外，由于该电阻很大，相对静态损耗较小。JFET管驱动电路中的二极管可以用JFET管寄生二极管代替。

低压MOSFET管M1的栅极输入低压MOSFET管的驱动控制信号PGM；辅助低压JFET管JA的栅极输入辅助低压JFET管的驱动控制信号PGJA；第2个JFET管驱动电路输入端，即第1个JFET管驱动电路的输出端输入JFET串的驱动脉冲信号PGJ。

上述驱动控制信号和驱动脉冲信号具体控制为：当上述电路启动上电，即没有开关动作时，控制低压MOSFET管M1关断以及辅助低压JFET管JA导通，闭锁JFET串的驱动脉冲信号PGJ，或者不给上述各管任何控制信号，此时JFET串中的各管均处于关断状态；当上述电路启动结束之后正常工作时，控制低压MOSFET管M1常通以及辅助低压JFET管JA关断，JFET串的驱动脉冲信号PGJ输出为正常的工作脉冲信号，JFET串根据该工作脉冲信号开始切换工作。

由于低压MOSFET管M1在工作运行时并不承受高压，因此可以选用低压MOSFET管，低压MOSFET管为漏源极额定电压低的MOSFET管，价格较低。另外，正常运行中，低压MOSFET管M1的驱动控制信号PGM为常导通信号，因此低压MOSFET管M1可等效为一个小电阻。可通过监测低压MOSFET管M1漏极和源极电压，实现过流或短路故障判断。

JFET串的工作脉冲信号如图8-2所示，包括加速开通阶段P1、正常导通阶段P2和正常关断阶段P3等多个阶段。

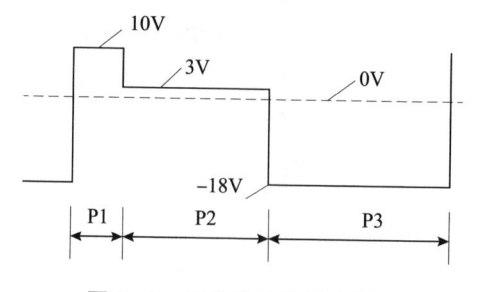

图8-2 工作脉冲信号时序图

发明人提交的技术交底书中记载的权利要求书如下：

1. 一种电力电子变压器中 SiC JFET 串的驱动电路，其中 SiC JFET 串包括依次串联的 6 个 SiC JFET 管，通过该 SiC JFET 串将输入电压变换为所需的输出电压，其特征在于：该驱动电路包括低压 MOSFET 管和 6 个 SiC JFET 管驱动电路；6 个 SiC JFET 管驱动电路依次串联，并且每个 SiC JFET 管驱动电路的输出端与其相邻的下一个 SiC JFET 管驱动电路的输入端连接，6 个 SiC JFET 管驱动电路的输出端分别通过 6 个驱动电阻与 6 个 SiC JFET 管的栅极连接，最后一个 SiC JFET 管驱动电路的输出端与 SiC JFET 串的漏极之间设置有静态均压电阻，低压 MOSFET 管为 P 沟道 MOSFET 管，低压 MOSFET 管的漏极与第 1 个 SiC JFET 管的源极连接，低压 MOSFET 管的源极作为 SiC JFET 串的源极，第 6 个 SiC JFET 管的漏极作为 SiC JFET 串的漏极。

2. 根据权利要求 1 所述的驱动电路，其特征在于：第 1 个 SiC JFET 管驱动电路包括辅助低压 JFET 管。

3. 根据权利要求 1 所述的驱动电路，其特征在于：第 2 个至第 6 个 SiC JFET 管驱动电路结构一致，包括并联连接的二极管、静态均压电阻和电阻电容回路。

4. 一种电力电子变压器中 SiC JFET 串的驱动方法，应用于权利要求 1～3 任一项所述的驱动电路中，其特征在于：当启动上电时，控制低压 MOSFET 管关断；当启动结束之后正常工作时，控制低压 MOSFET 管常通。

## 8.1.1 创新成果的理解

### 8.1.1.1 发明涉及的技术主题

通过阅读和分析上述技术交底书，可以理解发明人实际上提出了一种如图 8-1 所示的 SiC JFET 串（下称 JFET 串）驱动电路，以及该电路在启动时和正常运行时的控制方法。

1）如图 8-3 所示，在启动上电时，控制该电路中的低压 MOSFET 管 M1 处于关断状态、辅助低压 JFET 管 JA 处于导通状态（图 8-3 中采用在节点 CJG1 和节点 CJS 之间连通的线段示意辅助低压 JFET 管 JA 的导通状态），同时闭锁 JFET 串的驱动脉冲信号 PGJ，或者不给上述各开关管任何控制信号而是利用低压 MOSFET 管 M1 的常断型器件特性（常用的 MOSFET 管通常为增强型开关器件,表现为常断型器件特性:当没有施加特定的导通控制信号时,常断型器件的源漏极通道是关断的)、辅助低压 JFET 管 JA 的常闭型器件特性(常用的 JFET 管通常为耗尽型开关器件,表现为常闭型器件特性:当没有施加特定的断开控制信号时,常闭型器件的源漏极通道是导通的),此时根据电路中 JFET 串的具体驱动连接以及控制,可以使得 JFET 串中的各管均处于关断状态。上述控制所要解决的技术问题是:考虑由 SiC JFET 管(下称 JFET 管)构成的 JFET 串属于常闭型器件,在没有施加驱动控制信号或者导通控制信号时 JFET 串均处于导通状态,当 JFET 串需要被断开时则需要施加特定的断开控制信号,因此在启动上电时或者没有开关动作时,可能由于各种原因没有建立或者不能建立控制信号的情况下,为了防止由于 JFET 串的常闭型器件特性而导致电路出现短路等不期望的故障,所以需要通过额外的电路设置来确保此时 JFET 串处于关断状态,因此发明人通过在 JFET 串中连接低压常断型器件 MOSFET 管 M1 和辅助低压常闭型器件 JFET 管 JA,通过利用低压 MOSFET 管 M1 的常断型器件特性和低压 JFET 管 JA 的常闭型器件特性,来确保 JFET 串在启动上电即没有开关动作时,始终处于关断状态。

2)如图 8-4 所示,在启动完成后控制信号可以被正常建立的情况下,可控制低压 MOSFET 管 M1 常通(图 8-4 中采用在节点 CJS1 和节点 CJS 之间连通的线段示意低压 MOSFET 管 M1 的导通状态)以及控制辅助低压 JFET 管 JA 关断(节点 CJG1 和节点 CJS 之间的路径随着辅助低压 JFET 管 JA 的关断而消失),JFET 串的驱动脉冲信号 PGJ 输出为正常的工作脉冲信号,此时,相当于电路中仅包括由多个 JFET 管所组成的 JFET 串,并且根据电路中 JFET 串的具体驱动连接,JFET 串可以实现正常的切换工作,并且由于低压 MOSFET 管 M1 常通时可等效为一个小电阻,因此还可以利用该小电阻来监测流经 JFET 串的电流,以实现过流或短路故障判断。

在上述操作过程中,与 JFET 串进行串联连接的低压 MOSFET 管 M1,由于其在正常操作过程中可以处于完全导通状态,仅在上电启动时处于关断状态,因此无须承受高压分压,另外位于 JFET 串低压驱动侧的辅助低压 JFET 管 JA 也无须承受高压,因此,如发明人所述,低压 MOSFET 管 M1 和辅助低压 JFET 管 JA 均可以分别选择为漏源极额定电压低的低压 MOSFET 管和低压 JFET 管。

根据上述对本发明的理解,本发明既涉及一种 JFET 串的具体驱动电路,又涉及与上述 JFET 串驱动电路相关联的具体控制方法,因此,本发明的保护主题可以考虑产品和方法两个方面。

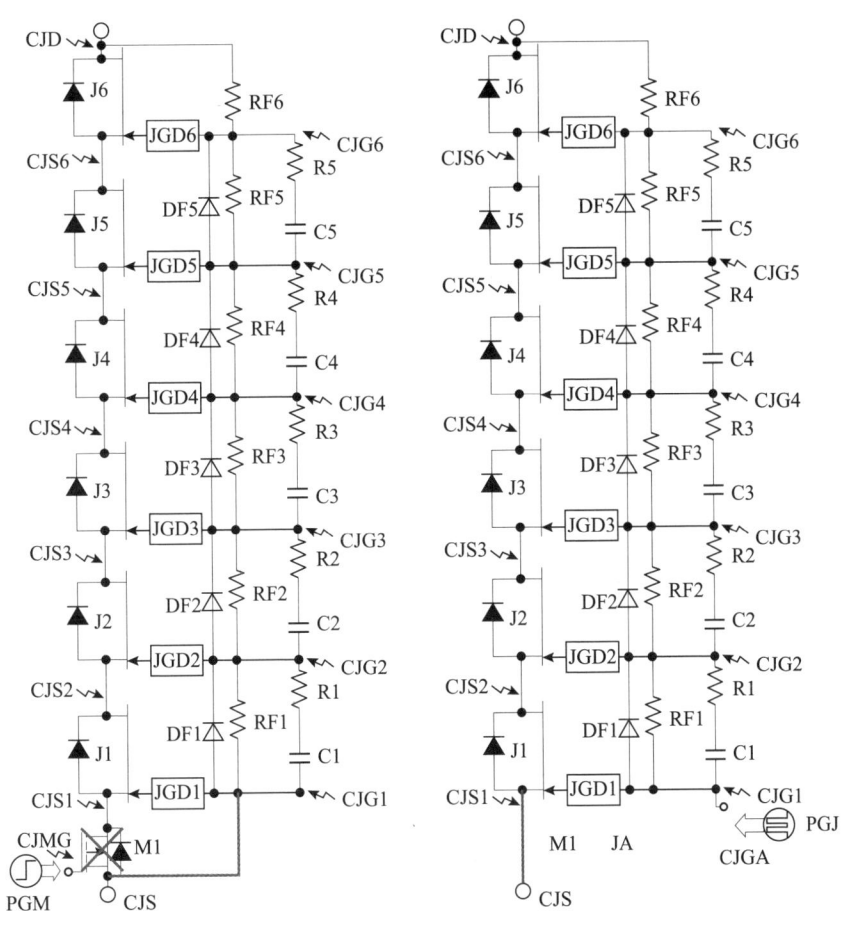

图 8-3 启动时的控制

图 8-4 正常运行时的控制

## 8.1.1.2 发明对现有技术作出的改进及新颖性和创造性的初步判断

为了了解该 JFET 串驱动技术领域中现有技术的发展状况,需要对技术交底书中的技术方案进行充分检索。

在检索之后,可以发现本发明涉及的 JFET 串驱动技术领域中,与本发明最相关的现有技术主要包括以下两种:1)例如图 8-5 所示的由多个 JFET 管 J1~J5 组成的 JFET 串的驱动电路,该电路中的各 JFET 管的驱动电路没有启动控制,即,在启动阶段没有建立控制信号时,该 JFET 串处于不可控的常闭型状态。2)例如图 8-6 所示的由 SiC MOSFET 管 M 和 JFET 管 J1~Jn 组成的混合 JFET 串的驱动电路,以及图 8-7 所示的由 SiC MOSFET 管 M 和 JFET 管

J1～J4 组成的混合 JFET 串的驱动电路。这两个电路中的 SiC MOSFET 管 M 的连接与本发明的低压 MOSFET 管 M1 的连接相似,第 2 个及其之后的 JFET 管的驱动电路也与本发明相似,并且由于属于常断型器件的 SiC MOSFET 管 M 的串入,使得上述混合 JFET 串在启动阶段控制信号没有建立时也可处于常断状态。但是,图 8-6 所示的混合 JFET 串的切换受 SiC MOSFET 管 M 的导通/关断控制,图 8-7 所示的 SiC MOSFET 管 M 的驱动控制信号端与 JFET 串的驱动控制信号端连接在一起,即,无论是图 8-6 还是图 8-7 所示的混合 JFET 串驱动电路,SiC MOSFET 管 M 都必须参与 JFET 串的正常运行控制,与 JFET 串一起切换和导通,由此,SiC MOSFET 管 M 会承受正常运行过程中的高压分压,不能选用漏源极额定电压低的低压 MOSFET 管。

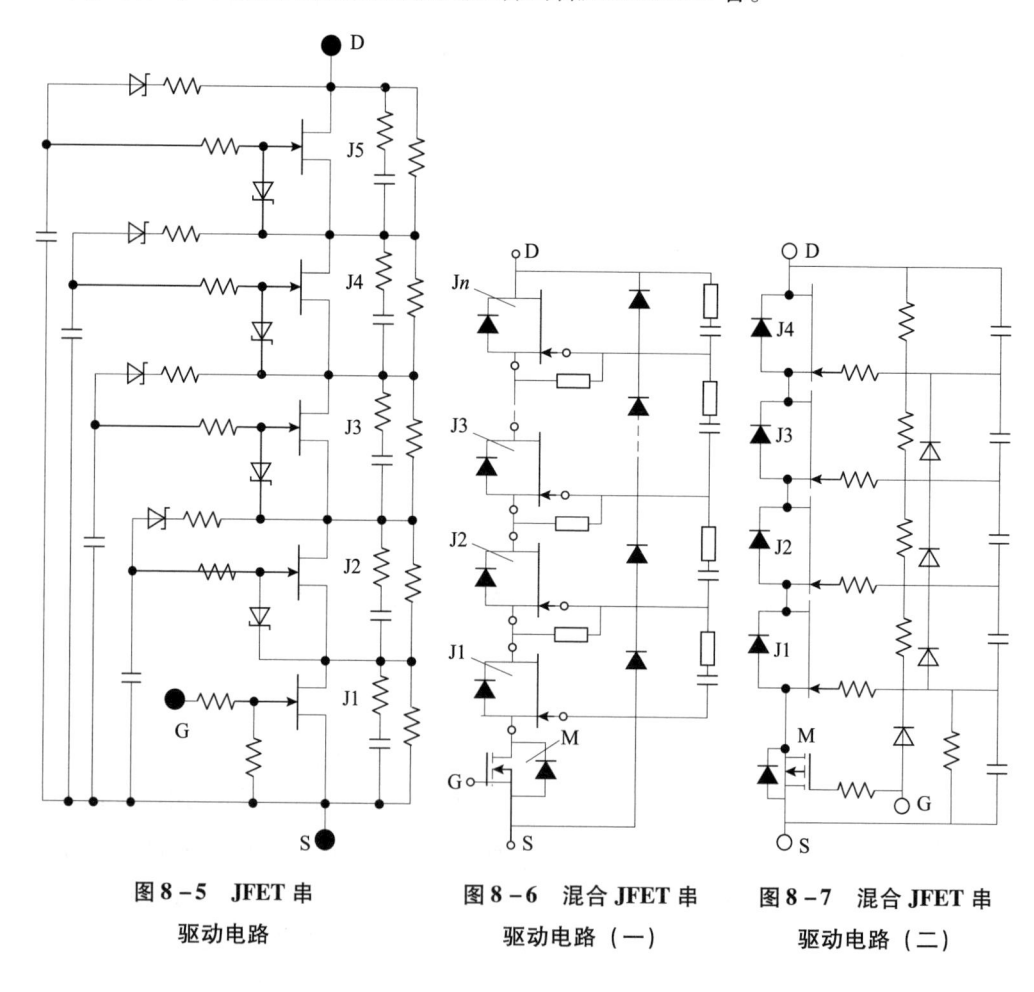

图 8-5　JFET 串驱动电路

图 8-6　混合 JFET 串驱动电路(一)

图 8-7　混合 JFET 串驱动电路(二)

通过对现有技术的分析，可以确定本发明相对于现有技术的改进在于：JFET 串的第一 JFET 管的源极连接低压 MOSFET 管的漏极、将低压 MOSFET 管的源极作为 JFET 串的源极以及 JFET 串的第一 JFET 管的栅极通过辅助低压 JFET 管连接至 JFET 串的源极，由此实现成本低且具有上电保护启动控制的 JFET 串驱动功能。

具体而言，本发明在 JFET 串中串入属于常断型器件的低压 MOSFET 管，并且将 JFET 串的第一 JFET 管的栅极通过属于常闭型器件的辅助低压 JFET 管连接到 JFET 串的源极，从而可以确保启动上电时 JFET 串处于断开状态，由此实现启动控制以保护电路的上电安全；同时本发明在正常工作时，低压 MOSFET 管可控制为常通，仅由纯 JFET 管所组成的 JFET 串进行切换开关工作，因此相比于图 8-6 和图 8-7 所示的现有技术中 SiC MOSFET 必须采用漏源极额定电压高于输入电压分压的 SiC MOSFET 管，本发明的低压 MOSFET 管由于在正常工作时可保持常通，并不与 JFET 串一起进行切换，因此无须承受高压分压，可以选择为漏源极额定电压低的低压 MOSFET 管（仅需满足电路电流要求即可）。故，相比于现有技术，本发明能够解决在实现上电保护启动控制的同时又能够降低成本的驱动技术问题。

因此，通过上述分析可以得知该发明相对于现有技术具备《专利法》第 22 条第 2 款规定的新颖性以及《专利法》第 22 条第 3 款规定的创造性。

### 8.1.1.3 现有技术交底书的分析

（1）发明的原理是否清晰、关键技术手段是否描述清楚、技术方案是否公开充分

关于发明的改进点，技术交底书中记载：当上述电路启动上电，即没有开关动作时，控制低压 MOSFET 管 M1 关断以及辅助低压 JFET 管 JA 导通，闭锁 JFET 串的驱动脉冲信号 PGJ，或者不给上述各管任何控制信号，此时 JFET 串中的各管均处于关断状态；当上述电路启动结束之后正常工作时，控制低压 MOSFET 管 M1 常通以及辅助低压 JFET 管 JA 关断，JFET 串的驱动脉冲信号 PGJ 输出为正常的工作脉冲信号，JFET 串根据该工作脉冲信号开始切换工作。

对于上述改进点，发明人在技术交底书中仅有概括性描述而没有对低压 MOSFET 管 M1 和辅助低压 JFET 管 JA 与 JFET 串中各个 JFET 管驱动电路之间的具体协同工作过程以及在协同工作过程中 JFET 串关断/导通的原理进行阐述，因此导致了本发明的改进点不够清晰，也没有突出相对于现有技术的改

进方向，并且由于缺少上述阐述，无法明晰本发明的工作原理，进而无法判断其是否正确。

另外，对于技术方案中采用的涉及工作脉冲信号具体设置的技术手段以及技术方案中采用的涉及过流或短路故障判断的技术手段，技术交底书中仅提及：1）JFET 串的工作脉冲信号包括加速开通阶段 P1、正常导通阶段 P2 和正常关断阶段 P3 等多个阶段。2）正常运行中，低压 MOSFET 管 M1 的驱动控制信号为常导通信号，因此低压 MOSFET 管 M1 可等效为一个小电阻，通过监测低压 MOSFET 管 M1 漏极和源极电压，实现过流或短路故障判断。

对于上述两点技术手段，技术交底书中没有进一步阐述如何具体设置工作脉冲信号中的各个阶段，也没有阐释采用该具有多个阶段的工作脉冲信号所要解决的技术问题以及采用低压 MOSFET 管 M1 导通时等效的小电阻来实现过流或短路故障判断的具体实施手段。因此，技术交底书应对上述内容进行完善。

通过上述分析可见，应当对上述内容进行完善，对本发明的改进点、本发明的技术方案与现有技术之间的区别进行详细阐述，从而更加清楚、完整地描述本发明。

(2) 是否有实现发明效果的等同实施例和具体技术手段的其他实施方式

为了获得能够得到说明书支持的并且具有合理保护范围的权利要求，对于目前技术交底书中给出的实施例，应思考是否具有其他等同实施方式，以及对于技术方案中的具体技术手段，是否可以扩展。例如，技术交底书中记载的 P 沟道低压 MOSFET 管、辅助低压 JFET 管、SiC JFET 管构成的 SiC JFET 串等，是否可以由具有相似特性的其他开关管替代，如其他常断型开关管和常闭型开关管？技术交底书中记载的第 2 个至第 6 个 JEFT 管的具体驱动电路，是否可以采用具有其他结构的驱动电路来实现？构成 JEFT 串的 SiC JEFT 管的数量在技术交底书中记载为 6 个，其数量是否可被调整，例如在一个范围内的数值是否均可以？因此，需要对现有技术交底书的内容进行进一步挖掘。

(3) 从专利保护和运用出发，考虑技术方案的应用领域是否能够扩大

目前，技术交底书中的技术方案涉及用于电力电子变压器的 SiC JFET 串驱动电路，应考虑该技术方案是否也适用于电力电子变压器之外的其他开关串驱动应用场景。

## 8.1.2 发明内容的拓展

### 8.1.2.1 发明的原理以及同发明原理密切联系的关键技术手段和等同实施例的补充

将上面对技术交底书的理解和思考与发明人充分沟通，获得对技术交底书理解的确认以及进一步补充和挖掘。

首先，对低压 MOSFET 管 M1 和辅助低压 JFET 管 JA 与 JFET 串中各个 JFET 管之间的具体协同工作过程以及在协同工作过程中 JFET 串的关断/导通原理进行补充。除了进一步强调低压 MOSFET 管 M1 和辅助低压 JFET 管 JA 的作用之外，还补入各工作阶段的具体实现原理和过程，包括如下内容：

A1. 静态工作（即没有开关动作）：此时加在低压 MOSFET 管 M1 栅极 CJMG 处的驱动控制信号未建立或者为关断阈值时，低压 MOSFET 管 M1 处于关断状态。此后当直流高压开始上电施加到 SiC JFET 串两端时，低压 MOSFET 管 M1 的漏极和源极电压会上升。辅助低压 JFET 管 JA 此时也没有驱动控制信号或驱动控制信号为开通阈值，因此辅助低压 JFET 管 JA 漏极和源极呈短路状态，两者的电压差极小，节点 CJG1 和 CJS 两端电压几乎相等，因此当低压 MOSFET 管 M1 的漏极和源极电压上升时，节点 CJS1 电压上升，此时 SiC JFET 管 J1 的栅极和源极电压会减小，节点 CJG1 和 CJS1 电压会下降到 SiC JFET 管 J1 的栅极阈值以下，SiC JFET 管 J1 进入关断过程。此时 SiC JFET 串和低压 MOSFET 管 M1 组成一个完整的 Cascode 结构，通过该电路可以保证 SiC JFET 串处于关断状态，由 SiC JFET 串来承受 SiC JFET 串漏极和源极两端直流高压。

A2. SiC JFET 管 J1 开始关断后，电阻电容 R1C1 串联回路两端 CJG2 和 CJG1 电压也随之上升，而二极管 DF1 必然反向截止；虽然 SiC JFET 管 J1 漏极和源极两端电压与 R1C1 串联回路两端电压的上升率不同，但在该模式下，最终的电压状态由静态均压电阻 RF1～RF6 决定，因为 SiC JFET 管的漏电流相对上述静态均压电阻的流通电流很小，节点 CJG2～CJG6 将会继续被钳位，保证各管的承受耐压在器件额定值范围内。事实上，该 SiC JFET 串静态均压电阻的流通电流都是微安级，因此其静态损耗极低，可以忽略不计。

A3. 在确定该 SiC JFET 串无短路情况，并确保驱动脉冲信号 PGJ 为闭锁信号后，控制电路开始启动以输出各个驱动信号，首先驱动控制信号 PGJA 将延迟输出闭锁信号，然后驱动控制信号 PGM 将延迟输出常导通信号，此后，驱动脉冲信号 PGJ 就可以输出为正常的工作脉冲信号，整个电路开始正常运行，实现 SiC JFET 串的正常切换动作。

上述电路在正常运行期间的工作原理，具体分为正常关断过程、正常硬开关开通过程以及正常软开关开通过程。

B. SiC JFET 串正常关断过程：此时加在 CJMG 的驱动控制信号例如为 -18V，该值小于低压 MOSFET 管 M1 的栅极阈值，因此低压 MOSFET 管 M1 进入常导通状态；而此时突加在节点 CJG1 的工作脉冲信号例如为 -18V，此值小于 SiC JFET 管 J1 的栅极阈值，因此 SiC JFET 管 J1 进入关断过程。实际电路关断过程开始后，SiC JFET 串的 CJD 和 CJS 之间必然承受一定高压直流电压，因此 CJS2 和 CJS1 两端电压将会首先上升；此时 SiC JFET 管 J1 通道中部分电流转移至 R1C1 串联回路，电阻 RF1 由于阻值很大而可以忽略流通电流，因此 CJG2 和 CJG1 两端电压必然也随之上升，二极管 DF1 必然反向截止；由于 CJS2 和 CJS1 两端电压的上升率小于 CJG2 和 CJG1 电压的上升率（SiC JFET 管 J1 漏极和源极的输出电容值比电容 C1 值大），因此，当 CJS2 和 CJS1 两端电压上升至一定数值时，CJG2 和 CJG1 电压上升至 CJS2 和 CJS1 两端电压与 SiC JFET 管栅极阈值电压之和，CJG2 和 CJS2 两端电压差变为小于 SiC JFET 管的栅极阈值电压，SiC JFET 管 J2 开始关断过程，随后 CJS3 和 CJS2 两端电压开始上升，CJG3 和 CJG2 电压也同步上升；相同原理，SiC JFET 管 J3 也开始关断过程；SiC JFET 管 J3～J6 的关断过程类似，整个关断过程无须常规 Cascode 结构 MOSFET 的击穿，各器件关断是个渐进过程。因为正常的开关频率比较高，在每个开关周期很短的时间内，CJG2～CJG6 各节点的电势不会变化很大，此时 CJG2～CJG6 各节点的电势由合理设置电容 C1～C5 数值来控制的电压上升率维持。

C. SiC JFET 串正常硬开关开通过程：当开通信号刚加到 CJG1 时，R1C1 串联回路的电容 C1 还未开始放电，二极管 DF1 逆向截止，此时所有 SiC JFET 管截止状态不受影响。由于 SiC JFET 管 J1 的栅极接受驱动正脉冲，因此，SiC JFET 管 J1 的输出电容开始通过 SiC JFET 管 J1 通道放电，CJS2 和 CJS1 两端电压开始下降。由于 R1C1 串联回路的电容 C1 仍未放电，节点 CJG2 的相对电势保持不变，随着 CJS2 和 CJS1 两端电压下降，节点 CJS2 的电势下降，CJG2 和 CJS2 两端电压差变为大于 SiC JFET 管的栅极阈值电压，SiC JFET 管

J2 开始缓慢导通，CJS3 和 CJS2 两端电压开始下降，此时 R1C1 串联回路的电容 C1 通过 SiC JFET 管 J2 的栅极放电，相当于输出 SiC JFET 管 J2 驱动正脉冲。

随着 SiC JFET 管 J2 开通，SiC JFET 管 J2 的输出电容开始通过 SiC JFET 管 J2 通道放电，CJS3 和 CJS2 两端电压开始下降。由于 R2C2 串联回路的电容 C2 仍未放电，节点 CJG3 的相对电势保持不变，随着 CJS3 和 CJS2 两端电压下降，节点 CJS3 的电势下降，CJG3 和 CJS3 两端电压差变为大于 SiC JFET 管的栅极阈值电压，SiC JFET 管 J3 开始缓慢导通，此时 R2C2 串联回路的电容 C2 通过 SiC JFET 管 J3 的栅极放电，相当于输出 SiC JFET 管 J3 驱动正脉冲。

SiC JFET 管 J4~J6 采用完全类似的开通过程，所有器件的整体过程是相关交叉，仅是依次相差一个小的延时（20~50ns），其依次开通的先后延时由电阻电容串联回路的电容控制。

当所有器件都开通后，加到 SiC JFET 串的栅极 CJG1 的驱动信号通过二极管 DF1~DF5 钳位各 SiC JFET 管的栅极电压，保证所有 SiC JFET 管的栅极都处于栅极阈值电压以上，都能完全导通，并以此来减少导通电阻。

D. SiC JFET 串正常 ZVS 软开关开通过程：ZVS 软开关开通过程和硬开关开通过程的区别在于，此时 SiC JFET 串的栅极 CJG1 没有驱动正脉冲信号，且此时电流的方向相反。具体原理如下：

此时 SiC JFET 串的栅极 CJG1 无驱动正脉冲信号，R1C1 串联回路的电容 C1 还未开始放电，二极管 DF1 逆向截止，此时所有 SiC JFET 管截止状态不受影响。由于电流的方向相反，因此，该反向电流对 SiC JFET 管 J1 的输出电容放电，CJS2 和 CJS1 两端电压开始下降。由于 R1C1 串联回路的电容 C1 仍未放电，节点 CJG2 的相对电势保持不变，随着 CJS2 和 CJS1 两端电压下降，节点 CJS2 的电势下降，CJG2 和 CJS2 两端电压差变为大于 SiC JFET 管的栅极阈值电压，SiC JFET 管 J2 开始缓慢导通，CJS3 和 CJS2 两端电压开始下降，此时 R1C1 串联回路的电容 C1 通过 SiC JFET 管 J2 的栅极放电，相当于输出 SiC JFET 管 J2 驱动正脉冲。

随着 SiC JFET 管 J2 开通，SiC JFET 管 J2 的输出电容开始通过 SiC JFET 管 J2 通道放电，同时反向电流也对 SiC JFET 管 J2 的输出电容放电，CJS3 和 CJS2 两端电压开始下降。由于 R2C2 串联回路的电容 C2 仍未放电，节点 CJG3 的相对电势保持不变，随着 CJS3 和 CJS2 两端电压下降，节点 CJS3 的电势下降，CJG3 和 CJS3 两端电压差变为大于 SiC JFET 管的栅极阈值电压，SiC

JFET 管 J3 开始缓慢导通，此时 R2C2 串联回路的电容 C2 通过 SiC JFET 管 J3 的栅极放电，相当于输出 SiC JFET 管 J3 驱动正脉冲。

SiC JFET 管 J4~J6 采用完全类似的开通过程，所有器件的整体过程是相关交叉，仅是依次相差一个小的延时，该依次开通的先后延时由电阻电容串联回路的电容和反向电流大小控制。

当所有器件都开通后，虽然 SiC JFET 管 J1 的栅极没有驱动正脉冲信号，但反向电流可以短时走 SiC JFET 管相应的寄生二极管，仅是相应的电压压降较大，即损耗大，而 SiC JFET 管 J2~J6 的栅极都处于"0"电位，因此 SiC JFET 管 J2~J6 的栅极电压都在栅极阈值电压以上，都能完全导通，该过程中 SiC JFET 管 J2~J6 无须相应的并联二极管参与导通。正常运行期间，经过短时的死区时间后，SiC JFET 管 J1 栅极会施加驱动正脉冲，实现同步整流模式，反向电流可以由寄生二极管转入 SiC JFET 管 J1 的通道，以此来减少导通压降。

然后，对如何具体设置工作脉冲信号中的各个阶段、采用具有多个阶段的工作脉冲信号所要解决的技术问题，以及采用低压 MOSFET 管 M1 导通时等效的小电阻来实现过流或短路故障判断的具体实施手段进行补充。补入如下内容：

SiC JFET 串的工作脉冲信号如图 8-2 所示，包括加速开通阶段 P1、正常导通阶段 P2 和正常关断阶段 P3。加速开通阶段 P1 的持续时间比正常导通阶段 P2 的持续时间短，并且在加速开通阶段 P1 的脉冲信号电压高于在正常导通阶段 P2 的脉冲信号电压，从而在利用高电压加速 SiC JFET 串的开通过程的同时，该较短的持续时间又能保证 SiC JFET 串中各管的栅极和源极间不会流通很大电流而导致发热严重。正常导通阶段 P2 的脉冲电压设置为能够抵消各管驱动电路中的二极管的正向压降，保证 SiC JFET 串中各个管都可以正常导通。

具体原理为：正常情况下，SiC JFET 管的栅极阈值电压为 -13~-6V，因此，常规 Cascode 结构 SiC JFET 管的栅极驱动正脉冲峰值为"0V"。但在本发明中，SiC JFET 串的驱动电路是通过二极管钳位各 SiC JFET 管栅极电位，由于在二极管和 SiC JFET 管通道上有一定的压降，因此，随着 SiC JFET 管标号越大，其栅极的驱动电压峰值会越小，导致该 SiC JFET 管导通电阻较大（即导通损耗较大），甚至会导致该 SiC JFET 管不能正常导通，因为其节点电压可能小于 SiC JFET 栅极阈值。本发明中工作脉冲信号的最后稳态电压设定为 3V，该值可以保证 SiC JFET 管栅极和源极间不会产生额外驱动损耗，又能抵消二极管的压降，保证 SiC JFET 管都可以正常导通。在加速开通阶段 P1，工作脉冲信号的脉冲峰值设定为例如 10V，但脉冲时间控制在例如 100ns 以内的短时间，既能保证 SiC JFET 管栅极和源极间不会流通很大电流导致发热严重，又能利用高电压加速 SiC JFET 串的开通过程。

SiC JFET 串保护电路，即过流或短路保护控制电路如图 8-8 所示，其工作原理如下：

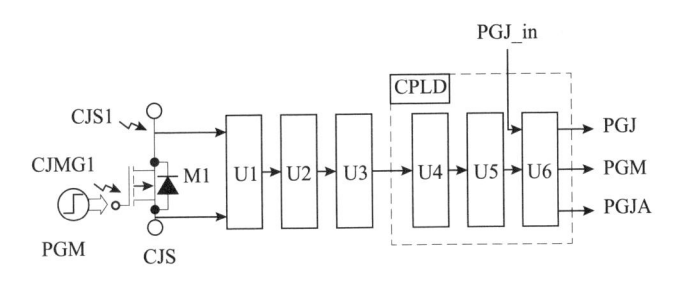

**图 8-8  过流或短路保护控制电路**

在 SiC JFET 串正常运行的情况下，低压 MOSFET 管 M1 的驱动控制信号为常导通信号，此时低压 MOSFET 管 M1 等效为一个小电阻。如图 8-8 所示，通过监测低压 MOSFET 管 M1 的漏极和源极电压，即节点 CJS1 和 CJS 两端电压，就能实现过流或短路故障判断。

低压 MOSFET 管 M1 的漏极与源极两端连接分压电阻构成的电压采样电路（未示出），电压采样电路的输出端经由模拟滤波电路 U1 和整流电路 U2 连接至由高速运算放大器构成的比较器 U3 的负输入端，比较器 U3 的正输入端输入预设值，该预设值可为最大电流阈值，当检测到低压 MOSFET 管 M1 的漏源极电压大于预设值时，比较器 U3 的输出端输出指示短路或过流故障的封锁脉冲信号至控制电路的输入端。控制电路分别输出驱动控制信号 PGJA、驱动脉冲信号 PGJ 以及驱动控制信号 PGM。控制电路可由 CPLD 构成，也可由模拟电路或者其他数字处理芯片构成。控制电路包括接收封锁脉冲信号的端子，封锁脉冲信号经过数字滤波电路 U4 和整形电路 U5 处理后，最后输出最终的封锁脉冲信号，该最终的封锁脉冲信号直接和各驱动控制信号或者驱动脉冲信号经由逻辑操作电路 U6 进行与操作。当封锁脉冲信号有效时，控制电路最终可输出直接关断 SiC JFET 串的驱动脉冲信号、关断低压 MOSFET 管 M1 的驱动控制信号和关断辅助低压 JFET 管 JA 的驱动控制信号。其中控制电路可以根据指示启动上电的信号以及指示短路或过流故障的封锁脉冲信号来输出驱动控制信号 PGJA，根据指示启动上电的信号、指示短路或过流故障的封锁脉冲信号以及指示 SiC JFET 串的正常切换的信号 PGJ_in 来输出驱动脉冲信号 PGJ，根据指示启动上电的信号以及指示短路或过流故障的封锁脉冲信号来输出驱动控制信号 PGM。

最后，对等同实施例和具体技术手段的其他实施方式进行补充，具体如下：

1）根据前述对发明的理解，技术交底书中记载的 P 沟道低压 MOSFET 管、辅助低压 JFET 管和 SiC JFET 管构成的 SiC JFET 串是在实现相关功能时具体开关管的选择，也就是说具备上述开关管功能的同类开关管均可以实现相关功能，因此上述技术特征可以采用功能性限定方式进行表述，即分别表述为常断型低压开关管、常闭型低压开关管以及常闭型开关管构成的常闭型开关管串。

2）对于技术交底书中记载的第 2 至第 6 个 JEFT 管的具体驱动电路，由于该驱动电路也可以采用现有技术中的其他驱动电路替代，因此在技术交底书中补入图 8-9 所示的另一种可以实施的技术方案，同时还进一步阐述第 2 至第 6 个 JEFT 管的具体驱动电路可以替换为现有技术中常规的常闭型开关管串的各种其他驱动电路结构，其作用为本领域所公知的用于跟随常闭型开关管串中第一常闭型开关管的导通和关断而导通和关断该开关管串中其余开关管。

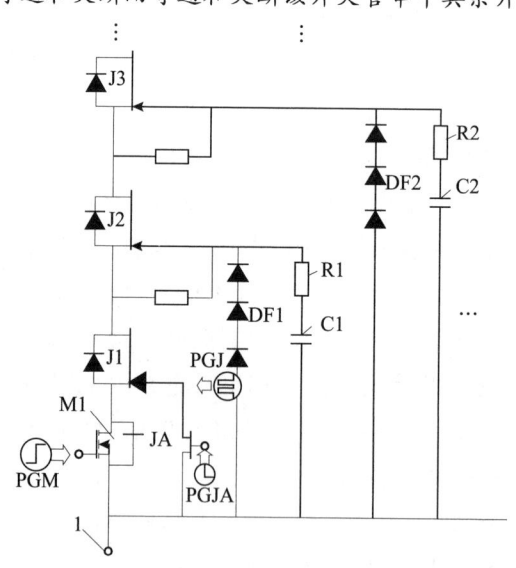

图 8-9　SiC JFET 串的驱动电路

3）对于构成常闭型开关管串的开关管的数量，由于该数量是根据常闭型开关管串的实际应用电路所需要承载的功率以及构成常闭型开关管串的开关管的漏源极额定电压来进行设定，因此在实际应用中，该数量可以为1及其以上的任何正整数数值，据此在技术交底书中将该数量扩展为$N$，其中$N$为1及其以上的正整数。此时，当常闭型开关管串仅具有一个开关管（即第1个开关管）时，则驱动电路相应地具有与第1个开关管相对应的第1个开关管驱动电路，当常闭型开关管串具有2个或2个以上的开关管时，则除了第1个驱动电路之外，驱动电路还具有与第2至第$N$个开关管相对应的第2至第$N$个开关管驱动电路。

### 8.1.2.2 技术方案的应用领域的挖掘

对于本发明技术方案的应用领域，虽然技术交底书中记载其涉及用于电力电子变压器的 SiC JFET 串驱动电路技术领域，但是根据本发明的发明构思：在常闭型开关管串的源极串联低压常断型开关管以及常闭型开关管串的第一常闭型开关管的栅极通过辅助低压常闭型开关管连接至低压常断型开关管的源极，由此实现成本低且具有上电保护启动控制的常闭型开关管串驱动功能，可知，本发明的驱动电路实际上可以应用到所有采用常闭型开关管串的场合，例如补偿电路、保护电路，并不局限于电力电子变压器。

## 8.1.3 专利运用的考量

### 8.1.3.1 权利要求的类型

本发明相对于现有技术的主要改进点在于：常闭型开关管串的第一常闭型开关管的源极连接低压常断型开关管的漏极、将低压常断型开关管的源极作为常闭型开关管串的源极以及常闭型开关管串的第一常闭型开关管的栅极通过辅助低压常闭型开关管连接至常闭型开关管串的源极，由此实现成本低且具有上电保护启动控制的常闭型开关管串驱动功能，并且还具有与上述电路设置相关联的控制方法，解决了在启动时以及正常运行时如何具体控制各开关管动作的技术问题。即本发明相对于现有技术的改进点在于电路结构的改进以及与电路结构改进相关联的控制方法，因此在考虑权利要求类型时，可以考虑产品和方法两组权利要求，即技术主题一为一种常闭型开关管串的驱动电路；技术主题二为一种常闭型开关管串的驱动方法。

### 8.1.3.2 权利要求的保护范围

（1）技术交底书中具有多个实施例时权利要求的合理概括

考虑到技术交底书中给出了第 2 至第 6 个 JEFT 管的驱动电路的多个实施方式，并且还阐述了第 2 至第 6 个 JEFT 管的具体驱动电路也可以替换为现有技术中常规的常闭型开关管串的各种其他驱动电路结构。因此，在撰写权利要求时可以基于这些实施方式进行上位概括，即对于上述驱动电路在独立权利要求中不用描述到具体实施例中的具体组成，可以概括为上述开关管"具有驱动电路"。

（2）技术交底书中仅给出了技术手段的一种实施方式时的上位概括

技术交底书中记载：低压 MOSFET 管 M1 漏极和源极电压是通过分压电阻采样电路测量得到的，采样电路的输出端经过模拟滤波电路和整流电路之后连接至高速运算放大器的负输入端，当负输入端的电压值大于高速运算放大器的正输入端输入的设定值时，根据上述比较结果输出封锁脉冲信号至控制电路输入端。但是，本领域技术人员可以知晓，采样电压值的获取方式还可以通过除分压电阻采样电路之外的其他方式来获得；除模拟滤波电路和整流电路之外，现有技术中还有其他多种能够实现同样功能的信号处理方式；对于信号比较的实现，现有技术也存在除高速运算放大器之外的多种实现方式。因此，在撰写权利要求时可以进行上位概括，将分压电阻采样电路概括为电压采样模块，将模拟滤波电路和整流电路概括为信号处理模块，将高速运算放大器概括为比较模块。

（3）避免直接将独立权利要求的技术方案限定于技术交底书中直接提及的应用领域

尽管技术交底书中的技术方案涉及用于电力电子变压器的 SiC JFET 串驱动电路，但经过分析可知该技术方案可以应用到所有采用常闭型开关管串的场合，例如补偿电路、保护电路等，并不局限于电力电子变压器。因此，应避免权利要求中出现表明上述电路和方法必然应用于电力电子变压器的技术特征，例如"电力电子变压器"或"将输入电压变换为所需的输出电压"等。

### 8.1.3.3 权利要求的执行主体

对于本发明,执行主体分为厂商侧和用户侧,在撰写权利要求时,如果站在制造"驱动电路"的视角来进行单侧撰写,在侵权诉讼时,专利权人相对比较容易判断侵权产品或侵权行为,也使得在专利许可时可以面向更多的许可对象,例如对于本发明,半导体开关管以及开关驱动电路的制造商均是其潜在的许可对象。

## 8.2 权利要求书的撰写

按照本书第7章记载的撰写顺序依次撰写技术主题一"一种常闭型开关管串的驱动电路"和技术主题二"一种常闭型开关管串的驱动方法"的权利要求。

首先撰写技术主题一"一种常闭型开关管串的驱动电路"的权利要求。由于技术主题二的驱动方法必须基于技术主题一的驱动电路才能实施,因此,可采用引用前述权利要求中任一项所述的驱动电路的撰写方法进行撰写,其分析方法与撰写技术主题一"一种常闭型开关管串的驱动电路"的权利要求的分析方法相同,因此,在本节不再赘述,具体权利要求可参见本章第8.4节发明专利申请的参考文本。

### 8.2.1 列出技术方案的全部技术特征

常闭型开关管串的驱动电路包括以下技术特征:

主电路构成:

1)开关管串,包括依次串联连接的第1至第 $N$ 个常闭型开关管,开关管串包括开关管串的源极、开关管串的漏极以及开关管串的驱动脉冲信号输入端,第 $N$ 个常闭型开关管的漏极作为开关管串的漏极,$N$ 为大于等于1的正整数。

1.1)常闭型开关管为 SiC JFET 开关管。

1.2)常闭型开关管为其他类型的常闭型开关管。

驱动电路构成和驱动信号连接:

2）低压常断型开关管，与所述第 1 至第 $N$ 个常闭型开关管串联连接，低压常断型开关管的源极作为所述开关管串的源极，低压常断型开关管的漏极连接第 1 个常闭型开关管的源极。

2.1）低压常断型开关管为 P 沟道低压 MOSFET。

2.2）低压常断型开关管为其他类型的低压常断型开关管。

3）开关管串的驱动脉冲信号输入端连接在第 1 个驱动电路的输出端以接收开关管串的驱动脉冲信号 PGJ。

4）低压常断型开关管的驱动信号输入端输入驱动控制信号 PGM。

5）与第 1 个常闭型开关管对应连接的第 1 个驱动电路包括辅助低压常闭型开关管 JA，辅助低压常闭型开关管 JA 的源极与开关管串的源极连接，辅助低压常闭型开关管 JA 的漏极作为第 1 个驱动电路的输出端与第 1 个常闭型开关管的栅极连接，辅助低压常闭型开关管 JA 的栅极输入驱动控制信号 PGJA。

5.1）辅助低压常闭型开关管 JA 为低压 JFET 开关管。

5.2）辅助低压常闭型开关管 JA 为其他类型的低压常闭型开关管。

5.3）第 1 个驱动电路的输出端与第 1 个常闭型开关管的栅极之间连接有驱动电阻。

6）与第 2 至第 $N$ 个常闭型开关管对应连接的第 2 至第 $N$ 个驱动电路。

6.1）第 2 个常闭型开关管所对应的第 2 个驱动电路的输入端连接第 1 个驱动电路的输出端，第 $i$ 个常闭型开关管对应的第 $i$ 个驱动电路的输出端与其相邻的第 $i+1$ 个常闭型开关管对应的第 $i+1$ 个驱动电路的输入端连接，并且第 2 至第 $N$ 个驱动电路的输出端分别连接对应的第 2 至第 $N$ 个常闭型开关管的栅极，其中 $i$ 为整数，$1 < i < N$，$N$ 为大于等于 2 的正整数。

6.1.1）上述各驱动电路结构相同，各驱动电路的具体结构为：包括并联的二极管、静态均压电阻和电阻电容串联回路，二极管的阳极、静态均压电阻的一端以及电阻电容串联回路的一端连接成第一节点，第一节点为驱动电路的输入端，二极管的阴极、静态均压电阻的另一端以及电阻电容串联回路的另一端连接成第二节点，第二节点为驱动电路的输出端，并且第 $N$ 个常闭型开关管的驱动电路与开关管串的漏极之间设置有静态均压电阻。

6.2）第 2 至第 $N$ 个驱动电路的输出端分别连接对应的第 2 至第 $N$ 个常闭型开关管的栅极，第 2 至第 $N$ 个驱动电路的输入端共同连接到开关管串的源极，其中，$N$ 为大于等于 2 的正整数。

6.2.1）上述各驱动电路结构相同，各驱动电路的具体结构为：包括并联的二极管和电阻电容串联回路，二极管的阳极以及电阻电容串联回路的一端连接成第一节点，第一节点为驱动电路的输入端，二极管的阴极以及电阻电容串联回路的另一端连接成第二节点，第二节点为驱动电路的输出端。

6.3）第 2 至第 $N$ 个驱动电路与对应的第 2 至第 $N$ 个常闭型开关管的栅极之间分别连接有驱动电阻，其中，$N$ 为大于等于 2 的正整数。

保护控制电路构成：

7）电压采样模块检测低压常断型开关管漏极和源极两端电压，电压采样模块的输出端经过信号处理模块连接至比较模块的输入端，比较模块的另一个输入端输入预设值，比较模块的输出端输出封锁脉冲信号至控制电路的输入端，控制电路分别输出驱动控制信号 PGJA、驱动脉冲信号 PGJ 以及驱动控制信号 PGM。

## 8.2.2　明确发明要解决的技术问题

通过对本发明技术领域的现有技术进行检索，可以确定本发明相对于现有技术的主要改进在于：常闭型开关管串的第一常闭型开关管的源极连接低压常断型开关管的漏极、将低压常断型开关管的源极作为常闭型开关管串的源极以及常闭型开关管串的第一常闭型开关管的栅极通过辅助低压常闭型开关管连接至常闭型开关管串的源极。通过上述电路改进，可以确定本发明相对于现有技术所要解决的技术问题是如何在常闭型开关管串的驱动中实现成本低且具有上电保护启动控制的驱动功能。

## 8.2.3　确定独立权利要求的必要技术特征

在确定了本发明所要解决的技术问题的基础上，需要确定出前述技术特征中哪些技术特征是解决如何在常闭型开关管串的驱动中实现成本低且具有上电保护启动控制的驱动功能这个技术问题的必要技术特征。

其中，技术特征 1）、技术特征 3）和技术特征 6）是本发明改进的基础，保证了开关管串能够正确运行；技术特征 2）、技术特征 4）和技术特征 5）整体上构成本发明相对于现有技术的改进点，其对于解决本发明所要解决的低成本且具有上电保护启动控制的常闭型开关管串驱动技术问题来说属于关键技术手段。

上述技术特征1)、2)、3)、4)、5)和6)的总和构成了一个完整的技术方案,体现了本发明最基本的发明构思。缺少任何一个技术特征都将导致不能解决本发明所要解决的技术问题。

而对于涉及保护控制电路构成的技术特征7),其使得本发明能够解决进一步的技术问题:过流短路保护,不属于必要技术特征。

其余列出的技术特征分别涉及各开关管的具体类型以及第2至第$N$个常闭型开关管的具体驱动电路,其是对技术特征1)、技术特征2)、技术特征5)和技术特征6)的进一步限定,可以作为附加技术特征在从属权利要求中体现。

基于以上分析可知,为了解决"在常闭型开关管串的驱动中实现低成本且具有上电保护启动控制的驱动功能"的技术问题,常闭型开关管串的驱动电路必须包括以下必要技术特征:

1)开关管串,包括依次串联连接的第1至第$N$个常闭型开关管,开关管串包括开关管串的源极、开关管串的漏极以及开关管串的驱动脉冲信号输入端,第$N$个常闭型开关管的漏极作为开关管串的漏极,$N$为大于等于1的正整数。

2)低压常断型开关管,与所述第1至第$N$个常闭型开关管串联连接,低压常断型开关管的源极作为所述开关管串的源极,低压常断型开关管的漏极连接第1个常闭型开关管的源极。

3)开关管串的驱动脉冲信号输入端连接在第1个驱动电路的输出端以接收开关管串的驱动脉冲信号PGJ。

4)低压常断型开关管的驱动信号输入端输入驱动控制信号PGM。

5)与第1个常闭型开关管对应连接的第1个驱动电路包括辅助低压常闭型开关管JA,辅助低压常闭型开关管JA的源极与开关管串的源极连接,辅助低压常闭型开关管JA的漏极作为第1个驱动电路的输出端与第1个常闭型开关管的栅极连接,辅助低压常闭型开关管JA的栅极输入驱动控制信号PGJA。

6)与第2至第$N$个常闭型开关管对应连接的第2至第$N$个驱动电路。

另外,发明人提交的技术交底书中记载的权利要求包括2项独立权利要求和2项从属权利要求,其中独立权利要求1为产品权利要求,权利要求2~3为权利要求1的从属权利要求,独立权利要求4为方法权利要求,其引用了权利要求1~3的任一项。可见,独立权利要求1是发明人提供的权利要求书中保护范围最大的权利要求。

技术交底书中记载的独立权利要求 1 如下：

1. 一种电力电子变压器中 SiC JFET 串的驱动电路，其中 SiC JFET 串包括依次串联的 6 个 SiC JFET 管，通过该 SiC JFET 串将输入电压变换为所需的输出电压，其特征在于：该驱动电路包括低压 MOSFET 管和 6 个 SiC JFET 管驱动电路；6 个 SiC JFET 管驱动电路依次串联，并且每个 SiC JFET 管驱动电路的输出端与其相邻的下一个 SiC JFET 管驱动电路的输入端连接，6 个 SiC JFET 管驱动电路的输出端分别通过 6 个驱动电阻与 6 个 SiC JFET 管的栅极连接，最后一个 SiC JFET 管驱动电路的输出端与 SiC JFET 串的漏极之间设置有静态均压电阻，低压 MOSFET 管为 P 沟道 MOSFET 管，低压 MOSFET 管的漏极与第 1 个 SiC JFET 管的源极连接，低压 MOSFET 管的源极作为 SiC JFET 串的源极，第 6 个 SiC JFET 管的漏极作为 SiC JFET 串的漏极。

通过分析上述独立权利要求，可知其存在以下缺陷：

1）该独立权利要求 1 中的"SiC JFET 管驱动电路"并没有记载其构成，因此该驱动电路的范围包括但不限于：①第 1 个 SiC JFET 管的驱动电路为现有技术中的由二极管、电容、电阻等器件构成的不可控驱动电路；②第 1 个 SiC JFET 管的驱动电路为由低压常断型开关管构成的驱动电路；③第 1 个 SiC JFET 管的驱动电路为本发明的由连接在 SiC JFET 串源极以及第 1 个 SiC JFET 管栅极之间的辅助低压常闭型开关管构成的可控驱动电路。

但是，根据说明书的记载，本发明实质上是采用源极连接开关管串的源极、漏极作为第 1 个驱动电路的输出连接第 1 个常闭型开关管的栅极以及栅极连接驱动控制信号 PGJA 的辅助低压常闭型开关管 JA 所构成的特定的第 1 个驱动电路来解决"在常闭型开关管串的驱动中实现低成本且具有上电保护启动控制的驱动功能"的技术问题。

然而在目前的撰写方式中，方式①可能会导致正常运行时开关管串不能独立于与开关管串串联的常断型开关管进行导通/关断控制，即常断型开关管会承受运行中的分压，不能采用低压常断型开关管，不能实现低成本；方式②可能会导致不能正确执行启动控制。即所属技术领域的技术人员有理由怀疑权利要求 1 中的该限定所包含的一种或几种方式不能解决本发明所要解决的技术问题——在常闭型开关管串的驱动中实现低成本且具有上电保护启动控制的驱动功能。因此，该独立权利要求 1 没有以说明书为依据，不符合《专利法》第 26 条第 4 款的规定。

2）独立权利要求 1 中的技术特征"电力电子变压器"以及"通过该 SiC

JFET 串将输入电压变换为所需的输出电压"将独立权利要求 1 的技术方案的应用场合限定为电力电子变压器，经过前述分析可知，本发明的技术方案可以应用到所有采用常闭型开关管串的场合，因此，目前独立权利要求 1 的上述限定会导致独立权利要求 1 的保护范围过小。

3）独立权利要求 1 将常闭型开关管串限定为由依次串联的 6 个 SiC JFET 管构成以及将低压常断型开关管限定为"P 沟道低压 MOSFET 管"。经过前述分析可知，本发明的技术方案可用作由 1 个及其以上的常闭型开关管构成的开关管串的驱动电路，其中常闭型开关管的具体数量可由实际应用场合中最大承载的输入电压以及具体选用的常闭型开关管的额定漏源极电压来确定，同时低压常断型开关管可由除 P 沟道低压 MOSFET 管之外的任意低压常断型开关管来实现，因此，上述限定也会导致独立权利要求 1 的保护范围过小。

4）独立权利要求 1 中记载：驱动电路依次串联，并且每个驱动电路的输出端与其相邻的下一个驱动电路的输入端连接。上述技术特征涉及第 2 至第 $N$ 个常闭型开关管的驱动电路的具体连接，但是其只是限定了技术交底书中提供的一种特定实现方式，在技术交底书中除了提供上述各个驱动电路依次串联的实施方式之外，还提供了图 8-9 所示的第 2 至第 $N$ 个开关管的驱动电路的输入端共同连接到开关管串的源极的实施方式，并且在技术交底书中还阐述了第 2 至第 6 个 JEFT 管的具体驱动电路也可以替换为现有技术中常规的常闭型开关管串的各种其他驱动电路结构，其作用为本领域所公知的用于跟随常闭型开关管串中第一常闭型开关管的导通和关断而导通和关断该开关管串中的其余开关管。因此，上述限定使得独立权利要求 1 的保护范围过小。

5）独立权利要求 1 中记载：各驱动电路的输出端分别通过驱动电阻与对应开关管的栅极连接，最后一个驱动电路的输出端与开关管串的漏极之间设置有静态均压电阻。上述技术特征在独立权利要求 1 的技术方案中所起的作用是限制开关管栅极电流以及实现均压和防止开关管被击穿，即，上述技术特征使得本发明能够解决更进一步的技术问题，属于非必要技术特征。因此，上述限定同样也会导致独立权利要求 1 的保护范围过小。

通过以上分析可见，技术交底书中的权利要求实质上撰写不当，应当重新撰写权利要求以更好地保护发明。

## 8.2.4　撰写独立权利要求

通过以上分析，独立权利要求1可以撰写为：

1. 一种常闭型开关管串的驱动电路，所述开关管串包括依次串联连接的第1至第 $N$ 个常闭型开关管，第1至第 $N$ 个常闭型开关管分别与相对应的第1至第 $N$ 个驱动电路连接，其中，开关管串包括开关管串的源极、开关管串的漏极以及开关管串的驱动脉冲信号输入端，$N$ 为大于等于1的正整数，其特征在于：所述常闭型开关管串的驱动电路包括：

低压常断型开关管（M1），其与所述第1至第 $N$ 个常闭型开关管串联连接，所述第 $N$ 个常闭型开关管的漏极作为所述开关管串的漏极，低压常断型开关管（M1）的源极作为所述开关管串的源极，低压常断型开关管（M1）的漏极连接第1个常闭型开关管的源极；

其中，对应于第1个常闭型开关管的第1个驱动电路，其包括辅助低压常闭型开关管（JA），辅助低压常闭型开关管（JA）的源极与所述开关管串的源极连接，辅助低压常闭型开关管（JA）的漏极作为第1个驱动电路的输出端与第1个常闭型开关管的栅极连接；

辅助低压常闭型开关管（JA）的栅极输入辅助低压常闭型开关管（JA）的驱动控制信号PGJA，所述开关管串的驱动脉冲信号输入端连接在第1个驱动电路的输出端以接收开关管串的驱动脉冲信号PGJ，低压常断型开关管（M1）的驱动信号输入端输入驱动控制信号PGM。

## 8.2.5　撰写从属权利要求

对在前列出的未写入独立权利要求中的技术特征进行分析，确定是否将其作为从属权利要求的附加技术特征以及确定从属权利要求的引用关系。

技术特征1.1）"常闭型开关管为 SiC JFET 开关管"、技术特征2.1）"低压常断型开关管为 P 沟道低压 MOSFET"和技术特征5.1）"辅助低压常闭型开关管 JA 为低压 JFET 开关管"是对于本发明的必要技术手段——技术特征1）中的第1至第 $N$ 个常闭型开关管、技术特征2）中的低压常断型开关管以及技术特征5）中的辅助低压常闭型开关管的具体开关类型的进一步限定，上述技术特征均无法再进行拆分，可以作为引用权利要求1的并列从属权利要求 2、3、4 的附加技术特征。技术特征 1.2)、技术特征 2.2) 以及技术特征 5.2) 是在撰写过程中应当考虑的，对于本发明的第 1 至第 $N$ 个常闭型开关管、低压常断型开关管以及辅助低压常闭型开关管，经分析没有其他的具体类型需要进一步限定，因此，针对这部分技术特征不再撰写从属权利要求。

技术特征 5.3) 和技术特征 6.3) 分别涉及第 1 个驱动电路输出端与第 1 个常闭型开关管栅极之间连接的驱动电阻和第 2 至第 $N$ 个驱动电路输出端与第 2 至第 $N$ 个常闭型开关管栅极之间分别连接的驱动电阻，其是对于本发明的必要技术手段——技术特征 5) 和技术特征 6) 的进一步限定，为说明书实施例中记载的具体结构，无法再进行拆分，也无法对其中的部分特征再进行概括。考虑到上述驱动电阻在电路中的连接方式是一致的，使得本发明进一步解决的技术问题均为：限制开关管栅极电流以防止震荡以及驱动信号过大，因此，技术特征 5.3) 和技术特征 6.3) 可以组合到一起共同记载在一项从属权利要求中以对权利要求 1 作进一步的限定。

技术特征 6.1)、技术特征 6.1.1)、技术特征 6.2) 以及技术特征 6.2.2) 是对于本发明的必要技术手段——技术特征 6) 的第 2 至第 $N$ 个常闭型开关管的驱动电路的进一步限定。其中技术特征 6.1) 限定了各驱动电路为串联的驱动方式，技术特征 6.1.1) 则进一步限定了上述串联的驱动电路的具体实现方式，技术特征 6.2) 限定了各驱动电路为非串联的驱动方式，技术特征 6.2.1) 则进一步限定了该采用非串联驱动方式的驱动电路的具体实现方式。

对于技术特征 6.1) 和技术特征 6.1.1)，应采用递进式的撰写方式，即，技术特征 6.1) 可以作为引用权利要求 1 的从属权利要求 6 的附加技术特征，技术特征 6.1.1) 则作为引用权利要求 6 的从属权利要求 7 的附加技术特征。由此，获得递进式保护，以更好地保护发明创造，以及为后续授权后需要对权利要求调整时提供方便。同样地，技术特征 6.2) 可以作为引用权利要求 1 的从属权利要求 8 的附加技术特征，技术特征 6.2.1) 则作为引用权利要求 8 的从属权利要求 9 的附加技术特征。

技术特征 7) 涉及正常运行过程中开关管串的过流或短路保护控制电路，其使得本发明进一步解决的技术问题为：实现开关管串过流和短路保护。技术特征 7) 中限定的保护电路的结构和连接为说明书中记载的用于解决开关管串过流和短路保护所应包含的全部技术特征，同时也无法对其中的部分特征再进行概括，因此应记载在一项从属权利要求中，作为引用权利要求 1～9 中任一项权利要求的从属权利要求 10 的附加技术特征。基于上述分析，撰写从属权利要求如下：

2. 根据权利要求1所述的常闭型开关管串的驱动电路，其特征在于：所述第1至第$N$个常闭型开关管为SiC JFET开关管。

3. 根据权利要求1所述的常闭型开关管串的驱动电路，其特征在于：所述低压常断型开关管（M1）为P沟道低压MOSFET。

4. 根据权利要求1所述的常闭型开关管串的驱动电路，其特征在于：所述辅助低压常闭型开关管（JA）为低压JFET开关管。

5. 根据权利要求1所述的常闭型开关管串的驱动电路，其特征在于：第1至第$N$个驱动电路的输出端与对应的第1至第$N$个常闭型开关管的栅极之间分别连接有驱动电阻。

6. 根据权利要求1所述的常闭型开关管串的驱动电路，其特征在于：第2个常闭型开关管所对应的第2个驱动电路的输入端连接第1个常闭型开关管所对应的第1个驱动电路的输出端，第$i$个常闭型开关管对应的第$i$个驱动电路的输出端与其相邻的第$i+1$个常闭型开关管对应的第$i+1$个驱动电路的输入端连接，并且第2至第$N$个驱动电路的输出端分别连接对应的第2至第$N$个常闭型开关管的栅极，其中$i$为整数，$1<i<N$，$N$为大于等于2的正整数。

7. 根据权利要求6所述的常闭型开关管串的驱动电路，其特征在于：第2至第$N$个驱动电路结构相同，每个驱动电路均包括并联的二极管、静态均压电阻和电阻电容串联回路，二极管的阳极、静态均压电阻的一端以及电阻电容串联回路的一端连接成第一节点，第一节点为驱动电路的输入端，二极管的阴极、静态均压电阻的另一端以及电阻电容串联回路的另一端连接成第二节点，第二节点为驱动电路的输出端，第$N$个常闭型开关管对应的第$N$个驱动电路的输出端与所述开关管串的漏极之间设置有静态均压电阻。

8. 根据权利要求1所述的常闭型开关管串的驱动电路，其特征在于：第2至第$N$个驱动电路的输出端分别连接对应的第2至第$N$个常闭型开关管的栅极，第2至第$N$个驱动电路的输入端共同连接到所述开关管串的源极，其中，$N$为大于等于2的正整数。

9. 根据权利要求8所述的常闭型开关管串的驱动电路，其特征在于：第2至第$N$个驱动电路结构相同，包括并联的二极管和电阻电容串联回路，二极管的阳极以及电阻电容串联回路的一端连接成第一节点，第一节点为驱动电路的输入端,二极管的阴极以及电阻电容串联回路的另一端连接成第二节点,第二节点为驱动电路的输出端。

10. 根据权利要求1~9中任一项权利要求所述的常闭型开关管串的驱动电路,其特征在于:低压常断型开关管(M1)的漏极与源极两端连接电压采样模块,电压采样模块的输出端经过信号处理模块连接至比较模块的输入端,比较模块的另一个输入端输入预设值,比较模块的输出端输出封锁脉冲信号至控制电路的输入端,控制电路分别输出驱动控制信号PGJA、驱动脉冲信号PGJ以及驱动控制信号PGM。

## 8.3　说明书及其摘要的撰写

下面具体说明如何撰写说明书及其摘要。

(1) 发明或者实用新型的名称

本发明涉及两项独立权利要求,发明名称中应该清楚、简要、全面地反映所要保护的主题"常闭型开关管串的驱动电路"和"常闭型开关管串的驱动方法",因此,发明名称可以写为"一种常闭型开关管串的驱动电路及其驱动方法"。

(2) 发明或者实用新型的技术领域

本发明所属的具体技术领域是电力电子器件的驱动控制技术领域,具体涉及一种常闭型开关管串的驱动电路及其驱动方法。

(3) 发明或者实用新型的背景技术

对于本发明,通过对现有技术的检索和分析,明确了该领域的技术发展状况和目前存在的问题,即,在现有技术中,一些常闭型开关管串的驱动电路在启动上电时没有启动控制,由此可能导致短路故障;另一些驱动电路则采用混合开关管串的驱动控制方式来实现启动控制,但是成本高昂。背景技术部分可以对上述现有技术的发展状况以及缺陷进行说明。

(4) 发明或者实用新型的内容

1) 对于要解决的技术问题,在撰写的时候应当清楚地写明"本发明所要解决的技术问题是在常闭型开关管串的驱动中实现低成本且具有上电保护启动控制的驱动功能"。

2) 对于技术方案,由于本发明具有两个独立权利要求,应当在此部分至少应反映包含全部必要技术特征的两个独立权利要求的技术方案。

3）对于有益效果，本发明的技术特征直接带来的技术效果包括：节省电路成本，能够实现开关管串的上电保护，可保证常闭型开关管串任何时刻都不被击穿或自然短路；提高器件的运行效率和频率；可利用低压常断型开关管常通时的内在小电阻检测过流或短路电流，电路简单，保护电路成本低；提高变流器功率密度；采用电阻大的静态均压电阻保护开关管，静态损耗小；开关损耗小；导通损耗小，并且能够节省反并联二极管；采用多阶段正电压驱动，可以加速开关串的开通过程，保证各常闭型开关管运行在安全范围内。上述有益技术效果均应当在撰写相关技术手段后进行记载。

（5）附图说明

附图说明按照《专利审查指南2010》的要求撰写。

（6）具体实施方式

发明人在技术交底书中给出了多个实施方式，为了支持权利要求的概括，这些实施方式均应记载在本部分。

（7）说明书附图

说明书附图按照《专利审查指南2010》的要求撰写。

（8）说明书摘要

说明书摘要按照《专利审查指南2010》的要求撰写。

## 8.4　发明专利申请的参考文本

在上述工作的基础上，撰写本发明"一种常闭型开关管串的驱动电路及其驱动方法"的发明专利申请的参考文本。

## 权　利　要　求　书

1. 一种常闭型开关管串的驱动电路，所述开关管串包括依次串联连接的第 1 至第 $N$ 个常闭型开关管，第 1 至第 $N$ 个常闭型开关管分别与相对应的第 1 至第 $N$ 个驱动电路连接，其中，开关管串包括开关管串的源极、开关管串的漏极以及开关管串的驱动脉冲信号输入端，$N$ 为大于等于 1 的正整数，其特征在于，所述常闭型开关管串的驱动电路包括：

低压常断型开关管（M1），其与所述第 1 至第 $N$ 个常闭型开关管串联连接，所述第 $N$ 个常闭型开关管的漏极作为所述开关管串的漏极，低压常断型开关管（M1）的源极作为所述开关管串的源极，低压常断型开关管（M1）的漏极连接第 1 个常闭型开关管的源极；

其中，对应于第 1 个常闭型开关管的第 1 个驱动电路，其包括辅助低压常闭型开关管（JA），辅助低压常闭型开关管（JA）的源极与所述开关管串的源极连接，辅助低压常闭型开关管（JA）的漏极作为第 1 个驱动电路的输出端与第 1 个常闭型开关管的栅极连接；

辅助低压常闭型开关管（JA）的栅极输入辅助低压常闭型开关管（JA）的驱动控制信号 PGJA，所述开关管串的驱动脉冲信号输入端连接在第 1 个驱动电路的输出端以接收开关管串的驱动脉冲信号 PGJ，低压常断型开关管（M1）的驱动信号输入端输入驱动控制信号 PGM。

2. 根据权利要求 1 所述的常闭型开关管串的驱动电路，其特征在于：所述第 1 至第 $N$ 个常闭型开关管为 SiC JFET 开关管。

3. 根据权利要求 1 所述的常闭型开关管串的驱动电路，其特征在于：所述低压常断型开关管（M1）为 P 沟道低压 MOSFET。

4. 根据权利要求 1 所述的常闭型开关管串的驱动电路，其特征在于：所述辅助低压常闭型开关管（JA）为低压 JFET 开关管。

5. 根据权利要求 1 所述的常闭型开关管串的驱动电路，其特征在于：第 1 至第 $N$ 个驱动电路的输出端与对应的第 1 至第 $N$ 个常闭型开关管的栅极之间分别连接有驱动电阻。

6. 根据权利要求 1 所述的常闭型开关管串的驱动电路，其特征在于：第 2 个常闭型开关管所对应的第 2 个驱动电路的输入端连接第 1 个常闭型开关管所对应的第 1 个驱动电路的输出端，第 $i$ 个常闭型开关管对应的第 $i$ 个驱动电路的输出端与其相邻的第 $i+1$ 个常闭型开关管对应的第 $i+1$ 个驱动电路的输入端连接，并且第 2 至第 $N$ 个驱动电路的输出端分别连接对应的第 2 至第 $N$ 个常闭型开关管的栅极，其中 $i$ 为整数，$1<i<N$，$N$ 为大于等于 2 的正整数。

7. 根据权利要求 6 所述的常闭型开关管串的驱动电路，其特征在于：第 2 至第 $N$ 个驱动电路结构相同，每个驱动电路均包括并联的二极管、静态均压电阻和电阻电容串联回路，二极管的阳极、静态均压电阻的一端以及电阻电容串联回路的一端连接成第一节点，第一节点为驱动电路的输入端，二极管的阴极、静态均压电阻的另一端以及电阻电容串联回路的另一端连接成第二节点，第二节点为驱动电路的输出端，第 $N$ 个常闭型开关管对应的第 $N$ 个驱动电路的输出端与所述开关管串的漏极之间设置有静态均压电阻。

8. 根据权利要求 1 所述的常闭型开关管串的驱动电路，其特征在于：第 2 至第 $N$ 个驱动电路的输出端分别连接对应的第 2 至第 $N$ 个常闭型开关管的栅极，第 2 至第 $N$ 个驱动电路的输入端共同连接到所述开关管串的源极，其中，$N$ 为大于等于 2 的正整数。

9. 根据权利要求 8 所述的常闭型开关管串的驱动电路，其特征在于：第 2 至第 $N$ 个驱动电路结构相同，包括并联的二极管和电阻电容串联回路，二极管的阳极以及电阻电容串联回路的一端连接成第一节点，第一节点为驱动电路的输入端，二极管的阴极以及电阻电容串联回路的另一端连接成第二节点，第二节点为驱动电路的输出端。

10. 根据权利要求 1~9 中任一项权利要求所述的常闭型开关管串的驱动电路，其特征在于：低压常断型开关管（M1）的漏极与源极两端连接电压采样模块，电压采样模块的输出端经过信号处理模块连接至比较模块的输入端，比较模块的另一个输入端输入预设值，比较模块的输出端输出封锁脉冲信号至控制电路的输入端，控制电路分别输出驱动控制信号 PGJA、驱动脉冲信号 PGJ 以及驱动控制信号 PGM。

11. 一种常闭型开关管串的驱动方法，其应用在如权利要求 1~10 中任一项权利要求所述的常闭型开关管串的驱动电路中，其特征在于：在所述开关管串的源漏极启动上电时，驱动控制信号 PGJA 为导通信号或者没有信号，驱动脉冲信号 PGJ 为闭锁信号或者没有信号，驱动控制信号 PGM 为关断信号或者没有信号；在开关管串结束启动上电过程正常运行时驱动控制信号 PGJA 为关断信号，驱动脉冲信号 PGJ 为控制所述开关管串正常切换的工作脉冲信号，驱动控制信号 PGM 为导通信号。

12. 根据权利要求 11 所述的常闭型开关管串的驱动方法，其特征在于：正常运行时所述工作脉冲信号包括加速开通阶段、正常导通阶段以及正常关断阶段。

13. 根据权利要求 12 所述的常闭型开关管串的驱动方法，其特征在于：加速开通阶段的持续时间比正常导通阶段的持续时间短，在加速开通阶段的脉冲信号电压高于在正常导通阶段的脉冲信号电压。

14. 根据权利要求 12 所述的常闭型开关管串的驱动方法，其特征在于：

在正常导通阶段的脉冲信号电压设置为能够抵消驱动电路中的二极管的正向压降。

15. 根据权利要求11~14中任一项权利要求所述的常闭型开关管串的驱动方法，其特征在于：正常运行时检测所述低压常断型开关管（M1）的源漏极电压以确定是否发生短路或过流故障，当确定发生短路或过流故障时将驱动控制信号PGJA、驱动脉冲信号PGJ和驱动控制信号PGM均设置为关断信号。

16. 根据权利要求15所述的常闭型开关管串的驱动方法，其特征在于：根据指示启动上电的信号以及指示短路或过流故障的信号来输出驱动控制信号PGJA。

17. 根据权利要求15所述的常闭型开关管串的驱动方法，其特征在于：根据指示启动上电的信号、指示短路或过流故障的信号以及指示所述开关管串的正常切换的信号来输出驱动脉冲信号PGJ。

18. 根据权利要求15所述的常闭型开关管串的驱动方法，其特征在于：根据指示启动上电的信号以及指示短路或过流故障的信号来输出驱动控制信号PGM。

# 说 明 书

## 一种常闭型开关管串的驱动电路及其驱动方法

### 技术领域

本发明涉及电力电子驱动控制技术领域，具体涉及一种常闭型开关管串的驱动电路及其驱动方法。

### 背景技术

近年来，随着风能等新能源的大力发展及电力电子的广泛应用，多电平变流器目前越来越多地应用于大功率、中高压领域，成为电机变频调速、并网逆变器等电力电子变压器的主要组成部分，但是由于其使用的开关器件和储能器件数量较多，具有体积大、控制调制技术复杂、散热困难的缺陷。现有的新型碳化硅器件可以克服上述缺陷，开关频率可以提高至几十kHz，但到目前为止，只有1200V和1700V SiC JFET已经有一些商业化产品。并且，目前由于 SiC JFET 通常为耗尽型开关管，表现为常闭型器件特性，在没有控制信号时其源漏极处于导通状态，因此采用由纯 SiC JFET 开关管构成的 JFET 串，在启动上电无法建立控制信号时，有可能会出现短路故障。目前多采用高压 SiC MOSFET 和 SiC JFET 的混合开关管串的驱动方式以克服上述启动时缺乏上电保护的缺陷，但是上述混合开关管串中的 SiC MOSFET 和 SiC JFET 同时进行导通和关断，SiC MOSFET 需要承受 SiC JFET 管一样的分压，必须选用漏源极额定电压高的高压 SiC MOSFET，导致该种混合开关管串的驱动方式的成本高昂，因此目前需要一种能够适用于 SiC JFET 等常闭型开关管串的低成本且能够实现上电保护启动控制从而保障系统上电安全的驱动电路和驱动方法。

**发明内容**

为了实现低成本且能够实现上电保护启动控制从而保障系统上电安全的适用于 SiC JFET 等常闭型开关管串的驱动，本发明提出如下驱动电路和驱动方法。其中，常闭型开关管串还可以是例如由宽带隙材料如碳化硅或氮化镓制成的其他常闭型开关管，并不局限于 SiC JEFT。

一方面，本发明提出了一种常闭型开关管串的驱动电路。其中，所述开关管串包括依次串联连接的第 1 至第 $N$ 个常闭型开关管，第 1 至第 $N$ 个常闭型开关管分别与相对应的第 1 至第 $N$ 个驱动电路连接，其中，开关管串包括开关管串的源极、开关管串的漏极以及开关管串的驱动脉冲信号输入端，$N$ 为大于等于 1 的正整数。所述常闭型开关管串的驱动电路包括低压常断型开关管 M1，其与所述第 1 至第 $N$ 个常闭型开关管串联连接，所述第 $N$ 个常闭型开关管的漏极作为所述开关管串的漏极，低压常断型开关管 M1 的源极作为所述开关管串的源极，低压常断型开关管 M1 的漏极连接第 1 个常闭型开关管的源极。另外，对应于所述第 1 个常闭型开关管的第 1 个驱动电路，其包括辅助低压常闭型开关管 JA，辅助低压常闭型开关管 JA 的源极与所述开关管串的源极连接，辅助低压常闭型开关管 JA 的漏极作为第 1 个驱动电路的输出端与第 1 个常闭型开关管的栅极连接。

辅助低压常闭型开关管 JA 的栅极输入辅助低压常闭型开关管 JA 的驱动控制信号 PGJA，所述开关管串的驱动脉冲信号输入端连接在第 1 个驱动电路的输出端以接收开关管串的驱动脉冲信号 PGJ，低压常断型开关管 M1 的驱动信号输入端输入驱动控制信号 PGM。

进一步地，所述第 1 至第 $N$ 个常闭型开关管为 SiC JFET 开关管。

进一步地，所述低压常断型开关管 M1 为 P 沟道低压 MOSFET。

进一步地，所述辅助低压常闭型开关管 JA 为低压 JFET 开关管。

进一步地，第 1 至第 $N$ 个驱动电路的输出端与对应的第 1 至第 $N$ 个常闭型开关管的栅极之间分别连接有驱动电阻。

进一步地，第 2 个常闭型开关管所对应的第 2 个驱动电路的输入端连接第 1 个常闭型开关管所对应的第 1 个驱动电路的输出端，第 $i$ 个常闭型开关管对应的第 $i$ 个驱动电路的输出端与其相邻的第 $i+1$ 个常闭型开关管对应的第 $i+1$ 个驱动电路的输入端连接，并且第 2 至第 $N$ 个驱动电路的输出端分别连接对应的第 2 至第 $N$ 个常闭型开关管的栅极，其中 $i$ 为整数，$1<i<N$，$N$ 为大于等于 2 的正整数。

进一步地，第 2 至第 $N$ 个驱动电路结构相同，每个驱动电路均包括并联的二极管、静态均压电阻和电阻电容串联回路，二极管的阳极、静态均压电阻的一端以及电阻电容串联回路的一端连接成第一节点，第一节点为驱动电路的输入端，二极管的阴极、静态均压电阻的另一端以及电阻电容串联回路的另一端连接成第二节点，第二节点为驱动电路的输出端，第 $N$ 个常闭型开关管对应的第 $N$ 个驱动电路的输出端与所述开关管串的漏极之间设置有静态均压电阻。

进一步地，第 2 至第 $N$ 个驱动电路的输出端分别连接对应的第 2 至第 $N$ 个常闭型开关管的栅极，第 2 至第 $N$ 个驱动电路的输入端共同连接到所述开关管串的源极，其中，$N$ 为大于等于 2 的正整数。

进一步地，第 2 至第 $N$ 个驱动电路结构相同，包括并联的二极管和电阻电容串联回路，二极管的阳极以及电阻电容串联回路的一端连接成第一节点，第一节点为驱动电路的输入端，二极管的阴极以及电阻电容串联回路的另一端连接成第二节点，第二节点为驱动电路的输出端。

进一步地，低压常断型开关管 M1 的漏极与源极两端连接电压采样电路，电压采样电路的输出端经滤波整流电路连接至比较器的一个输入端，比较器的另一个输入端输入预设值，比较器的输出端输出封锁脉冲信号至控制电路的输入端，控制电路分别输出驱动控制信号 PGJA、驱动脉冲信号 PGJ 以及驱动控制信号 PGM。

另一方面，本发明还提供了一种常闭型开关管串的驱动方法，其应用在上述的常闭型开关管串的驱动电路中，在所述开关管串的源漏极启动上电时，驱动控制信号 PGJA 为导通信号或者没有信号，驱动脉冲信号 PGJ 为闭锁信号或者没有信号，驱动控制信号 PGM 为关断信号或者没有信号；在开关管串结束启动上电过程正常运行时驱动控制信号 PGJA 为关断信号，驱动脉冲信号 PGJ 为控制所述开关管串正常切换的工作脉冲信号，驱动控制信号 PGM 为导通信号。

进一步地，正常运行时工作脉冲信号包括加速开通阶段、正常导通阶段以及正常关断阶段。

进一步地，加速开通阶段的持续时间比正常导通阶段的持续时间短、在加速开通阶段的脉冲信号电压高于在正常导通阶段的脉冲信号电压。

进一步地，在正常导通阶段的电压设置为能够抵消驱动电路中的二极管的正向压降。

进一步地，正常运行时检测所述低压常断型开关管 M1 的源漏极电压以确定是否发生短路或过流故障，当确定发生短路或过流故障时将驱动控制信号 PGJA、驱动脉冲信号 PGJ 和驱动控制信号 PGM 均设置为关断信号。

进一步地，根据指示启动上电的信号以及指示短路或过流故障的信号来输出驱动控制信号 PGJA。

进一步地，根据指示启动上电的信号、指示短路或过流故障的信号以及指示所述开关管串的正常切换的信号来输出驱动脉冲信号 PGJ。

进一步地，根据指示启动上电的信号以及指示短路或过流故障的信号来输出驱动控制信号 PGM。

本发明提出的驱动电路和驱动方法适用于任何常闭型开关管构成的开关管串的驱动，常闭型开关管例如可以为 SiC JFET 等常闭型开关管。

通过上述驱动电路和驱动方法，本发明可以实现：1) 本发明可选用例如为低压 MOSFET 的低源漏极额定电压的低压常断型开关管以及例如为低压 JFET 管的低源漏极额定电压的辅助低压常闭型开关管来构成驱动电路，在节省成本的同时实现了上电保护启动过程控制和器件保护，可保证 SiC JFET 串等常闭型开关管串任何时刻都不被击穿或自然短路，非常适合于高压、高温、高功率密度电力电子变压器领域。2) 可用于至少 6kV 的高耐压和开关频率几十 kHz 的功率器件，不仅提高了器件的运行效率和频率，还有效地控制了成本。3) 利用低压常断型开关管常通时的内在小电阻检测过流或短路电流，电路简单，既能保证静态或故障时 Cascode 结构的完整运行，又降低保护电路成本。4) 本发明开关频率较其他高压器件高很多，因此其组成的变流器功率密度高。5) 静态均压电阻的加入可以实现开关管串中各常闭型开关管的均压，保证上述开关管不至于被击穿，此外，由于该电阻很大，相对静态损耗较小。

6）动态运行时，分压由电阻电容串联回路中的电阻电容决定，且电容的储能基本用于开关管串中各常闭型开关管的开通过程，因此，实际运行的开关损耗较小。7）电路中电流反向流动时，通过对电容自动放电，电流仅流过各常闭型开关管通道，既降低了导通损耗，又节省了反并联二极管。8）多阶段正电压驱动，可以抵消二极管的压降，加速开关串的开通过程，且能保证各常闭型开关管运行在安全范围内。

**附图说明**

图1是根据本发明第一实施例所示的驱动电路的结构示意图；
图2为开关串正常运行时的驱动脉冲信号的波形示意图；
图3是根据本发明第二实施例所示的驱动电路的结构示意图；
图4是本发明的过流或短路保护控制电路的结构示意图。

**具体实施方式**

下面结合附图对本发明的驱动电路和驱动方法进行说明。

其中，图1示出了本发明的驱动电路具体应用到由6个SiC JFET开关管（以下简称JFET管）串联构成的JFET串中的实施例。其中，低压常断型开关管可以采用低源漏极额定电压的低压MOSFET管构成，例如P沟道低压MOSFET管，辅助低压常闭型开关管可以采用低源漏极额定电压的低压JFET管构成。为了更好地说明上述工作原理，对图1中的各符号进行说明：J1～J6分别为6个JFET管，M1为低压MOSFET管，JA为辅助低压JFET管，R1～R5分别为5个电阻电容串联回路中的电阻，C1～C5分别为5个电阻电容串联回路中的电容，RF1～RF6分别为6个静态均压电阻，DF1～DF5分别为5个二极管，JGD1～JGD6分别为6个驱动电阻，CJS为JFET串的源极，对应低压MOSFET管M1的源极，CJD为JFET串的漏极，对应JFET管J6的漏极，CJMG为低压MOSFET管M1的栅极，CJGA为辅助低压JFET管的栅极，CJS1～CJS6分别为JFET管J1～J6的源极，CJG1～CJG6分别对应JFET管J1～J6的驱动节点。

低压MOSFET管M1的源极作为JFET串的源极，低压MOSFET管M1的栅极输入低压MOSFET管M1的驱动控制信号PGM，6个JFET管依次串联，两个相邻JFET管的漏极与源极连接，第1个JFET管J1的源极与低压MOSFET管M1的漏极连接，第1个JFET管J1的栅极作为JFET串的栅极，第6个JFET管J6的漏极作为JFET串的漏极。

6个JFET管的驱动电路依次串联，每个JFET管的驱动电路的输出端与其相邻的下一个JFET管的驱动电路的输入端连接，6个JFET管的驱动电路的输出端分别通过6个驱动电阻与6个JFET管的栅极连接。

与第1个JFET管相对应的第1个驱动电路包括辅助低压JFET管JA,辅助低压JFET管JA的栅极输入辅助低压JFET管JA的驱动控制信号PGJA,辅助低压JFET管JA的源极与JFET串的源极连接,辅助低压JFET管JA的漏极为第1个驱动电路的输出端。

与第2至第6个JFET管相对应的第2至第6个驱动电路结构相同,包括并联的二极管、静态均压电阻和电阻电容串联回路,二极管的阳极、静态均压电阻的一端以及电阻电容串联回路的一端连接成第一节点,第一节点为驱动电路的输入端,二极管的阴极、静态均压电阻的另一端以及电阻电容串联回路的另一端连接成第二节点,第二节点为驱动电路的输出端,第2个驱动电路输入端输入JFET串的驱动脉冲信号PGJ,第6个驱动电路的输出端与JFET串的漏极之间设置静态均压电阻,各静态均压电阻可以实现各JFET管均压,保证各JFET管不至于被击穿,此外,由于该电阻很大,相对静态损耗较小。JFET管的驱动电路中的二极管可以用JFET寄生的二极管代替。

上述电路具体控制为:当上述电路启动上电时,即没有开关动作时,控制低压MOSFET管M1关断以及辅助低压JFET管JA导通,闭锁JFET的驱动脉冲信号PGJ,或者不给上述低压MOSFET管M1、辅助低压JFET管JA以及JFET串中的各JFET管任何控制信号,此时JFET串中的各管均处于关断状态;当上述电路启动结束之后正常工作时,控制低压MOSFET管M1常通以及辅助低压JFET管JA关断,JFET管的驱动脉冲信号PGJ输出为正常的工作脉冲信号,JFET串根据工作脉冲信号开始切换工作。

由于MOSFET管M1在工作运行时并不承受高压,因此可以选用低压MOSFET管,低压MOSFET管漏源极额定电压低,价格较低。

因此,通过上述低压MOSFET管M1以及辅助低压JFET管JA的连接,本发明可以实现低成本且能够实现上电保护启动控制从而保障系统上电安全的驱动功能。

JFET串从静止状态到启动过程完成原理如下:

A1. 静态工作(即没有开关动作):此时加在低压MOSFET管M1栅极CJMG处的驱动控制信号未建立或者为关断阈值时,低压MOSFET管M1处于关断状态。此后当直流高压开始上电施加到JFET串两端时,低压MOSFET管M1的漏极和源极电压会上升。辅助低压JFET管JA此时也没有驱动控制信号或驱动控制信号为开通阈值,因此辅助低压JFET管JA漏极和源极呈短路状态，两者的电压差极小，节点 CJG1 和 CJS 两端电压几乎相等，因此当低压 MOSFET 管 M1 的漏极和源极电压上升时，节点 CJS1 电压上升，此时 JFET 管 J1 的栅极和源极电压会减小，节点 CJG1 和 CJS1 电压会下降到 JFET 管 J1 的栅极阈值以下，JFET 管 J1 进入关断过程。此时 JFET 串和低压 MOSFET 管 M1 组成一个完整的 Cascode 结构，通过该电路可以保证 JFET 串处于关断状态，由 JFET 串来承受 JFET 串漏极和源极两端直流高压。

A2. JFET 管 J1 开始关断后，电阻电容 R1C1 串联回路两端 CJG2 和 CJG1 电压也随之上升，而二极管 DF1 必然反向截止；虽然 JFET 管 J1 漏极和源极两端电压与 R1C1 串联回路两端电压的上升率不同，但在该模式下，最终的电压状态由静态均压电阻 RF1～RF6 决定，因为 JFET 管的漏电流相对静态均压电阻的流通电流很小，节点 CJG2～CJG6 将会继续被钳位，保证各 JFET 管的承受耐压在器件额定值范围内。事实上，该 JFET 串静态均压电阻的流通电流都是微安级，因此其静态损耗极低，可以忽略不计。

A3. 在确定该 JFET 串无短路情况，并确保驱动脉冲信号 PGJ 为闭锁信号后，控制电路开始启动以输出各个驱动信号，首先驱动控制信号 PGJA 将延迟输出闭锁信号，然后驱动控制信号 PGM 将延迟输出常导通信号，此后，驱动脉冲信号 PGJ 就可以输出为正常的工作脉冲信号，整个电路开始正常运行，实现 JFET 串的正常切换动作。

上述电路在正常运行期间的工作原理，具体分为正常关断过程、正常硬开关开通过程以及正常软开关开通过程。

B. JFET 串正常关断过程：此时加在 CJMG 的驱动控制信号例如为 -18V，该值小于低压 MOSFET 管 M1 的栅极阈值，因此低压 MOSFET 管 M1 进入常导通状态，而此时突加在节点 CJG1 的工作脉冲信号例如为 -18V，此值小于 JFET 管 J1 的栅极阈值，因此 JFET 管 J1 进入关断过程。实际电路关断过程开始后，JFET 串的 CJD 和 CJS 之间必然承受一定高压直流电压，因此 CJS2 和 CJS1 两端电压将会首先上升；此时 JFET 管 J1 通道中部分电流转移至 R1C1 串联回路，电阻 RF1 由于阻值很大而可以忽略流通电流，因此 CJG2 和 CJG1 两端电压必然也随之上升，二极管 DF1 必然反向截止；由于 CJS2 和 CJS1 两端电压的上升率小于 CJG2 和 CJG1 电压的上升率（JFET 管 J1 漏极和源极的输出电容值比电容 C1 值大），因此，当 CJS2 和 CJS1 两端电压上升至一定数值时，CJG2 和 CJG1 电压上升至 CJS2 和 CJS1 两端电压与 JFET 管栅极阈值电压之和，CJG2 和 CJS2 两端电压差变为小于 JFET 管的栅极阈值电压，JFET 管

J2 开始关断过程，随后 CJS3 和 CJS2 两端电压开始上升，CJG3 和 CJG2 电压也同步上升；相同原理，JFET 管 J3 也开始关断过程；JFET 管 J3~J6 的关断过程类似，整个关断过程无须常规 Cascode 结构 MOSFET 的击穿，各器件关断是个渐进过程。因为正常的开关频率比较高，在每个开关周期很短的时间内，CJG2~CJG6 各节点的电势不会变化很大，此时 CJG2~CJG6 各节点的电势由合理设置电容 C1~C5 数值来控制的电压上升率维持。

C. JFET 串正常硬开关开通过程：当开通信号刚加到 CJG1 时，R1C1 串联回路的电容 C1 还未开始放电，二极管 DF1 逆向截止，此时所有 JFET 管截止状态不受影响。由于 JFET 管 J1 的栅极接受驱动正脉冲，因此，JFET 管 J1 的输出电容开始通过 JFET 管 J1 通道放电，CJS2 和 CJS1 两端电压开始下降。由于 R1C1 串联回路的电容 C1 仍未放电，节点 CJG2 的相对电势保持不变，随着 CJS2 和 CJS1 两端电压下降，节点 CJS2 的电势下降，CJG2 和 CJS2 两端电压差变为大于 JFET 管的栅极阈值电压，JFET 管 J2 开始缓慢导通，CJS3 和 CJS2 两端电压开始下降，此时 R1C1 串联回路的电容 C1 通过 JFET 管 J2 的栅极放电，相当于输出 JFET 管 J2 驱动正脉冲。

随着 JFET 管 J2 开通，JFET 管 J2 的输出电容开始通过 JFET 管 J2 通道放电，CJS3 和 CJS2 两端电压开始下降。由于 R2C2 串联回路的电容 C2 仍未放电，节点 CJG3 的相对电势保持不变，随着 CJS3 和 CJS2 两端电压下降，节点 CJS3 的电势下降，CJG3 和 CJS3 两端电压差变为大于 JFET 管的栅极阈值电压，JFET 管 J3 开始缓慢导通，此时 R2C2 串联回路的电容 C2 通过 JFET 管 J3 的栅极放电，相当于输出 JFET 管 J3 驱动正脉冲。

JFET 管 J4~J6 采用完全类似的开通过程，所有器件的整体过程是相关交叉，仅是依次相差一个小的延时（20~50ns），其依次开通的先后延时由电阻电容串联回路的电容控制。

当所有器件都开通后，加到 JFET 串的栅极 CJG1 的驱动信号通过二极管 DF1~DF5 钳位各 JFET 管的栅极电压，保证所有 JFET 管的栅极都处于栅极阈值电压以上，都能完全导通，并以此来减少导通电阻。

D. JFET 串正常 ZVS 软开关开通过程：ZVS 软开关开通过程和硬开关开通过程的区别在于，此时 JFET 串的栅极 CJG1 没有驱动正脉冲信号，且此时电流的方向相反。具体原理如下：

此时 JFET 串的栅极 CJG1 无驱动正脉冲信号，R1C1 串联回路的电容 C1 还未开始放电，二极管 DF1 逆向截止，此时所有 JFET 管截止状态不受影响。

由于电流的方向相反，因此，该反向电流对 JFET 管 J1 的输出电容放电，CJS2 和 CJS1 两端电压开始下降。由于 R1C1 串联回路的电容 C1 仍未放电，节点 CJG2 的相对电势保持不变，随着 CJS2 和 CJS1 两端电压下降，节点 CJS2 的电势下降，CJG2 和 CJS2 两端电压差变为大于 JFET 管的栅极阈值电压，JFET 管 J2 开始缓慢导通，CJS3 和 CJS2 两端电压开始下降，此时 R1C1 串联回路的电容 C1 通过 JFET 管 J2 的栅极放电，相当于输出 JFET 管 J2 驱动正脉冲。

随着 JFET 管 J2 开通，JFET 管 J2 的输出电容开始通过 JFET 管 J2 通道放电，同时反向电流也对 JFET 管 J2 的输出电容放电，CJS3 和 CJS2 两端电压开始下降。由于 R2C2 串联回路的电容 C2 仍未放电，节点 CJG3 的相对电势保持不变，随着 CJS3 和 CJS2 两端电压下降，节点 CJS3 的电势下降，CJG3 和 CJS3 两端电压差变为大于 JFET 管的栅极阈值电压，JFET 管 J3 开始缓慢导通，此时 R2C2 串联回路的电容 C2 通过 JFET 管 J3 的栅极放电，相当于输出 JFET 管 J3 驱动正脉冲。

JFET 管 J4～J6 采用完全类似的开通过程，所有器件的整体过程是相关交叉，仅是依次相差一个小的延时，该依次开通的先后延时由电阻电容串联回路的电容和反向电流大小控制。

当所有器件都开通后，虽然 JFET 管 J1 的栅极没有驱动正脉冲信号，但反向电流可以短时走 JFET 管相应的寄生二极管，仅是相应的电压压降较大，即损耗大，而 JFET 管 J2～J6 的栅极都处于"0"电位，因此 JFET 管 J2～J6 的栅极电压都在栅极阈值电压以上，都能完全导通，该过程中 JFET 管 J2～J6 无须相应的并联二极管参与导通。正常运行期间，经过短时的死区时间后，JFET 管 J1 栅极会施加驱动正脉冲，实现同步整流模式，反向电流可以由寄生二极管转入 JFET 管 J1 的通道，以此来减小导通压降。

图 2 为开关串正常运行时的驱动脉冲信号的波形示意图。本发明的驱动脉冲信号 PGJ 在正常运行时输出为正常的工作脉冲信号，其包括加速开通阶段 P1、正常导通阶段 P2 以及正常关断阶段 P3。加速开通阶段 P1 的持续时间比正常导通阶段 P2 的持续时间短，并且在加速开通阶段 P1 的脉冲信号电压高于在正常导通阶段 P2 的脉冲信号电压，从而在利用高电压加速开关管串的开通过程的同时，较短的持续时间又能保证开关管串中各开关管的栅极和源极间不会流通很大电流导致发热严重。正常导通阶段 P2 的脉冲电压设置为能够抵消开关管串中开关管栅极驱动电路中的二极管的正向压降，保证开关管

串中各个开关管都可以正常导通。

具体原理为：正常情况下，JFET 管的栅极阈值电压为 −13～−6V，因此，常规 Cascode 结构 JFET 管的栅极驱动正脉冲峰值为"0V"。但本发明的 JFET 串的驱动电路是通过二极管钳位各 JFET 管栅极电位，由于在二极管和 JFET 管通道上有一定的压降，因此，JFET 管的标号越大，其栅极的驱动电压峰值会越小，导致该 JFET 管导通电阻较大（即导通损耗较大），甚至会导致该 JFET 管不能正常导通，因为其节点电压可能小于 JFET 管栅极阈值。本发明中工作脉冲信号的最后稳态电压设定为 3V，该值可以保证 JFET 管栅极和源极间不会产生额外驱动损耗，又能抵消二极管的压降，保证 JFET 管都可以正常导通。在加速开通阶段 P1，工作脉冲信号的脉冲峰值设定为例如 10V，但脉冲时间控制在例如 100ns 以内，既能保证 JFET 管栅极和源极间不会流通很大电流导致发热严重，又能利用高电压加速 JFET 串的开通过程。

图 3 为根据本发明第二实施例所示的驱动电路结构示意图，其与图 1 所示的第一实施例所不同的结构在于除第一个 JFET 管的驱动电路外的其余 JFET 管的驱动电路。其中，低压常断型开关管仍然可以采用低压 MOSFET 管 M1 构成，端点 1 为 JFET 串的源极与其他电路的连接点，辅助低压常闭型开关管仍然可以采用低压 JFET 管 JA 构成。除了 JFET 管 J1 的驱动电路，该第二实施例中的其余 JFET 管均采用相同的驱动电路，图 3 中示意性地示出了 JFET 管 J2 的驱动电路与 JFET 管 J3 的驱动电路，驱动电路的输出端分别连接对应的 JFET 管的栅极，驱动电路的输入端共同连接到 JFET 串的源极。JFET 管 J2 的驱动电路包括并联的可为二极管串的二极管 DF1 和电阻电容 R1C1 串联回路，二极管 DF1 的阳极以及电阻电容 R1C1 串联回路的一端连接成第一节点，第一节点为驱动电路的输入端，二极管 DF1 的阴极以及电阻电容 R1C1 串联回路的另一端连接成第二节点，第二节点为驱动电路的输出端。JFET 管 J3 的驱动电路包括并联的可为二极管串的二极管 DF2 和电阻电容 R2C2 串联回路，二极管 DF2 的阳极以及电阻电容 R2C2 串联回路的一端连接成第一节点，第一节点为驱动电路的输入端，二极管 DF2 的阴极以及电阻电容 R2C2 串联回路的另一端连接成第二节点，第二节点为驱动电路的输出端。并且最后一个 JFET 管的驱动电路与开关管串的漏极之间设置有并联的二极管和电阻电容串联回路（未示出）。上述电路的控制原理与图 1 所示的第一实施例的控制原理相同，因此不再赘述。另外，除了图 1 和图 3 所示的结构，上述除了第 1 个常闭型开关管之外的其余常闭型开关管的驱动电路还可以替换为本领域中常规

的常闭型开关管串的各种其他驱动电路结构，其作用为用于跟随第1个常闭型开关管的导通和关断而随之导通和关断开关管串中其余开关管。

JFET串保护电路，即过流或短路保护控制电路如图4所示，其工作原理如下：

在JFET串正常运行的情况下，低压MOSFET管M1的驱动控制信号为常导通信号，此时低压MOSFET管M1等效为一个小电阻。如图4所示，通过监测低压MOSFET管M1的漏极和源极电压，即节点CJS1和CJS两端电压，就能实现过流或短路故障判断。

低压MOSFET管M1的漏极和源极电压连接电压采样模块，电压采样模块的输出端经过信号处理模块连接至比较模块的输入端，比较模块的另一个输入端输入预设值，比较模块的输出端输出封锁脉冲信号至控制电路的输入端，控制电路分别输出驱动控制信号PGJA、驱动脉冲信号PGJ以及驱动控制信号PGM。

具体电路如图4所示，低压MOSFET管M1的漏极与源极两端连接例如为分压电阻等的电压采样电路（未示出），电压采样电路的输出端经由模拟滤波电路U1和整流电路U2构成的滤波整流电路连接至例如为高速运算放大器的比较器U3的一个输入端，例如为负输入端，比较器U3的例如为正输入端的另一个输入端输入预设值，该预设值可为最大电流阈值。当检测到低压MOSFET管M1漏源极电压大于预设值时，比较器U3的输出端输出指示短路或过流故障的封锁脉冲信号至控制电路的输入端。控制电路分别输出驱动控制信号PGJA、驱动脉冲信号PGJ以及驱动控制信号PGM。控制电路可由CPLD构成，也可由模拟电路或者其他数字处理芯片构成。控制电路包括接收封锁脉冲信号的端子，封锁脉冲信号经过数字滤波电路U4和整形电路U5处理后，最后输出最终的封锁脉冲信号。该最终的封锁脉冲信号直接和各驱动控制信号或者驱动脉冲信号经由逻辑操作电路U6进行与操作。当封锁脉冲信号有效时，控制电路最终可输出直接关断JFET串的驱动脉冲信号、关断低压MOSFET管M1的驱动控制信号和关断辅助低压JFET管JA的驱动控制信号。其中控制电路可以根据指示启动上电的信号以及指示短路或过流故障的封锁脉冲信号来输出驱动控制信号PGJA，根据指示启动上电的信号、指示短路或过流故障的封锁脉冲信号以及指示所述开关管串的正常切换的信号PGJ_in来输出驱动脉冲信号PGJ，根据指示启动上电的信号以及指示短路或过流故障的封锁脉冲信号来输出驱动控制信号PGM。

上述实施例是取 $N$ 为 6 时的情况，当然 $N$ 也可为其他不小于 1 的正整数，具体数字根据实际的情况，例如实际应用电路所需要承载的功率以及构成开关管串的常闭型开关管的漏源极额定电压来进行设定。

本发明不仅有效地控制了成本，还实现了完整的器件保护和启动过程控制，非常适合于高压、高温、高功率密度电力电子变压器领域。

以上所述仅是本发明的优选实施方式，应当指出，对于本领域的技术人员来说，在不脱离本发明技术原理的前提下，还可以作出若干改进和变形，这些改进和变形也应视为本发明的保护范围。

# 说 明 书 附 图

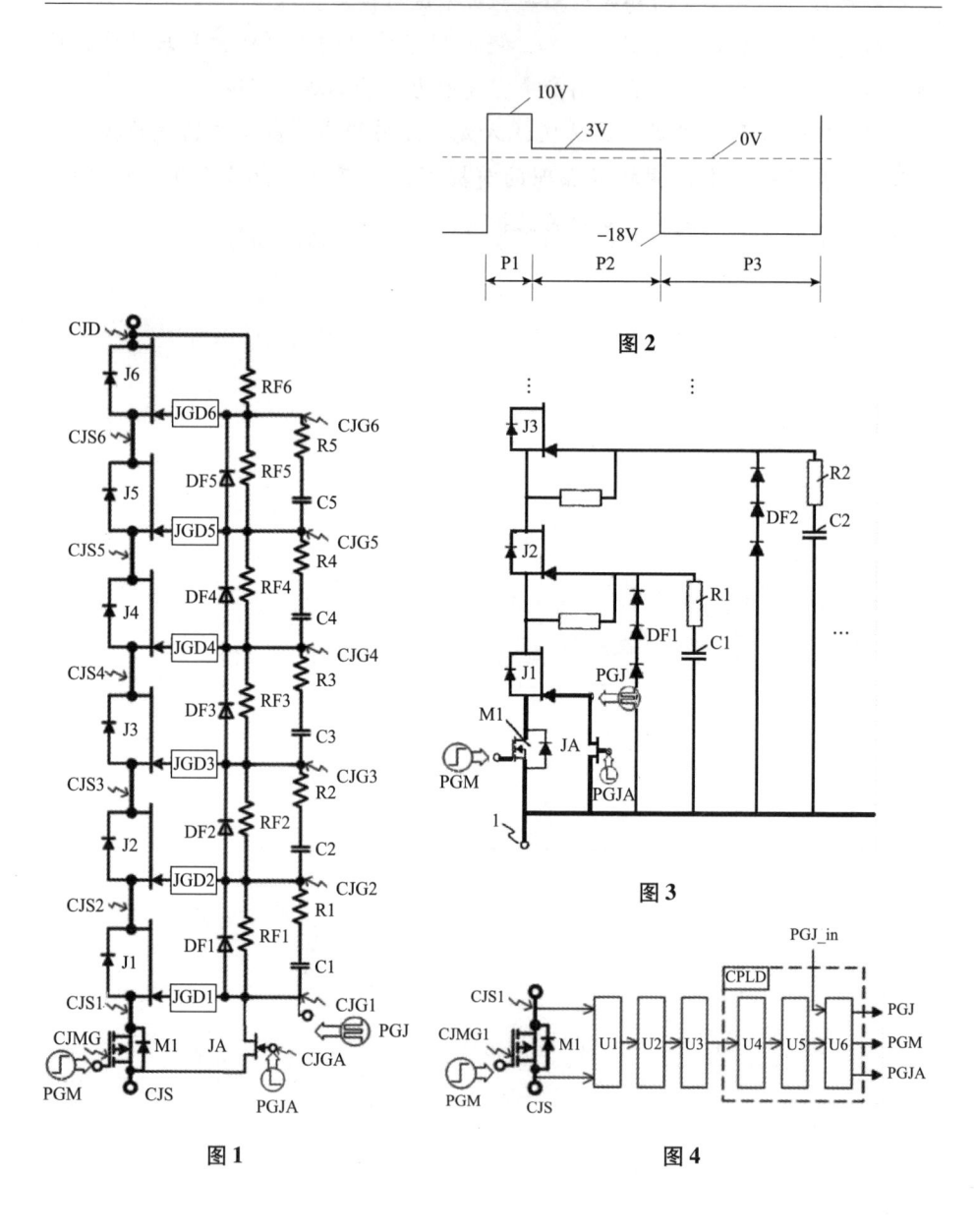

图 2

图 1

图 3

图 4

## 说 明 书 摘 要

本发明提供一种常闭型开关管串的驱动电路和方法。该驱动电路包括低压常断型开关管（M1），其与常闭型开关管串中的开关管串联连接；对应于常闭型开关管串中第1个开关管的第1个驱动电路包括源极与开关管串的源极连接、漏极作为输出端连接至第1个开关管的栅极的辅助低压常闭型开关管（JA）。其中，辅助低压常闭型开关管（JA）的栅极输入信号PGJA，第1个驱动电路的输出端连接开关管串的驱动信号PGJ，低压常断型开关管（M1）的控制端输入信号PGM。在启动上电时，信号PGJA为导通信号或者没有信号，信号PGJ为闭锁信号或者没有信号，信号PGM为关断信号或者没有信号；在正常运行时信号PGJA为关断信号，信号PGJ为工作脉冲信号，信号PGM为导通信号。

◎ 电力领域专利申请文件撰写常见问题解析

# 摘 要 附 图

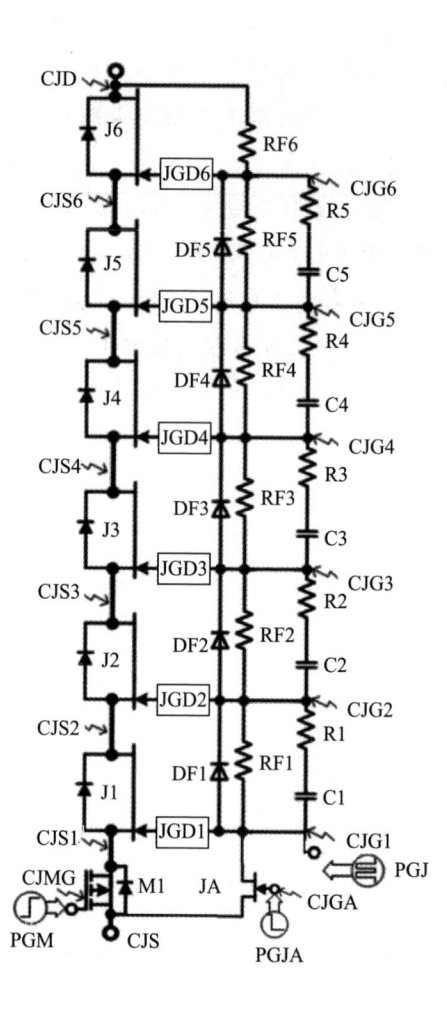

# 第 9 章　电力新业态领域

本章以"一种电力系统优化调度方法及其装置"为例,介绍根据技术交底书撰写电力新业态领域的专利申请的一般思路。在本发明中,通过对发明人的技术交底书中的技术内容的理解,挖掘非技术性内容与具体应用领域之间的关联关系,使之构成专利法意义上的技术方案,扩展关键技术内容及其实施例,以完善技术交底书中的技术内容从而形成清楚、完整、发明内容充分公开的说明书,撰写层次分明、范围合理、有运用价值的申请文件。

## 9.1　创新成果的分析

发明人提交的技术交底书如下:

随着中国可再生能源装机规模的不断增大,大量的风力发电站和光伏发电站被投入电网的能源消纳。但是,风电和光伏发电往往具有很强的随机性,单独并网会对电网造成很大的冲击,不利于电网的稳定运行。在电力市场环境下,风电场的市场活动具有很大的风险性,其实际发电量往往与竞标电量存在偏差,从而遭受不平衡惩罚,因而在与传统发电厂的竞争中处于劣势。

发明人针对现有技术中的上述缺陷,提出一种虚拟电厂优化调度方案,使可再生能源发电联合传统发电及储能形式以虚拟电厂的形式参与大电网和电力市场的运行,提高可再生能源发电的经济收益。具体方案包括如下步骤:

步骤 1:输入经济调度优化的相关参数,包括电价、风机出力的预测数据、市场合约参数、惩罚参数、燃气轮机和抽水蓄能电站参数;

步骤 2:构造虚拟电厂经济调度模型;

步骤 3:采用智能优化算法求解并输出结果。

其中构造虚拟电厂经济调度模型具体包括:

1）构建优化目标函数：建立以利润最大化为目标函数的经济调度模型，该目标函数为：

$$\max \sum_{s=1}^{n_s} \sum_{w=1}^{M} \sum_{t=1}^{T} \pi(s)(R_t - C_t)$$

$$R_t = H_t h + D_t \lambda_t^s$$

$$C_t = B_t \alpha \lambda_t^s + \sum_{i=1}^{n_i}(K_{t,i}k_i + p_i + \sum_{j=1}^{n_j} q_i^j gt_{t,i}^j + \sum_{j=1}^{n_j} gt_{t,i} \sum_{m=1}^{n_m}(ve_i^m + v_i^m))$$

其中，$T$ 为总时段数；$n_s$ 为电价的总方案数；$M$ 为风机出力的总方案数；$\pi(s)$ 为第 $s$ 组电价方案的概率；$R_t$ 为 $t$ 时段的收益；$C_t$ 为 $t$ 时段的成本；决策变量 $H_t$、$D_t$ 分别为 $t$ 时段按合约要求输送的电能和向日前市场计划输送的电能；$h$ 为合约电价；$\lambda_t^s$ 为第 $s$ 组方案中 $t$ 时段的电价；$B_t$ 为购电量；$\alpha$ 为购电变量系数；$n_i$ 为可分配发电机组数；$k_i$ 为机组 $i$ 的动作成本；布尔变量 $K_{t,i}$ 表示 $t$ 时刻机组 $i$ 是否动作，若是则置1，否则置0；将 DG 常用的机组二次成本函数分段线性化，$n_j$ 为分段数，$p_i$ 为机组 $i$ 的固定成本，$q_i^j$ 为机组 $i$ 第 $j$ 段的斜率，$gt_{t,i}^j$ 为第 $j$ 段的发电量，$gt_{t,i}$ 为 $t$ 时段机组 $i$ 的发电量；$n_m$ 为第 $m$ 项电价方案；$ve_i^m$ 为机组 $i$ 所产生的第 $m$ 项污染物的环境价值；$v_i^m$ 为机组 $i$ 所产生的第 $m$ 项污染物的惩罚系数。

2）构建约束条件，包括：电源出力的上下限约束、电源出力的爬坡约束、远期合同约束。

① 燃气轮机的约束条件：

$$work_{t,i}, K_{t,i}, on_{t,i}, off_{t,i} \in \{0,1\}$$

$$on_{t,i} + off_{t,i} = K_{t,i}$$

$$K_{t,i} = |work_{t,i} - work_{t-1,i}|$$

$$gt_{i,\min} work_{t,i} \leq gt_{t,i} \leq gt_{i,\max} work_{t,i}$$

$$-ramp_i^d \leq gt_{t,i} - gt_{t-1,i} \leq ramp_i^u$$

其中，布尔变量 $work_{t,i}$ 表示 $t$ 时刻机组 $i$ 是否工作，若是则置1，否则置0；布尔变量 $on_{t,i}$ 表示 $t$ 时刻机组 $i$ 是否启动，若是则置1，否则置0；$off_{t,i}$ 表示 $t$ 时刻机组 $i$ 是否关闭，若是则置1，否则置0；布尔变量 $K_{t,i}$ 表示 $t$ 时刻机组 $i$ 是否发生状态变化，若是则置1，否则置0；$gt_{i,\max}/gt_{i,\min}$ 表示机组 $i$ 的最大/小发电量；$ramp_i^u/ramp_i^d$ 表示机组 $i$ 的向上/向下爬坡率。

② 抽水蓄能电站的约束条件：

初始时刻抽水蓄能电站储能 $E_1$ 为0，将 $t$ 时段抽水蓄能电站的蓄水量等

效为蓄电量 $E_t$，决策变量 $in_t$ 和 $out_t$ 分别表示蓄入和放出的电能，$E_{max}$ 表示最大蓄电量，$E_c$ 表示最大蓄入电量，$E_d$ 表示最大放出电量，则有：

$$E_t + in_t \leq E_{max}$$
$$out_t \leq E_{t-1}$$
$$in_t \leq E_c, out_t \leq E_d$$
$$E_t - E_{t-1} = in_t - out_t$$

③ 远期合同的约束条件：

$$(1-z)H_t \leq H'_t \leq (1+z)H_t$$
$$\sum_{t=1}^{T} H_t = \sum_{t=1}^{T} H'_t$$

其中，$z$ 为合约允许的偏差系数，$z \in [0, 1]$；决策变量 $H'_t$ 表示满足合约要求输送的实际电量。

本发明能够达到的有益效果：提高电厂的经济收益。

## 9.1.1 创新成果的理解

### 9.1.1.1 发明创造是否属于专利法保护的客体

通过阅读上述技术交底书可知，本发明涉及一种虚拟电厂优化调度方案，其所要解决的问题是"提高可再生能源发电的经济收益"，这是市场交易问题，不属于技术问题。为了解决该问题，其所采用的具体手段是：输入相关参数、构建虚拟电厂经济调度模型、基于算法求解并输出结果。该解决方案中，虽然目标函数中包含了诸如发电机组数、发电量等技术性参数，约束条件中也包括燃气轮机参数、抽水蓄电站参数等技术性参数，但是，在"构造虚拟电厂经济调度模型"的过程中其主要考虑的是如何提高经济收益，在"构建优化目标函数"的过程中考虑了收益、惩罚系数、市场合约要求等非技术因素，因此该构造虚拟电厂的过程整体上并不受自然规律约束。即该方案包含未采用符合自然规律的非技术手段。且采用该方案所获得的效果是"提高电厂的经济收益"，这属于经济效果，而非技术效果。因此按照目前技术交底书的记载，该方案整体上不属于《专利法》第2条第2款所说的技术方案。

面对这样的发明，首先应当思考该方案是否存在可进一步补充和挖掘的技术内容，结合这些技术内容使得方案整体上采用技术手段、解决技术问题、获得技术效果,使其构成《专利法》第2条第2款所说的技术方案。

经与发明人沟通得知,本发明提出的方案实质上兼顾了"经济效益"和"电网安全稳定"。因为经济调度的最优解很有可能违反电网的潮流约束,给线路带来过负荷、节点电压越界等问题,给电网的安全运行造成危害,因此,本发明在虚拟电厂的调度过程中,还考虑了电网的安全约束,其最终效果是在保证电网稳定的同时提高经济效益。就是说,在步骤2之后实际上还考虑并执行了电网安全约束步骤(为清楚起见标记为步骤4),关于安全约束的相关内容,具体如下:

步骤4:输入安全调度优化的相关参数,包括配电网网架参数、潮流约束参数,并构造虚拟电厂安全调度模型,该安全调度模型和上述虚拟电厂经济调度模型共同构成本发明的混合整数线性规划模型。该模型的约束条件包括节点功率约束、潮流方程约束、线路及节点容量约束。

1)确定基尔霍夫定律约束:

$$P_{i,t}(\theta_{i,t}, V_{i,t}) - P_{g,i,t} + P_{d,i,t} = 0$$
$$Q_{i,t}(\theta_{i,t}, V_{i,t}) - Q_{g,i,t} + Q_{d,i,t} = 0$$

其中,$V_{i,t}$为$t$时刻节点$i$的电压幅值;$\theta_{i,t}$为$t$时刻节点$i$的电压相角;$P_{i,t}$为$t$时刻节点$i$的注入有功功率;$P_{g,i,t}$为$t$时刻节点$i$上DG发出的总有功功率;$P_{d,i,t}$为$t$时刻节点$i$消耗的有功功率;$Q_{i,t}$为$t$时刻节点$i$的注入无功功率;$Q_{g,i,t}$为$t$时刻节点$i$上DG发出的总无功功率;$Q_{d,i,t}$为$t$时刻节点$i$消耗的无功功率。

2)确定潮流方程约束:

$$P_{g,i,t} - P_{d,i,t} = \sum_j |V_{i,t}||V_{j,t}||Y_{ij}|\cos(\delta_{ij} + \theta_{j,t} - \theta_{i,t})$$
$$Q_{g,i,t} - Q_{d,i,t} = -\sum_j |V_{i,t}||V_{j,t}||Y_{ij}|\sin(\theta_{ij} + \delta_{j,t} - \delta_{i,t})$$

其中,$V_{i,t}$为$t$时刻节点$i$的电压幅值;$Y_{ij}$为节点导纳矩阵元素的幅值;$\delta_{ij}$为节点$i$到节点$j$之间线路导纳的相角;$\theta_{i,t}$为$t$时刻节点$i$的电压相角;$\theta_{j,t}$为$t$时刻节点$j$的电压相角。

3)确定节点$ij$间线路的视在功率约束:

$$S_{ij,t}(\theta_{i,t}, V_{i,t}) \leq S_{ij}^{\max}$$

其中,$S_{ij,t}$为$t$时刻节点$i$到节点$j$之间的视在功率;$S_{ij}^{\max}$为节点$i$和节点$j$之间的线路容量。

4)确定配网与主网连接点的容量约束:

$$S_{GSP,t} \leq S_{GSP}^{\max}$$

其中，$S_{GSP,t}$ 为 $t$ 时刻在公共连接点配网与主网交换的视在功率；$S_{GSP}^{\max}$ 表示在公共连接点配网与主网交换的视在功率上限。

5）确定节点容量约束：

$$V_i^{\min} \leqslant V_{i,t} \leqslant V_i^{\max}$$

其中，$V_{i,t}$ 为配电网 $t$ 时刻节点 $i$ 的电压幅值；$V_i^{\min}$ 为节点 $i$ 允许的最小电压值；$V_i^{\max}$ 为节点 $i$ 允许的最大电压值。

基于上述补充的内容，该安全调度模型中具体涉及的基尔霍夫定律约束、潮流方程约束、视在功率约束、容量约束均属于符合自然规律的技术手段；该安全调度模型与前述技术交底书中的经济调度模型共同作用，解决了电网安全运行的问题，这属于技术问题；实现了保证电网稳定的效果，这属于技术效果。因此，包含上述技术内容的该解决方案整体上属于《专利法》第 2 条第 2 款所说的技术方案。

### 9.1.1.2　发明对现有技术作出的改进及新颖性和创造性的初步判断

经过检索发现，关于现有技术中的兼顾经济调度和安全调度的风电场优化调度，最接近的现有技术公开：为了解决线路过负荷以及节点电压越界等问题，增加了线路功率约束和节点电压约束的安全约束条件。因此，当前技术交底书中的内容不能突出本发明对现有技术实质上的改进，本发明相对于现有技术不具备《专利法》第 22 条第 3 款规定的创造性。

经过进一步的深入沟通，本发明在构建安全调度模型中，为了确保电网的稳定性还具体设定了一个优化目标：使安全调度最优解与经济调度最优解的离差最小。具体如下：

使安全调度最优解与经济调度最优解的离差最小的具体目标函数如下：

$$\min \sum_{t=1}^{T} |gt'_{t,i} - gt_{t,i}| + |in'_t - in_t| + |out'_t - out_t| + |B'_t - B_t|$$

其中，$T$ 为总时段数；$gt_{t,i}$ 为燃气轮机 $i$ 在 $t$ 时段经济调度模型下求得的出力值；决策变量 $gt'_{t,i}$ 为燃气轮机 $i$ 在 $t$ 时段安全调度模型下求得的出力最优解；$in_t$ 为抽水蓄能电站在 $t$ 时段在经济调度模型下求得的蓄能电量；决策变量 $in'_t$ 为抽水蓄能电站在 $t$ 时段安全调度模型下求得的蓄能最优解；$out_t$ 为抽水蓄能电站在 $t$ 时段在经济调度模型下求得的发电量；决策变量 $out'_t$ 为抽水蓄能电站在 $t$ 时段安全调度模型下求得的发电最优解；$B_t$ 为电厂在 $t$ 时段在经济调度模型下求得的向平衡市场提交的计划购电量；决策变量 $B'_t$ 为电厂在 $t$

时段在安全调度模型下求得的向平衡市场提交的修正后的购电量。

基于该目标函数,本发明的方案能够提高电网运行的稳定性。该目标函数作为上述安全约束的部分内容,应当补充在步骤4中,作为安全调度的约束条件。通过使安全调度最优解与经济调度最优解的离差最小,本发明相对于上述现有技术解决了提高电网运行的稳定性的技术问题,且这样的技术手段没有被其他现有技术公开或给出启示,也不属于所属技术领域的公知常识。基于此,可以初步判断本发明相对于目前的现有技术具备新颖性和创造性。

### 9.1.1.3 现有技术交底书的分析

(1) 发明的原理是否清晰、关键技术手段是否描述清楚、技术方案是否公开充分

本发明的原理是在兼顾经济调度和安全调度的基础上使安全调度最优解与经济调度最优解的离差最小,其在经济调度模型的目标函数中涉及风机出力,但是在接下来的约束条件中均未涉及风机出力相关内容,那么该目标函数能否实现?同时,技术交底书中提到采用智能优化算法求解,但是,是否所有的智能优化算法都适合本发明的模型?由于目标函数及其算法都关系到求解结果,如果只是泛泛地提及而对于关键手段或其中的关键内容未能详细描述,且这部分内容也不属于所属技术领域的技术人员的公知常识,则可能会导致说明书满足不了《专利法》第26条第3款规定的"清楚""完整"以满足所属技术领域的技术人员可以实现的要求。

(2) 是否有实现发明效果的等同实施例和具体技术手段的其他实施方式

目前技术交底书中仅给出一个实施例,应思考是否具有其他等同实施例。

(3) 从专利保护和运用出发,考虑技术方案的应用领域是否能够扩大

目前技术交底书中的技术方案涉及的是虚拟电厂的功率优化调度,应考虑该技术方案是否也适用于其他需要功率调度的场景。

## 9.1.2 发明内容的拓展

### 9.1.2.1 发明的原理以及同发明原理密切联系的关键技术手段和等同实施例的补充

经过上述对技术交底书的梳理和补充,并与发明人充分沟通获得进一步

的补充和挖掘。

1）由于风机出力是经济调度模型的目标函数中的一个重要技术参数，而且优选算法采用布谷鸟算法，所以还需在步骤2中补充关于风机出力的相关约束条件以及在步骤3中补充关于布谷鸟算法的具体内容，如下：

经济调度模型中还包括功率平衡约束条件：

$$W_{t,w} + gt_t + B_t + out_1\mu_1 = H'_t + D_i + \frac{in_t}{\mu_2}$$

其中，$W_{t,w}$ 表示 $t$ 时刻第 $w$ 组风机出力方案，$gt_t$ 表示 $t$ 时刻机组的发电量，$\mu_1$、$\mu_2$ 分别表示发电效率和蓄能效率。

关于布谷鸟算法，假设3个理想化规则以简化对布谷鸟算法的描述：1）每次只在寄生巢中产一个卵；2）具有高质量卵的最好的寄生巢将被保留到下一代；3）认为鸟巢被新鸟巢替换的概率是 $pa$；假设待优化问题的维数是 $N$，鸟巢数目是 $m$，当前迭代次数是 $t$，鸟巢 $i$ 的位置向量 $X_i$ 定义为：$X_i = \{X_{i1}, X_{i2}, \cdots, X_{iN}\}$，$1 < i < m$，一只布谷鸟在一个位于 $N$ 维空间中的 $m$ 个鸟巢中通过不断改变其寻巢路径进行搜索，至此可定义布谷鸟算法的寻巢路径和位置更新公式如下：

$$X_i^{t+1} = X_i^t + \alpha \oplus Levy(\lambda)$$

其中，$X_i^t$、$X_i^{t+1}$ 分别为鸟巢 $i$ 在第 $t$ 次和第 $t+1$ 次迭代的位置向量，$\alpha$ 为步长大于0的常数，$\oplus$ 为点对点乘法，$Levy(\lambda)$ 为莱维连续跳跃路径；

对 $Levy(\lambda)$ 分布函数进行傅里叶变换，简化后得到其幂次形式的概率密度函数：

$$Levy(\lambda) \sim t^{-\lambda}(1 < \lambda \leq 3)$$

其中，$\lambda$ 为幂次系数。

此外，基于原始技术交底书以及上述各补充内容，该方法的具体流程如图9-1所示。

2）虽然在对调度模型进行求解时采用了布谷鸟算法，但实际上，粒子群算法、遗传算法、进化算法等均可实现本发明的模型求解，只是由于布谷鸟算法涉及参数少且处理优化问题时不需要为特殊问题重新匹配参数，所以优选采用布谷鸟算法。

另外，为了配合本发明的优化调度方法以验证其有效性和实用性，在具体实施方式部分还应补充相应试验数据。具体如下：

本测试系统以一座小型风电场、一座小型光电厂、一座抽水蓄能电站、

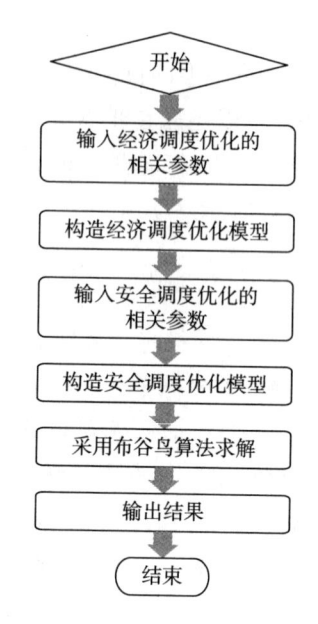

**图 9-1 电厂优化调度方法流程**

一台燃气轮机组成虚拟电厂，选取 IEEE33 节点配电网测试系统作为潮流计算对象。对比方案 1 和方案 2 选取不同的系统安全约束参数，如表 9-1 所示，其中电压基准值取为 12.66kV，功率基准值取为 10MVA。

表 9-1 系统安全约束参数

| 方案名称 | 节点电压上限 | 节点电压下限 | 线路最大传输功率 | 公共连接点最大交换功率 |
| --- | --- | --- | --- | --- |
| 方案 1 | 0.95p. u | 1.05p. u | 1.5p. u | 1p. u |
| 方案 2 | 0.985p. u | 1.015p. u | 1.3p. u | 0.8p. u |

表 9-2 给出了采用本发明提出的布谷鸟算法综合求解经济、安全约束和采用传统内点法的计算结果（以经济调度模型下求取的利润值作为利润基准值）。

表 9-2 布谷鸟算法和传统算法的计算结果比较

| 方法 | 利润 | 计算时间 |
| --- | --- | --- |
| 采用布谷鸟算法综合求解 | 0.76p. u | 3025s |
| 采用内点法求解 | 0.76p. u | 7234s |

由表 9-2 可以看出，取得相同的利润值时，本发明所提出的方法其计算时间大为减少。

图 9-2~图 9-4 分别给出了采用现有技术、方案 1 和方案 2 后，燃气轮

机出力、抽水蓄能电站等效蓄电量以及电力市场购电的调度策略结果。可以看出，相比于现有技术方案，方案1和方案2下的各燃气轮机的发电量、抽水蓄能电站的充放电量以及电力市场的电能交易量均明显减少。对比方案1和方案2，可以看出，方案2下各分布式能源以及市场电能交易量的削减幅度更大。也就是说，考虑安全约束会降低初始调度值以满足安全约束的要求，安全约束越严格，初始调度值的削减量越大。

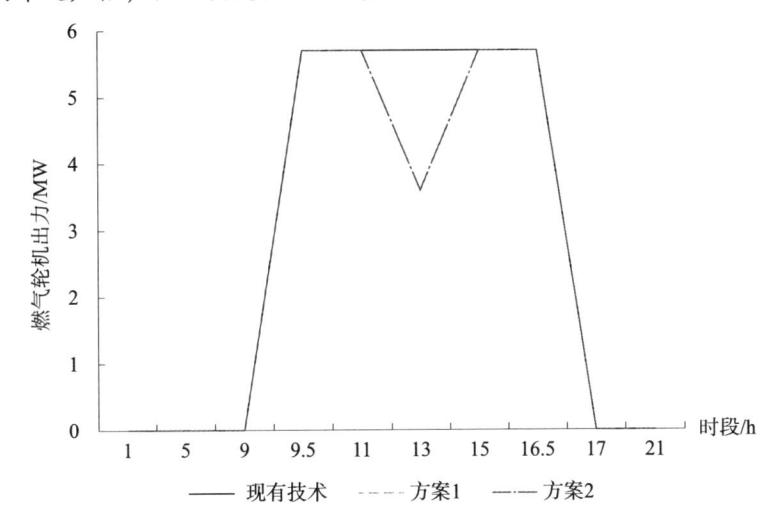

图9-2 燃气轮机出力对比图

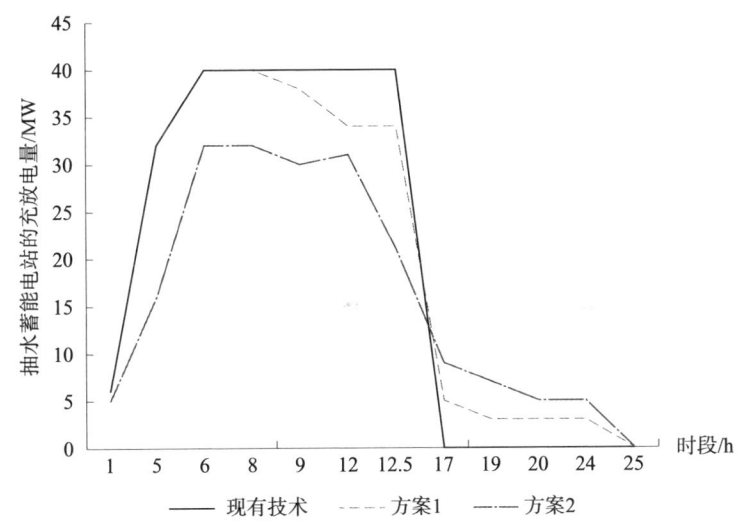

图9-3 抽水蓄能电站的充放电量对比图

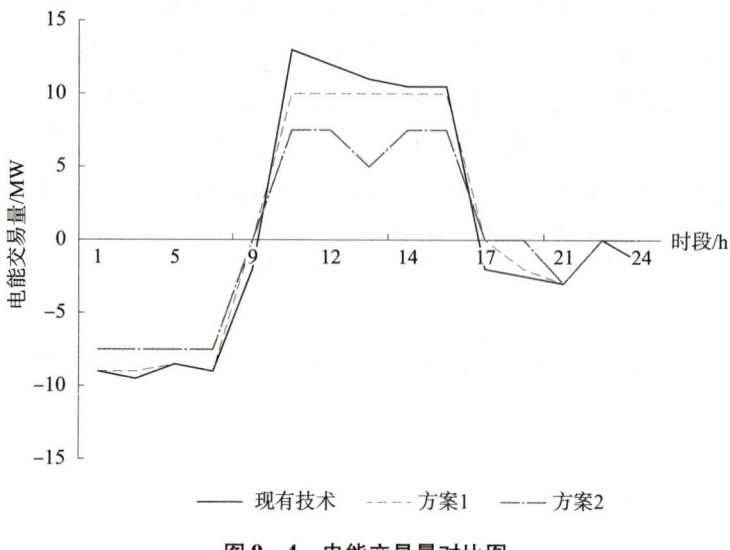

图 9-4 电能交易量对比图

#### 9.1.2.2 对于技术方案的应用领域的考量

虽然技术交底书中的技术方案是用于虚拟电厂的优化调度,但是,除了虚拟电厂的优化调度之外的其他包含风电场的场合,例如区域电网的功率调度、微电网的协调控制等也可以适用此优化调度方法,因此,本发明可应用于电力系统中所有需要功率调配的场合。

### 9.1.3 专利运用的考量

#### 9.1.3.1 权利要求的类型

本发明的改进点主要在于:以安全调度最优解与经济调度最优解的离差最小为优化目标的目标函数。在考虑权利要求类型时,可以考虑产品权利要求和方法权利要求组合,即技术主题一为一种电力系统优化调度方法;技术主题二为一种电力系统优化调度装置。

### 9.1.3.2 权利要求的保护范围

(1) 技术交底书中具有多个实施例时权利要求的合理概括

本发明仅给出了兼顾经济调度和安全调度使安全调度最优解与经济调度最优解的离差最小的一种实施例。如果技术交底书中给出了实现特定技术效果的技术手段有多种实施方式，可以基于这些实施方式给出的技术教导进行上位概括。

(2) 技术交底书中仅给出了技术手段的一种实施方式时的上位概括

本发明虽然只记载了通过布谷鸟算法进行求解的具体方法。但是，实际操作中粒子群算法、遗传算法、进化算法等其他方式也可以实现本发明中的模型求解并达到同样的技术效果，那么在撰写权利要求时应避免将优化算法仅限定为布谷鸟算法。

(3) 避免直接将独立权利要求的技术方案限定于技术交底书中直接提及的应用领域

尽管在本发明的技术交底书中描述的是用于虚拟电厂的优化调度，但经过分析后可知该技术方案还可以用于其他包含风电场的场合，例如区域电网的功率调度、微电网的协调控制等。因此，应避免技术主题一"一种电力系统优化调度装置"和技术主题二"一种电力系统优化调度装置"的权利要求中出现表明该"优化调度方法"和"优化调度装置"只能应用于虚拟电厂的技术特征。

### 9.1.3.3 权利要求的执行主体

具体到本发明，如果权利要求涉及"电力系统"，其中又包含"电力市场交易中心"，则会增加侵权判断的难度，降低专利价值。因此，撰写权利要求的时候，根据执行主体的不同，尽量采用单侧撰写的方式，确保至少有一个主体能构成直接侵权，便于在侵权诉讼中确定侵权人、认定侵权责任。对于本发明，执行主体分为电力系统侧和电力市场交易侧，在撰写权利要求时，如果站在"电力系统"的视角来进行单侧撰写，在侵权诉讼时，专利权人相对比较容易找到侵权产品或侵权行为，也使得在授权许可时，可以覆盖更多的许可对象，例如，所有涉及电力系统的场合均是其潜在的许可对象。

## 9.2 权利要求书的撰写

按照本书第 7 章记载的撰写顺序撰写技术主题一"一种电力系统优化调度方法"和技术主题二"一种电力系统优化调度装置"的权利要求。首先,撰写技术主题一"一种电力系统优化调度方法"的权利要求。其次,由于技术主题二的调度装置与技术主题一的调度方法一一对应,在撰写技术主题二的权利要求时,仅需将步骤特征改为采用结构特征限定的方式即可,在此不再赘述,具体权利要求可参见本章第 9.4 节。

### 9.2.1 列出技术方案的全部技术特征

通过对技术交底书的理解,由于其还可以通过粒子群算法、遗传算法、进化算法等其他方式进行优化求解,那么在撰写权利要求时应避免将优化算法限定为仅通过布谷鸟算法获得。因此,在列出技术特征时,考虑对这些技术特征进行上位概括。另外,撰写权利要求时尽量避免使用自造词。

电力系统优化调度方法包括以下技术特征(为简化起见,此部分的技术特征均采用了简要概括方式,在撰写实际权利要求时,具体输入数据、目标函数、约束条件及其相关参数的具体释义都应当清楚限定,具体参考文本见本章第 9.4 节):

1) 输入经济调度优化的相关参数;
2) 构造经济调度优化的目标函数和约束条件;
3) 输入安全调度优化的相关参数;
4) 构造安全调度优化的约束条件;
5) 构造安全调度优化的目标函数;
6) 采用优化算法求解;
7) 基于求解结果控制风机出力。

### 9.2.2 明确发明要解决的技术问题

对于本发明,其相对于最接近的现有技术的改进点在于:构建安全调度

模型中具体设定了一个优化目标,其具体目标函数为:

$$\min \sum_{t=1}^{T} |gt'_{t,i} - gt_{t,i}| + |in'_t - in_t| + |out'_t - out_t| + |B'_t - B_t|$$

相比较现有技术中的优化调度方法,本发明包含上述目标函数的技术方案通过精确控制风机出力而提高电网运行的稳定性。因而,可以确定本发明所要解决的技术问题为如何提高电网运行的稳定性。

### 9.2.3　确定独立权利要求的必要技术特征

在确定了所要解决的技术问题的基础上,需要确定出前述技术特征1)~7)中哪些技术特征是解决提高电网运行的稳定性这个技术问题的必要技术特征。

本发明中为了提高电网运行的稳定性,首先要构建经济调度优化的目标函数及相关约束条件,然后构建安全调度优化的目标函数及相关约束条件,接着基于这两个目标函数及其约束条件求解,最后基于求解结果执行控制,同时,构建目标函数的前提是输入相关参数,这是一个完整的调度方法必不可少的步骤,因此技术特征1)~7)均是必不可少的,全部属于解决本发明所要解决的技术问题的必要技术特征。

### 9.2.4　撰写独立权利要求

对于本发明,除必要技术特征5),即本发明相对于现有技术的改进之外,其他的必要技术特征1)~4)、6)~7)均记载在检索得到的最接近的现有技术中,因此,技术特征1)~4)、6)~7)应写入前序部分,技术特征5)应写入特征部分。最终撰写的权利要求1如下:

1. 一种电力系统优化调度方法,其具体包括如下步骤:

步骤1. 输入经济调度优化的相关参数;

步骤2. 构造经济调度优化的目标函数和约束条件;

步骤3. 输入安全调度优化的相关参数;

步骤4. 构造安全调度优化的约束条件;

步骤5. 采用优化算法求解;

步骤6. 基于求解结果控制风机出力。

其特征在于：步骤4中还包括构造安全调度优化的目标函数。

### 9.2.5　撰写从属权利要求

在独立权利要求采用"优化算法"进行限定后，不同的优化算法可以作为从属权利要求进一步限定的内容。具体来说，"粒子群算法、遗传算法、进化算法、布谷鸟算法"可以作为对权利要求1中算法的并列选择所作的进一步限定，从而将其作为引用权利要求1的权利要求的附加技术特征，撰写成从属权利要求2。

进一步，由于基于布谷鸟算法的技术方案可进一步解决缩短计算时间的技术问题，所以"布谷鸟算法"的具体内容又可以作为对并列选择的多种算法之一的进一步限定，从而将其作为引用权利要求1或2的权利要求的附加技术特征，撰写成从属权利要求3。

基于上述分析，撰写从属权利要求如下：

2. 根据权利要求1所述的电力系统优化调度方法，其特征在于：步骤5中的算法选自粒子群算法、遗传算法、进化算法、布谷鸟算法中的任一个。

3. 根据权利要求1或2所述的电力系统优化调度方法，其特征在于：步骤5中的算法为布谷鸟算法（具体算法内容参见本章第9.4节）。

## 9.3　说明书及其摘要的撰写

（1）发明或者实用新型的名称

本发明涉及两项独立权利要求，发明名称中应该清楚、简要、全面地反映所要保护的主题"电力系统优化调度方法"和"电力系统优化调度装置"，因此，发明名称可以写为"一种电力系统优化调度方法及其装置"。

（2）发明或者实用新型的技术领域

本发明所属的直接应用的技术领域是电力系统电源调度领域，具体涉及一种电力系统优化调度方法及其装置。

（3）发明或者实用新型的背景技术

本发明中，通过对现有技术的检索得到最接近的现有技术，并且对照现有技术进行了分析，因此背景技术部分可以对该现有技术进行说明，即对电网安全运行的影响进行说明。

(4) 发明或者实用新型的内容

1) 关于要解决的技术问题,现有技术中兼顾经济调度和安全调度的风电场优化调度方法,在一定程度上能够解决风电场安全并网的技术问题,但是经济调度最优解和安全调度最优解很有可能存在较大偏差,容易影响控制决策,进而给电网的安全运行造成危害。本发明所要解决的技术问题是如何提高电网运行的稳定性。因此,在撰写的时候应当清楚地写明"本发明所要解决的技术问题是如何提高电网运行的稳定性"。

2) 关于技术方案,本发明具有两个独立权利要求,应当在此部分说明这两项发明的技术方案,至少应反映包含全部必要技术特征的两个独立权利要求的技术方案。

3) 关于有益效果,应写明本发明的技术方案直接带来的技术效果为:确保电网的稳定运行。

(5) 附图说明

附图说明按照《专利审查指南2010》的要求撰写。

(6) 具体实施方式

为了配合本发明的优化调度方法以验证其有效性和实用性,技术交底书中补充了具体的试验数据,这些均应当在实施例中详细记载以验证本发明获得的技术效果。

(7) 说明书附图

说明书附图按照《专利审查指南2010》的要求撰写。

(8) 说明书摘要

说明书摘要按照《专利审查指南2010》的要求撰写。

## 9.4 发明专利申请的参考文本

在上面工作的基础上,撰写本发明"一种电力系统优化调度方法及其装置"的发明专利申请的参考文本。

## 权 利 要 求 书

1. 一种电力系统优化调度方法，其具体包括如下步骤：

步骤1. 输入经济调度优化的相关参数，包括电价预测数据、风机出力预测数据、市场合约参数、惩罚参数、燃气轮机参数、抽水蓄能电站参数。

步骤2. 构造经济调度优化模型，包括经济调度目标函数和约束条件，其中：

1) 构建以利润最大化为目标函数的经济调度模型，该目标函数为：

$$\max \sum_{s=1}^{n_s} \sum_{w=1}^{M} \sum_{t=1}^{T} \pi(s)(R_t - C_t)$$

$$R_t = H_t h + D_t \lambda_t^s$$

$$C_t = B_t \alpha \lambda_t^s + \sum_{i=1}^{n_i}(K_{t,i}k_i + p_i + \sum_{j=1}^{n_j} q_i^j gt_{t,i}^j + \sum_{j=1}^{n_j} gt_{t,i}^j \sum_{m=1}^{n_m}(ve_i^m + v_i^m))$$

其中，$T$ 为总时段数；$n_s$ 为电价的总方案数；$M$ 为风机出力的总方案数；$\pi(s)$ 为第 $s$ 组电价方案的概率；$R_t$ 为 $t$ 时段的收益；$C_t$ 为 $t$ 时段的成本；决策变量 $H_t$、$D_t$ 分别为 $t$ 时段按合约要求输送的电能和向日前市场计划输送的电能；$h$ 为合约电价；$\lambda_t^s$ 为第 $s$ 组方案中 $t$ 时段的电价；$B_t$ 为购电量；$\alpha$ 为购电变量系数；$n_i$ 为可分配发电机组数；$k_i$ 为机组 $i$ 的动作成本；布尔变量 $K_{t,i}$ 表示 $t$ 时刻机组 $i$ 是否动作，若是则置1，否则置0；将 DG 常用的机组二次成本函数分段线性化，$n_j$ 为分段数，$p_i$ 为机组 $i$ 的固定成本，$q_i^j$ 为机组 $i$ 第 $j$ 段的斜率，$gt_{t,i}^j$ 为第 $j$ 段的发电量，$gt_{t,i}$ 为 $t$ 时段机组 $i$ 的发电量；$n_m$ 为第 $m$ 项电价方案；$ve_i^m$ 为机组 $i$ 所产生的第 $m$ 项污染物的环境价值；$v_i^m$ 为机组 $i$ 所产生的第 $m$ 项污染物的惩罚系数。

2) 构建约束条件包括：电源出力的上下限约束、电源出力的爬坡约束、远期合同约束、功率平衡约束。

① 燃气轮机的约束条件：

$$work_{t,i}, K_{t,i}, on_{t,i}, off_{t,i} \in \{0,1\}$$

$$on_{t,i} + off_{t,i} = K_{t,i}$$

$$K_{t,i} = |work_{t,i} - work_{t-1,i}|$$

$$gt_{i,min} work_{t,i} \leq gt_{t,i} \leq gt_{i,max} work_{t,i}$$

$$-ramp_i^d \leqslant gt_{t,i} - gt_{t-1,i} \leqslant ramp_i^u$$

其中，布尔变量 $work_{t,i}$ 表示 $t$ 时刻机组 $i$ 是否工作，若是则置 1，否则置 0；布尔变量 $on_{t,i}$ 表示 $t$ 时刻机组 $i$ 是否启动，若是则置 1，否则置 0；$off_{t,i}$ 表示 $t$ 时刻机组 $i$ 是否关闭，若是则置 1，否则置 0；布尔变量 $K_{t,i}$ 表示 $t$ 时刻机组 $i$ 是否发生状态变化，若是则置 1，否则置 0；$gt_{i,\max}/gt_{i,\min}$ 表示机组 $i$ 的最大/小发电量；$ramp_i^u/ramp_i^d$ 表示机组 $i$ 的向上/向下爬坡率。

② 抽水蓄能电站的约束条件：

初始时刻抽水蓄能电站储能 $E_1$ 为 0，将 $t$ 时段抽水蓄能电站的蓄水量等效为蓄电量 $E_t$，决策变量 $in_t$ 和 $out_t$ 分别表示蓄入和放出的电能，$E_{\max}$ 表示最大蓄电量，$E_c$ 表示最大蓄入电量，$E_d$ 表示最大放出电量，则有：

$$E_t + in_t \leqslant E_{\max}$$
$$out_t \leqslant E_{t-1}$$
$$in_t \leqslant E_c \quad out_t \leqslant E_d$$
$$E_t - E_{t-1} = in_t - out_t$$

③ 远期合同的约束条件：

$$(1-z)H_t \leqslant H_t' \leqslant (1+z)H_t$$
$$\sum_{t=1}^{T} H_t = \sum_{t=1}^{T} H_t'$$

其中，$z$ 为合约允许的偏差系数，$z \in [0, 1]$；决策变量 $H_t'$ 表示满足合约要求输送的实际电量。

④ 功率平衡约束条件：

$$W_{t,w} + gt_t + B_t + out_t \mu_1 = H_t' + D_i + \frac{in_t}{\mu_2}$$

其中，$W_{t,w}$ 表示 $t$ 时刻第 $w$ 组风机出力方案；$gt_t$ 表示 $t$ 时刻机组的发电量；$\mu_1$、$\mu_2$ 分别表示发电效率和蓄能效率。

步骤 3. 输入安全调度优化的相关参数，包括配电网网架参数、潮流约束参数。

步骤 4. 构造安全调度优化模型，该模型的约束条件包括节点功率约束、潮流方程约束、线路及节点容量约束。

① 确定基尔霍夫定律约束：

$$P_{i,t}(\theta_{i,t}, V_{i,t}) - P_{g,i,t} + P_{d,i,t} = 0$$
$$Q_{i,t}(\theta_{i,t}, V_{i,t}) - Q_{g,i,t} + Q_{d,i,t} = 0$$

其中，$V_{i,t}$ 为 $t$ 时刻节点 $i$ 的电压幅值；$\theta_{i,t}$ 为 $t$ 时刻节点 $i$ 的电压相角；$P_{i,t}$ 为 $t$ 时刻节点 $i$ 的注入有功功率；$P_{g,i,t}$ 为 $t$ 时刻节点 $i$ 上 DG 发出的总有功功率；$P_{d,i,t}$ 为 $t$ 时刻节点 $i$ 消耗的有功功率；$Q_{i,t}$ 为 $t$ 时刻节点 $i$ 的注入无功功率；$Q_{g,i,t}$ 为 $t$ 时刻节点 $i$ 上 DG 发出的总无功功率；$Q_{d,i,t}$ 为 $t$ 时刻节点 $i$ 消耗的无功功率；

② 确定潮流方程约束：

$$P_{g,i,t} - P_{d,i,t} = \sum_j |V_{i,t}||V_{j,t}||Y_{ij}|\cos(\delta_{ij} + \theta_{j,t} - \theta_{i,t})$$

$$Q_{g,i,t} - Q_{d,i,t} = -\sum_j |V_{i,t}||V_{j,t}||Y_{ij}|\sin(\theta_{ij} + \delta_{j,t} - \delta_{i,t})$$

其中，$V_{i,t}$ 为 $t$ 时刻节点 $i$ 的电压幅值；$Y_{ij}$ 为节点导纳矩阵元素的幅值；$\delta_{ij}$ 为节点 $i$ 到节点 $j$ 之间线路导纳的相角；$\theta_{i,t}$ 为 $t$ 时刻节点 $i$ 的电压相角；$\theta_{j,t}$ 为 $t$ 时刻节点 $j$ 的电压相角。

③ 确定节点 $ij$ 间线路的视在功率约束：

$$S_{ij,t}(\theta_{i,t}, V_{i,t}) \leqslant S_{ij}^{\max}$$

其中，$S_{ij,t}$ 为 $t$ 时刻节点 $i$ 到节点 $j$ 之间的视在功率；$S_{ij}^{\max}$ 为节点 $i$ 和节点 $j$ 之间的线路容量；

④ 确定配网与主网连接点的容量约束：

$$S_{GSP,t} \leqslant S_{GSP}^{\max}$$

其中，$S_{GSP,t}$ 为 $t$ 时刻在公共连接点配网与主网交换的视在功率；$S_{GSP}^{\max}$ 表示在公共连接点配网与主网交换的视在功率上限；

⑤ 确定节点容量约束：

$$V_i^{\min} \leqslant V_{i,t} \leqslant V_i^{\max}$$

其中，$V_{i,t}$ 为配电网 $t$ 时刻节点 $i$ 的电压幅值；$V_i^{\min}$ 为节点 $i$ 允许的最小电压值；$V_i^{\max}$ 为节点 $i$ 允许的最大电压值。

步骤 5. 采用优化算法求解。

步骤 6. 基于求解结果控制风机出力。

其特征在于：步骤 4 还包括构建安全调度优化的目标函数，使安全调度最优解与经济调度最优解的离差最小，其目标函数如下：

$$\min \sum_{t=1}^{T} |gt'_{t,i} - gt_{t,i}| + |in'_t - in_t| + |out'_t - out_t| + |B'_t - B_t|$$

其中，$T$ 为总时段数；$gt_{t,i}$ 为燃气轮机 $i$ 在 $t$ 时段经济调度模型下求得的出力值；决策变量 $gt'_{t,i}$ 为燃气轮机 $i$ 在 $t$ 时段安全调度模型下求得的出力最优解；$in_t$ 为抽水蓄能电站在 $t$ 时段经济调度模型下求得的蓄能电量；决策变量 $in'_t$ 为抽水蓄能电站在 $t$ 时段安全调度模型下求得的蓄能最优解；$out_t$ 为抽水蓄能电站在 $t$ 时段经济调度模型下求得的发电量；决策变量 $out'_t$ 为抽水蓄能电站在 $t$ 时段安全调度模型下求得的发电最优解；$B_t$ 为电厂在 $t$ 时段经济调度模型下求得的向平衡市场提交的计划购电量；决策变量 $B'_t$ 为电厂在 $t$ 时段安全调度模型下求得的向平衡市场提交的修正后的购电量。

2. 根据权利要求 1 所述的电力系统优化调度方法，其特征在于：步骤 5 中的算法选自粒子群算法、遗传算法、进化算法、布谷鸟算法中的任一个。

3. 根据权利要求 1 或 2 所述的电力系统优化调度方法，其特征在于：步骤 5 中的算法为布谷鸟算法，其中假设 3 个理想化规则以简化对布谷鸟算法的描述：

1) 每次只在寄生巢中产一个卵；
2) 具有高质量卵的最好的寄生巢将被保留到下一代；
3) 认为鸟巢被新鸟巢替换的概率是 $pa$；假设待优化问题的维数是 $N$，鸟巢数目是 $m$，当前迭代次数是 $t$，鸟巢 $i$ 的位置向量 $X_i$ 定义为：$X_i = \{X_{i1}, X_{i2}, \cdots, X_{iN}\}$，$1 < i < m$，一只布谷鸟在一个位于 $N$ 维空间中的 $m$ 个鸟巢中通过不断改变其寻巢路径进行搜索，至此可定义布谷鸟算法的寻巢路径和位置更新公式如下：

$$X_i^{t+1} = X_i^t + \alpha \oplus Levy(\lambda)$$

其中，$X_i^t$、$X_i^{t+1}$ 分别为鸟巢 $i$ 在第 $t$ 次和第 $t+1$ 次迭代的位置向量，$\alpha$ 为步长大于 0 的常数，$\oplus$ 为点对点乘法，$Levy(\lambda)$ 为莱维连续跳跃路径；

对 $Levy(\lambda)$ 分布函数进行傅里叶变换，简化后得到其幂次形式的概率密度函数：

$$Levy(\lambda) \sim t^{-\lambda}(1 < \lambda \leq 3)$$

其中，$\lambda$ 为幂次系数。

4. 一种电力系统优化调度装置，包括：

经济调度参数输入模块，用于输入经济调度优化的相关参数，包括电价预测数据、风机出力预测数据、市场合约参数、惩罚参数、燃气轮机参数、抽水蓄能电站参数。

经济调度目标函数构建模块，用于构建以利润最大化为目标的目标函数：

$$\max \sum_{s=1}^{n_s} \sum_{w=1}^{M} \sum_{t=1}^{T} \pi(s)(R_t - C_t)$$

$$R_t = H_t h + D_t \lambda_t^s$$

$$C_t = B_t \alpha \lambda_t^s + \sum_{i=1}^{n_i}(K_{t,i} k_i + p_i + \sum_{j=1}^{n_j} q_i^j gt_{t,i}^j + \sum_{j=1}^{n_j} gt_{t,i}^j \sum_{m=1}^{n_m}(ve_i^m + v_i^m))$$

其中，$T$ 为总时段数；$n_s$ 为电价的总方案数；$M$ 为风机出力的总方案数；$\pi(s)$ 为第 $s$ 组电价方案的概率；$R_t$ 为 $t$ 时段的收益；$C_t$ 为 $t$ 时段的成本；决策变量 $H_t$、$D_t$ 分别为 $t$ 时段按合约要求输送的电能和向日前市场计划输送的电能；$h$ 为合约电价；$\lambda_t^s$ 为第 $s$ 组方案中 $t$ 时段的电价；$B_t$ 为购电量；$\alpha$ 为购电变量系数；$n_i$ 为可分配发电机组数；$k_i$ 为机组 $i$ 的动作成本；布尔变量 $K_{t,i}$ 表示 $t$ 时刻机组 $i$ 是否动作，若是则置 1，否则置 0；将 DG 常用的机组二次成本函数分段线性化，$n_j$ 为分段数，$p_i$ 为机组 $i$ 的固定成本，$q_i^j$ 为机组 $i$ 第 $j$ 段的斜率，$gt_{t,i}^j$ 为第 $j$ 段的发电量；$gt_{t,i}$ 为 $t$ 时段机组 $i$ 的发电量；$n_m$ 为第 $m$ 项电价方案；$ve_i^m$ 为机组 $i$ 所产生的第 $m$ 项污染物的环境价值；$v_i^m$ 为机组 $i$ 所产生的第 $m$ 项污染物的惩罚系数。

经济调度约束条件构建模块，用于构建经济调度优化的约束条件，包括：电源出力的上下限约束、电源出力的爬坡约束、远期合同约束、功率平衡约束。

① 燃气轮机的约束条件：

$$work_{t,i}, K_{t,i}, on_{t,i}, off_{t,i} \in \{0,1\}$$
$$on_{t,i} + off_{t,i} = K_{t,i}$$
$$K_{t,i} = |work_{t,i} - work_{t-1,i}|$$
$$gt_{i,\min} work_{t,i} \leq gt_{t,i} \leq gt_{i,\max} work_{t,i}$$
$$-ramp_i^d \leq gt_{t,i} - gt_{t-1,i} \leq ramp_i^u$$

其中，布尔变量 $work_{t,i}$ 表示 $t$ 时刻机组 $i$ 是否工作，若是则置 1，否则置 0；布尔变量 $on_{t,i}$ 表示 $t$ 时刻机组 $i$ 是否启动，若是则置 1，否则置 0；$off_{t,i}$ 表示 $t$ 时刻机组 $i$ 是否关闭，若是则置 1，否则置 0；布尔变量 $K_{t,i}$ 表示 $t$ 时刻机组 $i$ 是否发生状态变化，若是则置 1，否则置 0；$gt_{i,\max}/gt_{i,\min}$ 表示机组 $i$ 的最大/小发电量；$ramp_i^u/ramp_i^d$ 表示机组 $i$ 的向上/向下爬坡率。

② 抽水蓄能电站的约束条件：

初始时刻抽水蓄能电站储能 $E_1$ 为 0，将 $t$ 时段抽水蓄能电站的蓄水量等效为蓄电量 $E_t$，决策变量 $in_t$ 和 $out_t$ 分别表示蓄入和放出的电能，$E_{\max}$ 表示最大蓄电量，$E_c$ 表示最大蓄入电量，$E_d$ 表示最大放出电量，则有：

$$E_t + in_t \leq E_{\max}$$

$$out_t \leqslant E_{t-1}$$
$$in_t \leqslant E_c \, out_t \leqslant E_d$$
$$E_t - E_{t-1} = in_t - out_t$$

③ 远期合同的约束条件：
$$(1-z)H_t \leqslant H'_t \leqslant (1+z)H_t$$
$$\sum_{t=1}^{T} H_t = \sum_{t=1}^{T} H'_t$$

其中，$z$ 为合约允许的偏差系数，$z \in [0, 1]$；决策变量 $H'_t$ 表示满足合约要求输送的实际电量。

④ 功率平衡约束条件：
$$W_{t,w} + gt_t + B_t + out_1\mu_1 = H'_t + D_i + \frac{in_t}{\mu_2}$$

其中，$W_{t,w}$ 表示 $t$ 时刻第 $w$ 组风机出力方案；$gt_t$ 表示 $t$ 时刻机组的发电量；$\mu_1$、$\mu_2$ 分别表示发电效率和蓄能效率；

安全调度参数输入模块，用于输入安全调度优化的相关参数，包括配电网网架参数、潮流约束参数；

安全调度约束条件构建模块，用于构建安全调度优化的约束条件，包括节点功率约束、潮流方程约束、线路及节点容量约束。

① 基尔霍夫定律约束：
$$P_{i,t}(\theta_{i,t}, V_{i,t}) - P_{g,i,t} + P_{d,i,t} = 0$$
$$Q_{i,t}(\theta_{i,t}, V_{i,t}) - Q_{g,i,t} + Q_{d,i,t} = 0$$

其中，$V_{i,t}$ 为 $t$ 时刻节点 $i$ 的电压幅值；$\theta_{i,t}$ 为 $t$ 时刻节点 $i$ 的电压相角；$P_{i,t}$ 为 $t$ 时刻节点 $i$ 的注入有功功率；$P_{g,i,t}$ 为 $t$ 时刻节点 $i$ 上 DG 发出的总有功功率；$P_{d,i,t}$ 为 $t$ 时刻节点 $i$ 消耗的有功功率；$Q_{i,t}$ 为 $t$ 时刻节点 $i$ 的注入无功功率；$Q_{g,i,t}$ 为 $t$ 时刻节点 $i$ 上 DG 发出的总无功功率；$Q_{d,i,t}$ 为 $t$ 时刻节点 $i$ 消耗的无功功率。

② 潮流方程约束：
$$P_{g,i,t} - P_{d,i,t} = \sum_{j} |V_{i,t}||V_{j,t}||Y_{ij}|\cos(\delta_{ij} + \theta_{j,t} - \theta_{i,t})$$
$$Q_{g,i,t} - Q_{d,i,t} = -\sum_{j} |V_{i,t}||V_{j,t}||Y_{ij}|\sin(\theta_{ij} + \delta_{j,t} - \delta_{i,t})$$

其中，$V_{i,t}$ 为 $t$ 时刻节点 $i$ 的电压幅值；$Y_{ij}$ 为节点导纳矩阵元素的幅值；$\delta_{ij}$ 为节点 $i$ 到节点 $j$ 之间线路导纳的相角；$\theta_{i,t}$ 为 $t$ 时刻节点 $i$ 的电压相角；$\theta_{j,t}$ 为 $t$

时刻节点$j$的电压相角。

③ 节点$ij$间线路的视在功率约束：
$$S_{ij,t}(\theta_{i,t}, V_{i,t}) \leq S_{ij}^{\max}$$

其中，$S_{ij,t}$为$t$时刻节点$i$到节点$j$之间的视在功率；$S_{ij}^{\max}$为节点$i$和节点$j$之间的线路容量。

④ 配网与主网连接点的容量约束：
$$S_{GSP,t} \leq S_{GSP}^{\max}$$

其中，$S_{GSP,t}$为$t$时刻在公共连接点配网与主网交换的视在功率；$S_{GSP}^{\max}$表示在公共连接点配网与主网交换的视在功率上限。

⑤ 节点容量约束：
$$V_i^{\min} \leq V_{i,t} \leq V_i^{\max}$$

其中，$V_{i,t}$为配电网$t$时刻节点$i$的电压幅值；$V_i^{\min}$为节点$i$允许的最小电压值；$V_i^{\max}$为节点$i$允许的最大电压值。

计算模块，用于采用优化算法求解；

控制模块，用于基于求解结果控制风机出力。

其特征在于：还包括安全调度目标函数构建模块，用于构建使安全调度最优解与经济调度最优解的离差最小的目标函数：

$$\min \sum_{t=1}^{T} |gt'_{t,i} - gt_{t,i}| + |in'_t - in_t| + |out'_t - out_t| + |B'_t - B_t|$$

其中，$T$为总时段数；$gt_{t,i}$为燃气轮机$i$在$t$时段经济调度模型下求得的出力值；决策变量$gt'_{t,i}$为燃气轮机$i$在$t$时段安全调度模型下求得的出力最优解；$in_t$为抽水蓄能电站在$t$时段经济调度模型下求得的蓄能电量；决策变量$in'_t$为抽水蓄能电站在$t$时段安全调度模型下求得的蓄能最优解；$out_t$为抽水蓄能电站在$t$时段经济调度模型下求得的发电量；决策变量$out'_t$为抽水蓄能电站在$t$时段安全调度模型下求得的发电最优解；$B_t$为电厂在$t$时段经济调度模型下求得的向平衡市场提交的计划购电量；决策变量$B'_t$为电厂在$t$时段安全调度模型下求得的向平衡市场提交的修正后的购电量。

5. 根据权利要求4所述的电力系统优化调度装置，其特征在于：计算模块中的算法选自粒子群法、遗传算法、进化算法、布谷鸟算法中的任一个。

6. 根据权利要求4或5所述的电力系统优化调度装置，其特征在于：计算模块中的优化算法为布谷鸟算法，其中假设3个理想化规则以简化对布谷鸟算法的描述：

1) 每次只在寄生巢中产一个卵；
2) 具有高质量卵的最好的寄生巢将被保留到下一代；
3) 认为鸟巢被新鸟巢替换的概率是 $pa$。

假设待优化问题的维数是 $N$，鸟巢数目是 $m$，当前迭代次数是 $t$，鸟巢 $i$ 的位置向量 $X_i$ 定义为：$X_i = \{X_{i1}, X_{i2}, \cdots, X_{iN}\}$，$1 < i < m$，一只布谷鸟在一个位于 $N$ 维空间中的 $m$ 个鸟巢中通过不断改变其寻巢路径进行搜索，至此可定义布谷鸟算法的寻巢路径和位置更新公式如下：

$$X_i^{t+1} = X_i^t + \alpha \oplus Levy(\lambda)$$

其中，$X_i^t$、$X_i^{t+1}$ 分别为鸟巢 $i$ 在第 $t$ 次和第 $t+1$ 次迭代的位置向量；$\alpha$ 为步长大于 0 的常数；$\oplus$ 为点对点乘法；$Levy(\lambda)$ 为莱维连续跳跃路径。

对 $Levy(\lambda)$ 分布函数进行傅里叶变换，简化后得到其幂次形式的概率密度函数：

$$Levy(\lambda) \sim t^{-\lambda}(1 < \lambda \leq 3)$$

其中，$\lambda$ 为幂次系数。

# 说 明 书

## 一种电力系统优化调度方法及其装置

**技术领域**

本发明属于电力系统电源调度领域，具体涉及一种电力系统优化调度方法及其装置。

**背景技术**

近年来，化石燃料日益紧缺，环境污染不断加剧，为了解决上述问题，可再生能源发电，尤其是风力和光伏发电迅速发展。尽管可再生能源发电储量巨大、干净清洁，但往往具有很强的随机性，单独并网会对电网造成很大的冲击，不利于电网的稳定运行。在电力市场环境下，风电场的市场活动具有很大的风险性，其实际发电量往往与竞标电量存在偏差，从而遭受不平衡惩罚，因而在与传统发电厂的竞争中处于劣势。然而，可再生能源发电联合传统发电及储能形式，以虚拟电厂的形式参与大电网和电力市场的运行，可有效克服上述缺点，提高可再生能源发电的利用率和整体的经济收益。

传统的虚拟电厂的经济调度模型并未考虑电网的潮流约束,仅仅是在不考虑具体潮流约束的情况下求得经济上的最优解,实现虚拟电厂整体利润的最大化。但是,事实上,经济调度的最优解很有可能违反电网的潮流约束,给线路带来过负荷、节点电压越界等问题,容易引起系统动荡。因此,在虚拟电厂的调度过程中,需要考虑电网的安全约束,在保证电网能够安全稳定运行的同时提高经济性。

现有技术中兼顾经济调度和安全约束的风电场优化调度方法,在一定程度上能够解决风电场安全并网的技术问题,但是经济调度最优解和安全调度最优解很有可能存在较大偏差,容易影响控制决策,进而给电网的安全运行造成危害。

**发明内容**

为了提高电网运行的稳定性,本发明提供一种兼顾电力系统经济调度和安全调度的优化调度方法及其装置。

本发明的电力系统优化调度方法,包括以下步骤:

步骤1:输入经济调度优化的相关参数,包括电价预测数据、风机出力预测数据、合约参数、惩罚参数、燃气轮机、抽水蓄能电站参数;

步骤2:构造经济调度优化模型,包括电力系统经济调度目标函数和约束条件;

步骤3:输入安全调度优化的相关参数,包括配电网网架参数、潮流约束参数;

步骤4:构造安全调度优化模型;

步骤5:采用布谷鸟算法进行求解;

步骤6:基于求解结果控制风机出力。

其中,步骤4包括以下步骤:构造电力系统安全调度目标函数和约束条件。

本发明的电力系统优化调度装置,包括:

经济调度参数输入模块,用于输入经济调度优化的相关参数,包括电价预测数据、风机出力预测数据、市场合约参数、惩罚参数、燃气轮机参数、抽水蓄能电站参数;

经济调度目标函数构建模块,用于构建以利润最大化为目标的目标函数;

经济调度约束条件构建模块,用于构建经济调度优化的约束条件,该约束条件包括:电源出力的上下限约束、电源出力的爬坡约束、远期合同约束、功率平衡约束；

安全调度参数输入模块，用于输入安全调度优化的相关参数，包括配电网网架参数、潮流约束参数；

安全调度约束条件构建模块，用于确定安全调度优化的约束条件，该约束条件包括节点功率约束、潮流方程约束、线路及节点容量约束；

计算模块，用于采用优化算法求解；

控制模块，用于基于求解结果控制风机出力；

还包括安全调度目标函数构建模块，用于构建使安全调度最优解与经济调度最优解的离差最小的目标函数。

根据本发明的电力系统优化调度方法和装置，能够在确保电网稳定运行的同时提高经济性。此外，凭借布谷鸟算法中莱维飞行的随机行走将使得算法更有效率地探索搜索空间：一方面可通过在当前获得的最优解周围进行莱维飞行产生某些新的解，加快局部搜索；另一方面，可通过随机产生大部分的新解，这些新解的位置将远离当前最优解，确保了算法免于陷入局部最优解。

**附图说明**

图 1 为本发明提供的方法流程图；

图 2 为燃气轮机出力对比图；

图 3 为抽水蓄能电站等效蓄电量对比图；

图 4 为电力市场购电的电能交易量对比图。

**具体实施方式**

下面结合附图对本发明技术方案进行详细说明。

如图 1 所示，本发明的方法包括如下步骤：

步骤 1：输入经济调度优化的相关参数，包括电价预测数据、风机出力预测数据、市场合约参数、惩罚参数、燃气轮机参数、抽水蓄能电站参数。

步骤 2：构造电力系统经济调度优化模型，包括经济调度目标函数和约束条件。

1) 构建以利润最大化为目标函数的经济调度模型，该目标函数为：

$$\max \sum_{s=1}^{n_s} \sum_{w=1}^{M} \sum_{t=1}^{T} \pi(s)(R_t - C_t)$$

$$R_t = H_t h + D_t \lambda_t^s$$

$$C_t = B_t\alpha\lambda_t^s + \sum_{i=1}^{n_i}(K_{t,i}k_i + p_i + \sum_{j=1}^{n_j}q_i^j gt_{t,i}^j + \sum_{j=1}^{n_j}gt_{t,i}^j\sum_{m=1}^{n_m}(ve_i^m + v_i^m))$$

其中，$T$ 为总时段数；$n_s$ 为电价的总方案数；$M$ 为风机出力的总方案数；$\pi(s)$ 为第 $s$ 组电价方案的概率；$R_t$ 为 $t$ 时段的收益；$C_t$ 为 $t$ 时段的成本；决策变量 $H_t$、$D_t$ 分别为 $t$ 时段按合约要求输送的电能和向日前市场计划输送的电能；$h$ 为合约电价；$\lambda_t^s$ 为第 $s$ 组方案中 $t$ 时段的电价；$B_t$ 为购电量；$\alpha$ 为购电变量系数；$n_i$ 为可分配发电机组数；$k_i$ 为机组 $i$ 的动作成本；布尔变量 $K_{t,i}$ 表示 $t$ 时刻机组 $i$ 是否动作，若是则置1，否则置0；将 DG 常用的机组二次成本函数分段线性化，$n_j$ 为分段数，$p_i$ 为机组 $i$ 的固定成本，$q_i^j$ 为机组 $i$ 第 $j$ 段的斜率，$gt_{t,i}^j$ 为第 $j$ 段的发电量，$gt_{t,i}$ 为 $t$ 时段机组 $i$ 的发电量；$n_m$ 为第 $m$ 项电价方案；$ve_i^m$ 为机组 $i$ 所产生的第 $m$ 项污染物的环境价值；$v_i^m$ 为机组 $i$ 所产生的第 $m$ 项污染物的惩罚系数。

2）构建约束条件包括：电源出力的上下限约束、电源出力的爬坡约束、远期合同约束、功率平衡约束。

① 燃气轮机的约束条件：

$$work_{t,i}, K_{t,i}, on_{t,i}, off_{t,i} \in \{0,1\}$$
$$on_{t,i} + off_{t,i} = K_{t,i}$$
$$K_{t,i} = |work_{t,i} - work_{t-1,i}|$$
$$gt_{i,\min}work_{t,i} \leq gt_{t,i} \leq gt_{i,\max}work_{t,i}$$
$$-ramp_i^d \leq gt_{t,i} - gt_{t-1,i} \leq ramp_i^u$$

其中，布尔变量 $work_{t,i}$ 表示 $t$ 时刻机组 $i$ 是否工作，若是则置1，否则置0；布尔变量 $on_{t,i}$ 表示 $t$ 时刻机组 $i$ 是否启动，若是则置1，否则置0；$off_{t,i}$ 表示 $t$ 时刻机组 $i$ 是否关闭，若是则置1，否则置0；布尔变量 $K_{t,i}$ 表示 $t$ 时刻机组 $i$ 是否发生状态变化，若是则置1，否则置0；$gt_{i,\max}/gt_{i,\min}$ 表示机组 $i$ 的最大/小发电量；$ramp_i^u/ramp_i^d$ 表示机组 $i$ 的向上/向下爬坡率。

② 抽水蓄能电站的约束条件：

初始时刻抽水蓄能电站储能 $E_1$ 为 0，将 $t$ 时段抽水蓄能电站的蓄水量等效为蓄电量 $E_t$，决策变量 $in_t$ 和 $out_t$ 分别表示蓄入和放出的电能，$E_{\max}$ 表示最大蓄电量，$E_c$ 表示最大蓄入电量，$E_d$ 表示最大放出电量，则有：

$$E_t + in_t \leq E_{\max}$$
$$out_t \leq E_{t-1}$$
$$in_t \leq E_c\, out_t \leq E_d$$

$$E_t - E_{t-1} = in_t - out_t$$

③ 远期合同的约束条件：

$$(1-z)H_t \leq H'_t \leq (1+z)H_t$$

$$\sum_{t=1}^{T} H_t = \sum_{t=1}^{T} H'_t$$

其中，$z$ 为合约允许的偏差系数，$z \in [0,1]$；决策变量 $H'_t$ 表示满足合约要求输送的实际电量。

④ 功率平衡约束条件：

$$W_{t,w} + gt_t + B_t + out_1\mu_1 = H'_t + D_i + \frac{in_t}{\mu_2}$$

其中，$W_{t,w}$ 表示 $t$ 时刻第 $w$ 组风机出力方案；$gt_t$ 表示 $t$ 时刻机组的发电量；$\mu_1$、$\mu_2$ 分别表示发电效率和蓄能效率。

步骤 3：输入安全调度优化的相关参数，包括配电网网架参数、潮流约束参数。

步骤 4：构造安全调度优化模型，包括构建安全调度优化的目标函数和约束条件。该安全调度模型和上述经济调度模型共同构成本发明的混合整数线性规划模型。

该使安全调度最优解与经济调度最优解的离差最小的目标函数如下：

$$\min \sum_{t=1}^{T} |gt'_{t,i} - gt_{t,i}| + |in'_t - in_t| + |out'_t - out_t| + |B'_t - B_t|$$

其中，$T$ 为总时段数；$gt_{t,i}$ 为燃气轮机 $i$ 在 $t$ 时段经济调度模型下求得的出力值；决策变量 $gt'_{t,i}$ 为燃气轮机 $i$ 在 $t$ 时段安全调度模型下求得的出力最优解；$in_t$ 为抽水蓄能电站在 $t$ 时段经济调度模型下求得的蓄能电量；决策变量 $in'_t$ 为抽水蓄能电站在 $t$ 时段安全调度模型下求得的蓄能最优解；$out_t$ 为抽水蓄能电站在 $t$ 时段经济调度模型下求得的发电量；决策变量 $out'_t$ 为抽水蓄能电站在 $t$ 时段安全调度模型下求得的发电最优解；$B_t$ 为电厂在 $t$ 时段经济调度模型下求得的向平衡市场提交的计划购电量；决策变量 $B'_t$ 为电厂在 $t$ 时段安全调度模型下求得的向平衡市场提交的修正后的购电量。

该约束条件包括节点功率约束、潮流方程约束、线路及节点容量约束：

① 确定基尔霍夫定律约束：

$$P_{i,t}(\theta_{i,t}, V_{i,t}) - P_{g,i,t} + P_{d,i,t} = 0$$
$$Q_{i,t}(\theta_{i,t}, V_{i,t}) - Q_{g,i,t} + Q_{d,i,t} = 0$$

其中，$V_{i,t}$ 为 $t$ 时刻节点 $i$ 的电压幅值；$\theta_{i,t}$ 为 $t$ 时刻节点 $i$ 的电压相角；$P_{i,t}$

为 $t$ 时刻节点 $i$ 的注入有功功率；$P_{g,i,t}$ 为 $t$ 时刻节点 $i$ 上 DG 发出的总有功功率；$P_{d,i,t}$ 为 $t$ 时刻节点 $i$ 消耗的有功功率；$Q_{i,t}$ 为 $t$ 时刻节点 $i$ 的注入无功功率；$Q_{g,i,t}$ 为 $t$ 时刻节点 $i$ 上 DG 发出的总无功功率；$Q_{d,i,t}$ 为 $t$ 时刻节点 $i$ 消耗的无功功率。

② 确定潮流方程约束：

$$P_{g,i,t} - P_{d,i,t} = \sum_j |V_{i,t}||V_{j,t}||Y_{ij}|\cos(\delta_{ij} + \theta_{j,t} - \theta_{i,t})$$

$$Q_{g,i,t} - Q_{d,i,t} = -\sum_j |V_{i,t}||V_{j,t}||Y_{ij}|\sin(\theta_{ij} + \delta_{j,t} - \delta_{i,t})$$

其中，$V_{i,t}$ 为 $t$ 时刻节点 $i$ 的电压幅值；$Y_{ij}$ 为节点导纳矩阵元素的幅值；$\delta_{ij}$ 为节点 $i$ 到节点 $j$ 之间线路导纳的相角；$\theta_{i,t}$ 为 $t$ 时刻节点 $i$ 的电压相角；$\theta_{j,t}$ 为 $t$ 时刻节点 $j$ 的电压相角。

③ 确定节点 $ij$ 间线路的视在功率约束：

$$S_{ij,t}(\theta_{i,t}, V_{i,t}) \leq S_{ij}^{\max}$$

其中，$S_{ij,t}$ 为 $t$ 时刻节点 $i$ 到节点 $j$ 之间的视在功率；$S_{ij}^{\max}$ 为节点 $i$ 和节点 $j$ 之间的线路容量。

④ 确定配网与主网连接点的容量约束：

$$S_{GSP,t} \leq S_{GSP}^{\max}$$

其中，$S_{GSP,t}$ 为 $t$ 时刻在公共连接点配网与主网交换的视在功率；$S_{GSP}^{\max}$ 表示在公共连接点配网与主网交换的视在功率上限。

⑤ 确定节点容量约束：

$$V_i^{\min} \leq V_{i,t} \leq V_i^{\max}$$

其中，$V_{i,t}$ 为配电网 $t$ 时刻节点 $i$ 的电压幅值；$V_i^{\min}$ 为节点 $i$ 允许的最小电压值；$V_i^{\max}$ 为节点 $i$ 允许的最大电压值。

步骤5：采用布谷鸟算法进行求解：布谷鸟算法通常假设3个理想化规则，以简化对布谷鸟算法的描述：

1) 每次只在寄生巢中产一个卵；
2) 具有高质量卵的最好的寄生巢将被保留到下一代；
3) 认为鸟巢被新鸟巢替换的概率是 $pa$。

假设待优化问题的维数是 $N$，鸟巢数目是 $m$，当前迭代次数是 $t$，鸟巢 $i$ 的位置向量 $X_i$ 定义为：$X_i = \{X_{i1}, X_{i2}, \cdots, X_{iN}\}$，$1 < i < m$，一只布谷鸟在一个位于 $N$ 维空间中的 $m$ 个鸟巢中通过不断改变其寻巢路径进行搜索，至此可定义布谷鸟算法的寻巢路径和位置更新公式如下：

$$X_i^{t+1} = X_i^t + \alpha \oplus Levy(\lambda)$$

其中，$X_i^t$、$X_i^{t+1}$ 分别为鸟巢 $i$ 在第 $t$ 次和第 $t+1$ 次迭代的位置向量；$\alpha$ 为步长大于 0 的常数；$\oplus$ 为点对点乘法；$Levy(\lambda)$ 为莱维连续跳跃路径。

对 $Levy(\lambda)$ 分布函数进行傅里叶变换，简化后得到其幂次形式的概率密度函数：

$$Levy(\lambda) \sim t^{-\lambda}(1 < \lambda \leq 3)$$

其中，$\lambda$ 为幂次系数。

虽然本发明采用了布谷鸟算法，但是粒子群算法、遗传算法、进化算法等均可实现本发明的优化求解。

步骤 6：基于求解结果控制风机出力。

测试仿真例：本测试系统以一座小型风电场、一座小型光电厂、一座抽水蓄能电站、一台燃气轮机组成虚拟电厂，选取 IEEE33 节点配电网测试系统作为潮流计算对象。对比方案 1 和方案 2 选取不同的系统安全约束参数，如表 1 所示，其中电压基准值取为 12.66kV，功率基准值取为 10MVA。

表 1　系统安全约束参数

| 方案名称 | 节点电压上限 | 节点电压下限 | 线路最大传输功率 | 公共连接点最大交换功率 |
|---|---|---|---|---|
| 方案 1 | 0.95p.u | 1.05p.u | 1.5p.u | 1p.u |
| 方案 2 | 0.985p.u | 1.015p.u | 1.3p.u | 0.8p.u |

表 2 给出了采用本发明提出的布谷鸟算法综合求解经济、安全约束和采用传统的内点法的计算结果（以经济调度模型下求取的利润值作为利润基准值）。

表 2　布谷鸟算法和传统算法的计算结果比较

| 方法 | 利润 | 计算时间 |
|---|---|---|
| 采用布谷鸟算法综合求解 | 0.76p.u | 3025s |
| 采用内点法求解 | 0.76p.u | 7234s |

由表 2 可以看出，取得相同的利润值时，本发明所提出的方法的计算时间大为减少。

图 2~图 4 分别给出了采用现有技术、方案 1 和方案 2 后，燃气轮机出力、抽水蓄能电站等效蓄电量以及电力市场购电的调度策略结果。可以看出，相比于现有技术的方案，方案 1 和方案 2 下的各燃气轮机的发电量、抽水蓄能电站的充放电量以及电力市场的电能交易量均明显减少。对比方案 1 和方

案 2，可以看出，方案 2 下各分布式能源以及市场电能交易量的削减幅度更大。也就是说，考虑安全约束会降低初始调度值以满足安全约束的要求；安全约束越严格，初始调度值的削减量越大。

以上仿真结果验证了本发明的有效性和实用性。

其他领域的应用

虽然前述实施方式是以虚拟电厂为例，但是本发明的优化协调控制方法和装置并不局限于虚拟电厂，其他包含风电场的控制的场合也是适应的，例如，区域电网、微电网的协调控制等。

所属技术领域的技术人员能够理解，本发明的上述各部分的功能可以通过硬件电路构成，也可以由执行存储在存储器中的程序的 CPU 构成，还可以采用硬件、软件的组合来实现。

以上所述的仅为本发明的较佳实施例，并不用以限制本发明，在本发明的精神和原则之内所作的任何修改、等同替换、改进等，均应在本发明的保护范围之内。

第 9 章　电力新业态领域

# 说　明　书　附　图

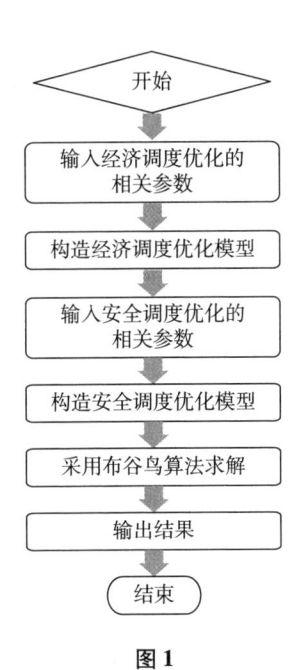

图 1

图 2

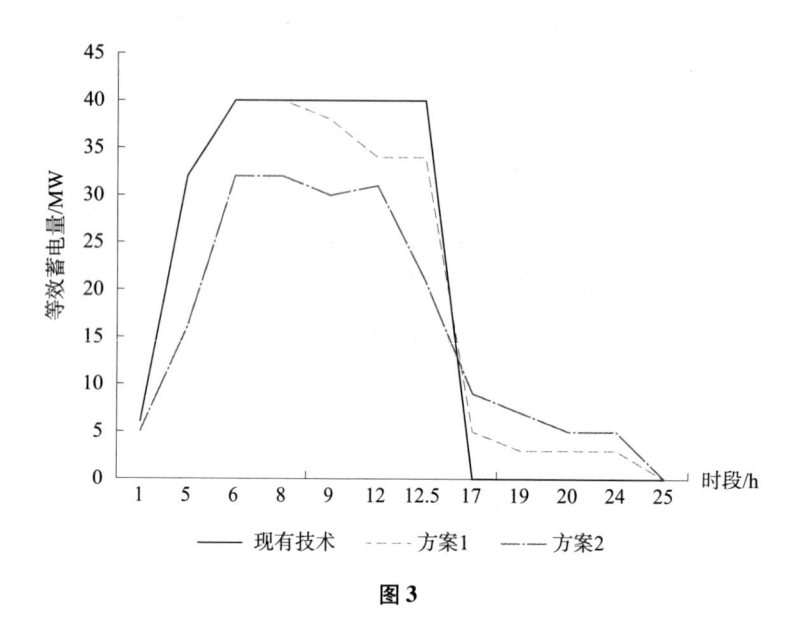

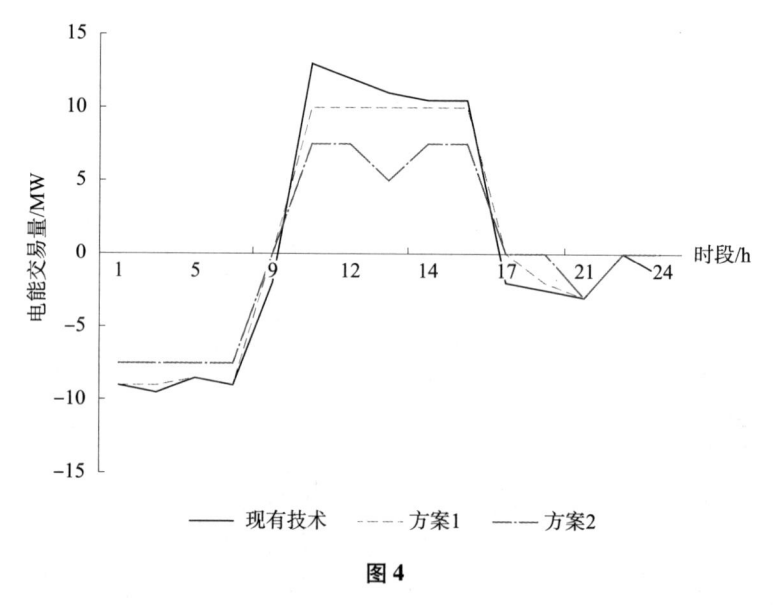

◎ 电力领域专利申请文件撰写常见问题解析

图 3

图 4

## 说　明　书　摘　要

本发明提供一种电力系统优化调度方法及装置，该方法包括：输入电价预测、风机出力预测数据、合约参数、惩罚参数、燃气轮机、抽水蓄能电站的参数数据；构造包括电力系统经济调度目标函数和约束条件的经济调度优化模型；输入配电网网架参数、潮流约束条件；构造包括电力系统安全调度目标函数和约束条件的安全调度优化模型；采用优化算法进行求解；基于求解结果控制风机出力。本发明的电力系统优化调度方法，能够在保证电网稳定运行的同时提高经济性。

## 摘　要　附　图

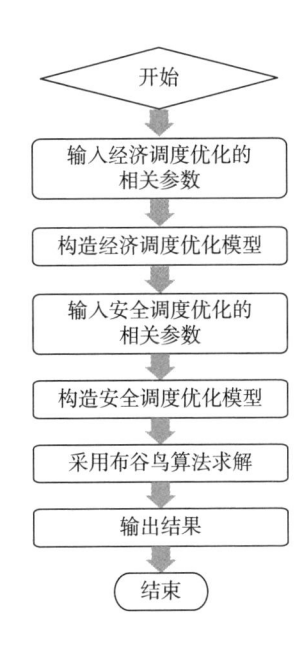

```
         ◇ 开始 ◇
            ↓
   ┌──────────────────┐
   │ 输入经济调度优化的 │
   │     相关参数      │
   └──────────────────┘
            ↓
   ┌──────────────────┐
   │ 构造经济调度优化模型 │
   └──────────────────┘
            ↓
   ┌──────────────────┐
   │ 输入安全调度优化的 │
   │     相关参数      │
   └──────────────────┘
            ↓
   ┌──────────────────┐
   │ 构造安全调度优化模型 │
   └──────────────────┘
            ↓
   ┌──────────────────┐
   │  采用布谷鸟算法求解  │
   └──────────────────┘
            ↓
   ┌──────────────────┐
   │      输出结果      │
   └──────────────────┘
            ↓
         ( 结束 )
```

# 第 10 章　电感元件领域

本章以"一种自冷却散热器及包含该散热器的自冷却散热器套件"为例，介绍根据技术交底书撰写电感元件领域专利申请的一般思路。在本章中，通过对发明人提交的技术交底书中的技术内容的理解、挖掘以及对现有技术的检索，进一步明确本发明相对于现有技术的改进点以及本发明所要解决的技术问题，完善和突出与改进点相关的内容，同时补充扩展实施例以支持发明人能够获得范围合理的专利保护，最终形成清楚、完整、层次分明、保护范围合理、有运用价值的专利申请文件。

## 10.1　创新成果的分析

发明人提交的技术交底书如下：

在不间断电源中，电感器设备是一个重要且必不可少的元器件。尤其是在大功率的不间断电源中，电感器设备温度的上升会影响其正常使用。伴随着过热现象的持续进行，电感器设备容易出现热老化而缩短其使用寿命。电感器设备的温度一旦达到80℃以上还会出现毁损情况。

目前，通常是在不间断电源机柜中安装多个风扇对电感器设备进行散热以避免其温度升高。然而，采用这种方式，除了需要增加不间断电源机柜的体积以安装风扇之外，还必须确保风扇正常工作，这对风扇的性能和工作状态提出了很高的要求。

发明人针对现有技术中存在的上述技术问题，提出了通过对散热器的结构进行改进以保持电感器设备的良好电性能。

如图10-1所示，自冷却散热器1包括并列布置的散热器11和散热器12，以及位于散热器11和散热器12之间的电感器设备13。散热器11包括平行布置的安装板1111和安装板1115，散热器12包括平行布置的安装板1211和安装板1215。安装板1115和安装板1215位于同一平面上，由此自冷却散热器1可以以图10-1所示位置自支撑地放置在机柜或机箱中的同一平面上。安装板1111和安装板1211也位于同一平面上，自冷却散热器1旋转180°后也能自支撑地放置在机柜或机箱中的同一平面上。

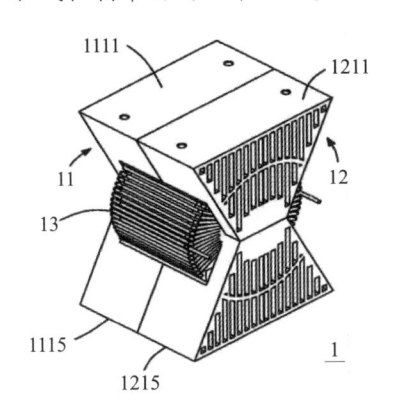

**图10-1 自冷却散热器结构示意图**

如图10-2所示，电感器设备13呈环柱状，其包括环柱形的磁芯和在磁芯的内侧和外侧上缠绕的导线132。电感器设备13为现有技术的电感器设备，其具体形状和结构不是本发明的重点内容。

散热器11和散热器12的结构相同。散热器11由金属材料一体成型，大体上呈由对置的两个梯形连接成的凹六边形，其包括基座110，位于基座110上的呈圆柱形的支撑件113，以及位于基座110两侧且相对于支撑件113对称设置的散热组件111和散热组件112。支撑件113的一端固定至基座110的中心，另一端伸出，其端面形成有半圆形的台阶部1131。支撑件113的中轴线L1与电感器设备13的旋转轴重合，支撑件113的直径略小于电感器设备13的内径，其长度（即沿中轴线L1的尺寸）是电感器设备13高度的一半。散热组件111、散热组件112、基座110和支撑件113限定了用于容纳电感器设备13的一部分的容纳空间，该容纳空间优选呈扇环形，且包括相对于支撑件113对称的凹槽114。凹槽114的外径略大于电感器设备13的外径，凹槽114用于容纳电感器设备13的一部分。

散热器11中的散热组件111和散热组件112相同。散热组件111包括相对设置的安装板1111和限位板1112，以及位于安装板1111和限位板1112之间的多个散热片1113。安装板1111呈平板状，且平行于支撑件113的中轴线

L1。安装板 1111 上具有两个螺纹孔 1114。限位板 1112 为圆弧形板,其与电感器设备 13 的外侧壁的一部分的形状相吻合。多个散热片 1113 排列在安装板 1111 和限位板 1112 之间的空间中,每一个散热片 1113 的一端固定至安装板 1111 的内侧,另一端固定至限位板 1112 的内侧。每一个散热片 1113 呈波纹弯折成型以增大散热面积。

散热器 11 沿中轴线 L1 旋转 180°后,与散热器 12 关于垂直中轴线 L1 的平面对称。散热器 11 的支撑件 113 的台阶部 1131 与散热器 12 的支撑件 123 的台阶部 1231 互补,使得台阶部 1131 和台阶部 1231 相配合形成完整的圆柱形。

自冷却散热器 1 的分解图如图 10-2 所示。

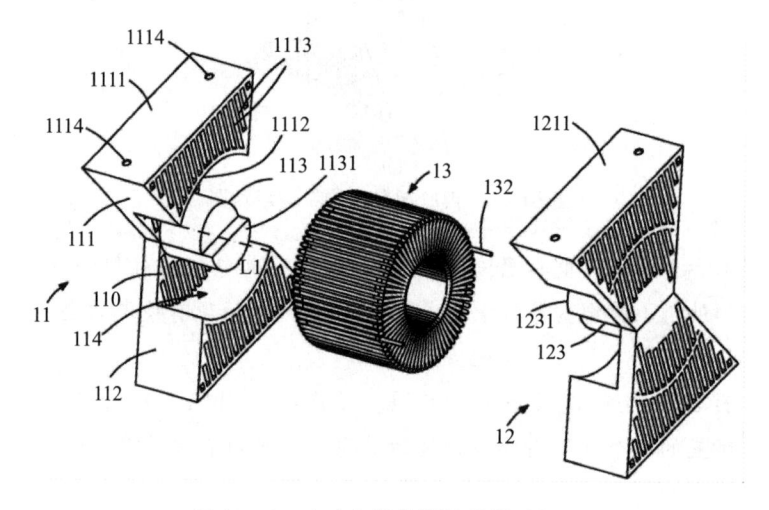

图 10-2 自冷却散热器结构的分解图

以下结合图 10-3 说明自冷却散热器 1 的组装过程。首先将散热器 11 放置在工作台上,使得电感器设备 13 的旋转轴与中轴线 L1 重合后将电感器设备 13 放置在凹槽 114 中,散热器 11 的支撑件 113 插入电感器设备 13 的内侧壁限定的孔中。最后放置散热器 12,使得散热器 12 与散热器 11 并列布置在一起,将散热器 12 的支撑件 123 插入电感器设备 13 的内侧壁限定的孔中,最后形成如图 10-1 所示的自冷却散热器 1。

在完成组装之后,电感器设备 13 的一部分位于散热器 11 的凹槽 114 中,另一部分位于散热器 12 限定的凹槽中。散热器 11 的支撑件 113 的台阶部 1131 和散热器 12 的支撑件 123 的台阶部 1231 卡合连接,能够防止散热器 11

或散热器 12 绕中轴线 L1 旋转。

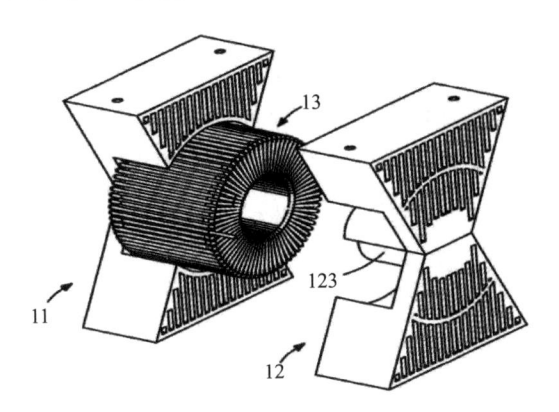

图 10-3 自冷却散热器的部分分解图

散热器 11 和散热器 12 结构相同，仅通过一次开模工艺即可制造，降低了制造成本。另外在组装过程中，散热器 11、电感器设备 13 和散热器 12 之间不会存在误装配。

本发明的散热器 11、12 并不限于由金属材料制成，还可以采用导热陶瓷等导热材料制成。

在自冷却散热器 1 中，电感器设备 13 的内侧导线的一半与散热器 11 的支撑件 113 相接触，另一半与散热器 12 的支撑件 123 相接触，内侧导线的任何地方产生的热量都能够快速地传导至支撑件 113、123 上，并且电感器设备 13 的外侧导线的大部分与散热器 11、12 的圆弧形的限位板相接触，其产生的热量能够快速地传导至散热片中，从而实现自冷却，提高了电感器设备的可靠性。而且无须在机柜中增加空间用于安装风扇，减小了机柜的体积。

散热器 11 上的安装板 1111、1115 和散热器 12 上的安装板 1211、1215 具有自支撑作用，适于放置在机柜或机箱中，无须通过固定件或夹具将其放置在机柜中。

散热器 11、12 的安装板上的螺纹孔适于通过螺钉被安装在机箱或机柜中，确保散热器 11、电感器设备 13 和散热器 12 与机柜的相对位置保持不变。

支撑件 113 或支撑件 123 的长度小于电感器设备 13 的高度的一半。

本发明的支撑件 113、123 的形状并不限于圆柱形，还可以是椭圆柱、杆状或管状等。

散热器 11、12 的支撑件的端面还可以形成其他形状的台阶部，例如三角形台阶部、四边形台阶部等，其中三角形台阶部或四边形台阶部的一条边与支撑件的端面的直径重合。

散热器11和散热器12也可以不相同，例如，散热器11的支撑件113的端面具有凸起，散热器12的支撑件123的端面上具有与该凸起相适配的凹槽；或散热器11的支撑件113的端面具有凹槽，且散热器12的支撑件123的端面具有与该凹槽相适配的凸起。由此实现散热器11和散热器12的相互锁定。

本发明能够达到的技术效果：自冷却散热器能够对电感器设备进行散热，使得自冷却散热器对电感器设备实现了自冷却，提高了其工作可靠性，无须在机柜中安装风扇，降低了成本，减小了机柜体积；自冷却电感器设备的散热器的制造工艺简单，不会产生误装配；且自冷却电感器设备能够自支撑地放置在机柜中。

发明人提交的权利要求书如下：

1. 一种自冷却散热器，所述散热器采用导热材料制得，包括：

基座；

位于所述基座上的支撑件；

位于所述基座两侧的第一散热组件和第二散热组件，所述第一散热组件和第二散热组件相对于所述支撑件对称设置，所述第一散热组件和第二散热组件上形成有多个散热片。

其中，所述基座、支撑件、第一散热组件和第二散热组件限定了用于容纳电感器的一部分的容纳空间。

2. 根据权利要求1所述的自冷却散热器，其中所述多个散热片的每一个呈波纹弯折成型。

3. 根据权利要求1所述的自冷却散热器，所述第一散热组件包括相对设置的安装板和限位板，所述限位板的形状与所述电感器的一部分的形状相吻合，所述多个散热片位于所述安装板和限位板之间，所述多个散热片的每一个的一端固定至所述安装板的内侧，另一端固定至所述限位板的内侧。

4. 根据权利要求1所述的自冷却散热器，所述安装板呈平板状，其具有螺纹孔。

5. 根据权利要求1所述的散热器，所述支撑件呈圆柱形，所述支撑件的一端固定至所述基座的中心，另一端的端面形成有半圆形的台阶部。

6. 根据权利要求1所述的自冷却散热器，所述容纳空间呈扇环形的凹槽。

7. 根据权利要求1所述的自冷却散热器，所述第一散热组件和第二散热组件相同，所述散热器由金属材料一体成型。

## 10.1.1 创新成果的理解

### 10.1.1.1 发明涉及的技术主题

通过阅读和分析上述技术交底书，可以理解发明人实际上提出了一种可以实现自冷却的散热器，针对现有技术中电感器件的散热问题，本发明要解决的技术问题是减小电源机柜体积，同时提高散热效果。技术交底书中采取的技术方案将散热器和要散热的电感器件组合成一个整体，减小散热器体积，同时能保证散热效果。

根据对该发明的理解可知，本发明的保护主题可以从产品的角度考虑。

### 10.1.1.2 发明对现有技术作出的改进及新颖性和创造性的初步判断

在充分理解了技术交底书中的技术内容之后，通常需要对技术交底书中的技术方案进行充分检索，了解现有技术的状况，明确本发明对现有技术作出的改进方向，才能对其是否具备新颖性和创造性作出初步判断。下面阐述详细分析过程。

在技术交底书中，发明人首先在背景技术部分对所属技术领域存在的用于大功率不间断电源中的电感器设备因升温而导致其出现热老化的技术问题进行了描述，针对该技术问题现有技术中通常采用安装多个风扇进行散热，这将需要增加不间断电源机柜的体积，同时还要保证风扇正常工作，具有工作难度高的缺点。通过分析现有技术，发明人认为本发明相对于现有技术的技术改进点在于将散热器和电感器设备设计成一个整体，既实现了自身冷却散热，又减小了机柜的体积。然而，发明人在技术交底书中认定的技术改进点是否真正对于现有技术作出贡献，也即发明人要保护的技术方案相对于现有技术是否具备新颖性和创造性，需要尽可能了解本领域的现有技术状况，在充分检索后进一步分析来确定。

对于上述技术方案，经过充分检索，获得与本发明最接近的现有技术。该现有技术披露了一种电感器壳及电感器设备，在其背景技术部分记载了如下内容：现有的电感器的散热方式通常采用方形电感器壳，将单个电感器平放在电感器壳中之后进行灌胶，这样基本上靠电感器壳的底部进行散热或底部与散热器接触进行散热，其余几个面由于与电感器壳接触不充分而导致热阻较大，同时电感器较多时也占用较大的空间，空置出的未接触的空间被浪费。可见现有技术要解决的技术问题同样是提高电感器设备的散热特性，同时节约空间利用率。为解决该技术问题，该现有技术采用的具体技术手段为：如图10-4、图10-5示出的现有技术的电感器结构示意图，一种电感器壳，包括圆柱形的主壳体，所述主壳体的空腔中用于放置电感器；所述圆柱形主壳体的两个圆形侧面为开口；所述主壳体包括第一壳体101和第二壳体102，所述第一壳体101和所述第二壳体102均为半圆柱形；所述第一壳体101和所述第二壳体102在一端通过底板连接从而组成圆柱形的主壳体，所述第一壳体101和所述第二壳体102的另一端不接触从而形成条形空隙，所述第一壳体101和所述第二壳体102的外壁分别设置有多块用于散热的齿片8。

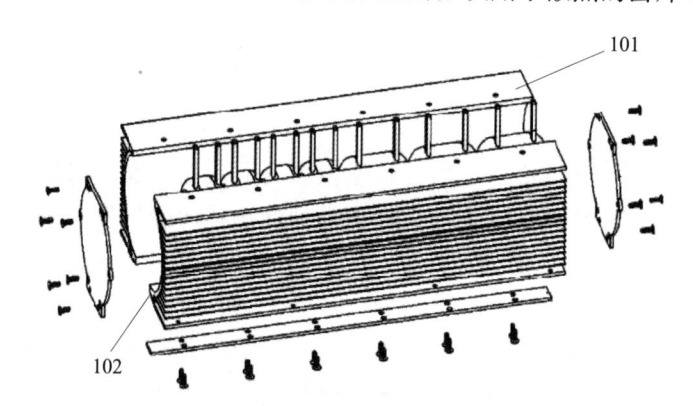

图10-4　现有技术的散热器结构图

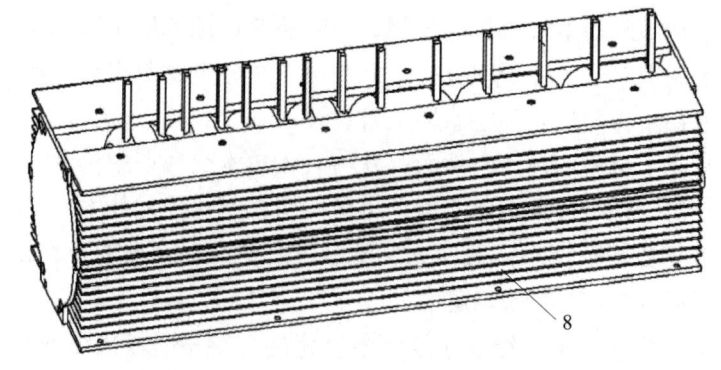

图10-5　现有技术的组装后的散热器结构图

可见，该现有技术同样公开了一种用于冷却的电感器设备，其采用的散热器同样包括第一散热组件和第二散热组件，第一散热组件和第二散热组件相对于支撑件对称设置，第一散热组件和第二散热组件上形成有多个散热片。

虽然本发明和该现有技术中的散热器整体结构一样，但是散热器的细节还是存在较大差异，本发明中"支撑件"用于插入所述电感器设备的内侧壁限定的孔中且用于与所述电感器设备的内侧壁相接触，所述支撑件的一端固定至所述基座的中心，另一端的端面形成有台阶部，所述支撑件的台阶部用于与并列布置的另一个用于电感器设备的散热器的支撑件的台阶部卡合连接。通过这样的结构支撑件的台阶部能够与并列布置的另一个散热器的支撑件的台阶部卡合连接，因此能够实现并列布置的两个散热器的相互锁定，防止该两个散热器相对于彼此旋转，实现牢固地安装电感器设备。另外，支撑件插入电感器设备的内侧壁限定的孔中并与电感器设备的内侧壁相接触，且支撑件的一端固定至基座的中心，基座和支撑件接触并支撑电感器设备，使得电感器设备内侧产生的热量能够传导至支撑件再传导至基座，增加了电感器设备的内侧壁的散热。因此，通过上述分析可以得知该发明相对于该现有技术具备《专利法》第22条第2款规定的新颖性以及《专利法》第22条第3款规定的创造性。

接下来，需要考虑目前技术交底书中记载的技术内容是否足够，是否还有需要补充或挖掘的内容。

### 10.1.1.3　现有技术交底书的分析

（1）发明的原理是否清晰、关键技术手段是否描述清楚、技术方案是否公开充分

技术交底书中记载：针对不间断电源中电感器的散热问题，本发明要解决的技术问题是减小电源机柜体积，同时提高散热效果。技术交底书中对本发明的技术方案采取将散热器和要散热的电感器组合成一个整体，各部分结构、位置关系、连接关系描述清楚、准确，对减小散热器体积同时又能保证散热的技术效果的描述准确，即对发明原理和关键技术手段无须补充，技术方案公开充分。

（2）是否有实现发明效果的等同实施例和具体技术手段的其他实施方式

目前技术交底书中仅给出一个实施例，对于等同实施例的挖掘，可以考虑其进一步能够或需要解决的技术问题，对于本发明，由于其散热对象为电

感器，还应当进一步考虑绝缘问题。

对于具体的技术手段，本发明的技术手段可以在内部配合面的设置上进行考虑。

（3）从专利保护和运用出发，考虑技术方案的应用领域是否能够扩大

在本发明中，技术交底书中描述的是用于电感器的散热器，但是该散热器可适用于电磁感应的其他电气设备中，例如除了电力系统中的电感器、变压器、互感器之外，还可以应用于汽车领域、医疗设备、航空、铁路等交通运输中的电感设备中。

## 10.1.2　发明内容的拓展

### 10.1.2.1　发明的原理以及同发明原理密切联系的关键技术手段和等同实施例的补充

将上面对技术交底书的理解和思考与发明人充分沟通，获得对技术交底书理解的确认以及进一步补充和挖掘。

增加优化绝缘效果的"自冷却散热器套件"实施例，该实施例进一步限定散热器和电感器绝缘的技术细节。具体如下：

自冷却散热器套件2与图10-2所示的自冷却散热器1基本相同，如图10-6所示，区别在于，自冷却散热器套件2还包括第一端面绝缘件241、第二端面绝缘件242、四个内绝缘件243，两个第一外绝缘件244和两个第二外绝缘件245。其中第一端面绝缘件241设置在散热器21的凹槽214的底部，且垂直于支撑件213的中轴线L2。第二端面绝缘件242设置在散热器22的凹槽224的底部，且垂直于中轴线L2。四个内绝缘件243平行于中轴线L2，且设置在支撑件213上。两个第一外绝缘件244平行于中轴线L2，且设置在限位板2112的表面上。两个第二外绝缘件245平行于中轴线L2，且设置在限位板2122的表面上。

在自冷却散热器套件2中，绝缘件241~245相同，且呈长条状，其长度等于电感器23的高度。第一端面绝缘件241使得散热器21的基座与电感器23的一个环形端面相绝缘，第二端面绝缘件242使得散热器22的基座与电感器23的另一个环形端面相绝缘。四个内绝缘件243使得电感器23的内侧壁与散热器21的支撑件213和散热器22的支撑件223相绝缘。两个第一外绝缘件

244 和两个第二外绝缘件 245 使得电感器 23 的外侧壁与散热器 21、22 的限位板相绝缘。当自冷却散热器套件 2 使用一段时间之后,如果电感器 23 与散热器 21、22 相接触的地方的导线的绝缘漆或绝缘包覆层破损,电感器 23 也不会与散热器 21、22 电连接,避免了散热器 21、22 带电导致触电危险。

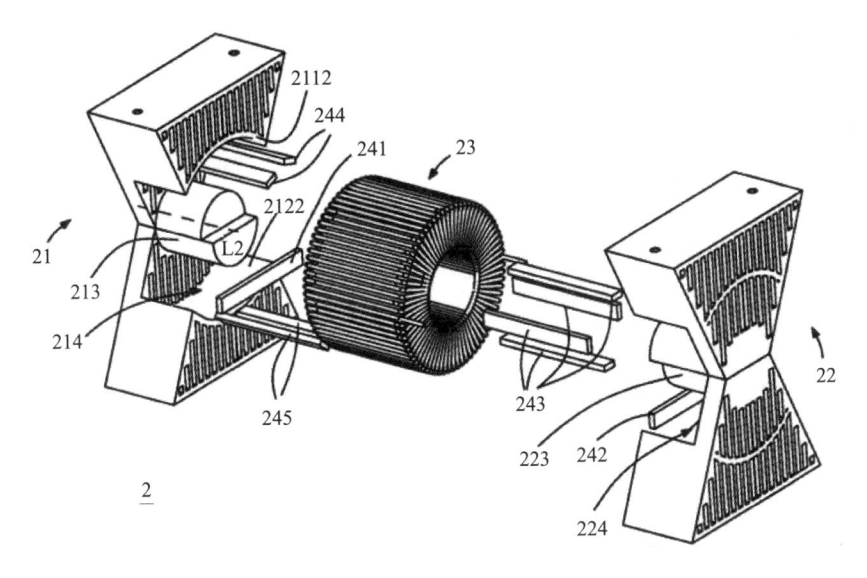

**图 10-6　自冷却散热器套件的分解图**

### 10.1.2.2　技术方案的应用领域的挖掘

由于本发明的散热器可适用于电磁感应的其他电气设备中,并且还可以应用于汽车领域、医疗设备、航空、铁路等交通运输中的电感设备中,因此,应避免散热器被限定于特定的技术领域,也就是将本发明中的散热设备限定于专属于电力系统中的电磁感应领域。

## 10.1.3　专利运用的考量

### 10.1.3.1　权利要求的类型

针对本发明,发明的改进点主要在于提高散热器的散热效率。在考虑权利要求类型时,更适合撰写产品权利要求,即技术主题一为一种自冷却散热器;技术主题二为一种包含该散热器的自冷却散热器套件。

#### 10.1.3.2 权利要求的保护范围

（1）技术交底书中具有多个实施例时权利要求的合理概括

本发明包含两个实施例，第二实施例包含第一实施例的全部技术特征，其进一步解决了绝缘的技术问题，不需考虑对该两个实施例的概括。

（2）技术交底书中仅给出了技术手段的一种实施方式时的上位概括

对于本发明，考虑到技术交底书中给出了关于支撑件的多个实施方式比如支撑件可以为圆柱形、椭圆柱、杆状、管状；散热器的支撑件的端面可以形成其他形状的台阶部，例如三角形台阶部、四边形台阶部，在撰写权利要求时可以基于这些实施方式进行上位的概括。

（3）避免直接将独立权利要求的技术方案限定于技术交底书中直接提及的应用领域

本发明中，散热器不仅可以应用于电磁感应领域，还可以应用于其他领域，因此，在确定技术主题时，避免将其限定为特定的领域。

#### 10.1.3.3 权利要求的执行主体

具体到本发明，主要涉及自冷却散热器，那么应从厂商侧，即制造散热器的角度撰写该散热器的具体部件和结构特征，不宜涉及使用该散热器的用户侧的执行主体，从而在侵权诉讼时，专利权人相对比较容易找到侵权产品或侵权行为。

## 10.2 权利要求书的撰写

按照本书第 7 章的顺序依次撰写技术主题一"一种自冷却散热器"和技术主题二"一种包含该散热器的自冷却散热器套件"。首先撰写技术主题一"一种自冷却散热器"的权利要求。技术主题二"一种包含该散热器的自冷却散热器的套件"可以按照与技术主题一相同的撰写思路撰写或使用引用技术主题一的权利要求的方式撰写，技术主题二的权利要求可参见本章第 10.4 节，本节不再赘述。

## 10.2.1 列出技术方案的全部技术特征

在理解技术主题的实质性内容，列出全部技术特征时，考虑散热器的支撑件结构具有多种，因此，在列出技术特征时，考虑用较上位的结构特征来概括，不具体限定支撑件的形状。同时需要注意本发明技术方案中涉及一些"非标准"的结构，撰写权利要求时尽量避免使用自造词。

基于对技术方案的理解，通过对技术交底书的分析，一种自冷却散热器的权利要求包括以下技术特征：

1) 基座，位于基座上的支撑件。
2) 支撑件用于插入发热器件的内侧壁限定的孔中且用于与所述发热器件的内侧壁相接触。
3) 所述支撑件的一端固定至所述基座的中心。
4) 所述支撑件的另一端的端面形成有台阶部。
5) 所述支撑件的台阶部用于与并列布置的另一个用于发热器件的散热器的支撑件的台阶部卡合连接。
6) 位于基座两侧的第一散热组件和第二散热组件。
7) 所述基座、支撑件、第一散热组件和第二散热组件限定了用于容纳发热器件的一部分的容纳空间。
8) 所述第一散热组件和第二散热组件相对于所述支撑件对称设置。
9) 所述第一散热组件和第二散热组件上形成有多个散热片。
10) 多个散热片的每一个呈波纹弯折成型。
11) 所述第一散热组件包括相对设置的安装板和限位板，所述限位板的形状与所述发热器件的一部分形状相吻合。
12) 所述多个散热片位于所述安装板和限位板之间，所述多个散热片的每一个的一端固定至所述安装板的内侧，另一端固定至所述限位板的内侧。
13) 所述安装板呈平板状，其具有螺纹孔。
14) 所述支撑件呈圆柱形，所述支撑件的另一端的台阶部呈半圆形。
15) 所述容纳空间呈扇环形的凹槽。
16) 所述第一散热组件和第二散热组件结构相同。
17) 所述散热器由金属材料一体成型。
18) 所述发热器件是电感器设备。

## 10.2.2　明确发明要解决的技术问题

基于检索得到的前述最接近的现有技术，分析本发明相对于该现有技术的主要改进在于：所述支撑件用于插入发热器件的内侧壁限定的孔中且用于与所述发热器件的内侧壁相接触，所述支撑件的一端固定至所述基座的中心，另一端的端面形成有台阶部，所述支撑件的台阶部用于与并列布置的另一个用于发热器件的散热器的支撑件的台阶部卡合连接。

根据技术交底书的记载可知，本发明的支撑件的结构特点使得本发明具有以下有益的技术效果：支撑件的另一端的端面形成有台阶部，且支撑件的台阶部能够与并列布置的另一个散热器的支撑件的台阶部卡合连接，因此能够实现并列布置的两个散热器的相互锁定，防止该两个散热器相对于彼此旋转，从而实现牢固地安装发热器件。另外，支撑件插入发热器件的内侧壁限定的孔中并与发热器件的内侧壁相接触，且支撑件的一端固定至基座的中心，基座和支撑件接触并支撑发热器件，使得发热器件内侧产生的热量能够传导至支撑件再传导至基座，增强了发热器件的内侧壁的散热效果。

本发明与该现有技术相比较，能够获得更好的散热效率。因而，可以确定本发明所要解决的技术问题为如何提高散热效率。

## 10.2.3　确定独立权利要求的必要技术特征

本发明中为了提高发热器件的散热效果，首先需要设置支撑结构和散热组件，支撑件和散热组件是起到散热的关键部件，同时支撑件的台阶部是用于卡合固定发热部件的重要结构，基座、支撑件、第一散热组件和第二散热组件构成的容纳空间用于容纳发热器件，这些都构成了实现本发明的必要技术特征。

由此可见，上述罗列的技术特征1）~7）都是该发明解决"如何提高散热效率"的技术问题的必要技术特征。

技术特征8）~18）是对散热组件的位置关系、散热片的位置和形状、散热组件上的安装板和限位板、对支撑件和容纳空间的形状以及对散热组件的形状和材质，以及发热器件等进一步限定的特征，不属于解决该发明技术问题的必要技术特征。

基于以上分析，为了解决"如何提高散热器的散热效率"的技术问题，自冷却散热器必须包括以下必要技术特征：

1）基座，位于基座上的支撑件。
2）支撑件用于插入发热器件的内侧壁限定的孔中且用于与发热器件的内侧壁相接触。
3）所述支撑件的一端固定至所述基座的中心。
4）所述支撑件的另一端的端面形成有台阶部。
5）所述支撑件的台阶部用于与并列布置的另一个用于发热器件的散热器的支撑件的台阶部卡合连接。
6）位于基座两侧的第一散热组件和第二散热组件。
7）所述基座、支撑件、第一散热组件和第二散热组件限定了用于容纳发热器件的一部分的容纳空间。

## 10.2.4 撰写独立权利要求

在确定了解决上述技术问题所需的所有必要技术特征之后，可以着手撰写该技术主题的独立权利要求。

具体到本发明中，必要技术特征1）、6）已经记载在现有技术中，应该写入前序部分，特征2）~5）和7）没有记载在检索得到的现有技术中，应写入特征部分，因此最终撰写的权利要求1如下：

1. 一种自冷却散热器，所述散热器包括：
基座和位于基座上的支撑件；
位于所述基座两侧的第一散热组件和第二散热组件；
其特征在于：该支撑件用于插入发热器件的内侧壁限定的孔中且用于与所述发热器件的内侧壁相接触；所述支撑件的一端固定至所述基座的中心，其中，所述基座、支撑件、第一散热组件和第二散热组件限定了用于容纳发热器件的一部分的容纳空间；
所述支撑件的另一端的端面形成有台阶部；所述支撑件的台阶部用于与并列布置的另一个用于发热器件的散热器的支撑件的台阶部卡合连接。

## 10.2.5 撰写从属权利要求

就本发明而言，在前面列出的技术特征 8）~18）未写入独立权利要求中，现在对这些特征进行分析，确定是否将其作为从属权利要求的附加技术特征。

技术特征 8）"所述第一散热组件和第二散热组件相对于所述支撑件对称设置"限定了两个散热组件的位置关系，可以作为引用权利要求 1 的从属权利要求 2。

技术特征 9）"所述第一散热组件和第二散热组件上形成有多个散热片"进一步限定了起到散热功能的具体部件，因此可以将其作为引用权利要求 2 的从属权利要求 3。

技术特征 10）"所述多个散热片的每一个呈波纹弯折成型"进一步限定了技术特征 9）中散热片的形状，可以作为引用权利要求 3 的从属权利要求 4。

技术特征 11）"所述第一散热组件包括相对设置的安装板和限位板，所述限位板的形状与所述发热器件的一部分形状相吻合"和技术特征 12）"所述多个散热片位于所述安装板和限位板之间，所述多个散热片的每一个的一端固定至所述安装板的内侧，另一端固定至所述限位板的内侧"分别对散热组件以及散热片在散热组件上的安装位置作出进一步的限定，因此，其分别可以作为引用权利要求 3 的从属权利要求 5 及引用权利要求 5 的从属权利要求 6 的附加技术特征。

技术特征 13）"所述安装板呈平板状，其具有螺纹孔"对安装板作出进一步的限定，因此，它可以作为引用权利要求 5 的从属权利要求 7 的附加技术特征。

技术特征 14）"所述支撑件呈圆柱形，所述支撑件的另一端的台阶部呈半圆形"是对技术特征 1）中支撑件的进一步限定，该特征限定了支撑件用于固定发热器件的具体结构，基于该特征，技术方案要解决的技术问题是如何将发热器件稳固连接，因此可以将其作为权利要求 1 的从属权利要求的附加技术特征，撰写从属权利要求 8。

技术特征 15）"所述容纳空间呈扇环形的凹槽"是对"容纳空间"的进一步限定，因此，可以将其作为权利要求 1 的从属权利要求的附加技术特征，撰写从属权利要求9。

技术特征16)"所述第一散热组件和第二散热组件相同",技术特征17)"所述散热器由金属材料一体成型"和技术特征18)"发热器件是电感设备"是对"散热组件"的形状和材质以及发热器件的进一步限定,可以采用直接从属于之前的任一权利要求的方式撰写从属权利要求10~12。

基于上述分析,撰写从属权利要求如下:

2. 根据权利要求1所述的自冷却散热器,其特征在于,所述第一散热组件和第二散热组件相对于所述支撑件对称设置。

3. 根据权利要求2所述的自冷却散热器,其特征在于,所述第一散热组件和第二散热组件上形成有多个散热片。

4. 根据权利要求3所述的自冷却散热器,其特征在于,所述多个散热片的每一个呈波纹弯折成型。

5. 根据权利要求3所述的自冷却散热器,其特征在于,所述第一散热组件包括相对设置的安装板和限位板,所述限位板的形状与所述发热器件的一部分的形状相吻合,所述多个散热片位于所述安装板和限位板之间。

6. 根据权利要求5所述的自冷却散热器,其特征在于,所述多个散热片的每一个的一端固定至所述安装板的内侧,另一端固定至所述限位板的内侧。

7. 根据权利要求5所述的自冷却散热器,其特征在于,所述安装板呈平板状,其具有螺纹孔。

8. 根据权利要求1所述的自冷却散热器,其特征在于,所述支撑件呈圆柱形,所述支撑件的另一端的台阶部呈半圆形。

9. 根据权利要求1所述的自冷却散热器,其特征在于,所述容纳空间呈扇环形的凹槽。

10. 根据权利要求1~7中任一项所述的自冷却散热器,其特征在于,所述第一散热组件和第二散热组件相同。

11. 根据权利要求1~7中任一项所述的自冷却散热器,其特征在于,所述散热器由金属材料一体成型。

12. 根据权利要求1~7中任一项所述的自冷却散热器,其特征在于,所述发热器件是电感器设备。

## 10.3　说明书及其摘要的撰写

下面具体说明如何撰写说明书及其摘要。

(1) 发明或者实用新型的名称

本发明涉及两项独立权利要求,发明名称中应该清楚、简要、全面地反映所要保护的主题"一种自冷却散热器和自冷却散热器套件",因此,发明名称可以写为"一种自冷却散热器及包含该散热器的自冷却散热器套件"。

(2) 发明或者实用新型的技术领域

对于本发明,该发明所属的直接应用的具体技术领域是散热技术领域。

(3) 发明或者实用新型的背景技术

对于本发明,现有技术为:通过设置两个对称的散热器壳体,将电感器放置在第一壳体和所述第二壳体组合在一起构成的圆柱形的主壳体内,同时在第一壳体和所述第二壳体的外壁分别设置有多块用于散热的齿片。该现有技术存在的缺点是:该散热器结构体积大,导致占地面积大,同时由于电感器不是直接与散热器壳体卡合在一起,散热效果不良。

(4) 发明或者实用新型的内容

1) 对于要解决的技术问题,在撰写的时候应当清楚地写明"本发明所要解决的技术问题是如何提高发热器件的散热效率"。

2) 对于技术方案,对于本发明,应注意使用通用技术术语对技术方案进行描述。

3) 对于有益效果,本发明的技术特征为本发明直接带来的有益效果为:能够提高发热器件,例如电感器的散热效果。

(5) 附图说明

附图说明按照《专利审查指南 2010》的要求撰写。

(6) 具体实施方式

发明人在技术交底书中给出了不同的实施方式,为了支持权利要求的概括,应该将实施方式详细记载在本部分。对于本发明,具有附图,对照附图描述是最直观的描述方式,因此,撰写此部分时,应当对照附图进行描述。

(7) 说明书附图

说明书附图按照《专利审查指南 2010》的要求撰写。

(8) 说明书摘要

说明书摘要按照《专利审查指南2010》的要求撰写。

## 10.4 发明专利申请的参考文本

在上面工作的基础上，撰写本发明"一种自冷却散热器及包含该散热器的自冷却散热器套件"的发明专利申请的参考文本。

# 权 利 要 求 书

1. 一种自冷却散热器，所述散热器包括：

基座和位于基座上的支撑件；

位于所述基座两侧的第一散热组件和第二散热组件；

其特征在于：该支撑件用于插入发热器件的内侧壁限定的孔中且用于与所述发热器件的内侧壁相接触；所述支撑件的一端固定至所述基座的中心，其中，所述基座、支撑件、第一散热组件和第二散热组件限定了用于容纳发热器件的一部分的容纳空间；

所述支撑件的另一端的端面形成有台阶部；所述支撑件的台阶部用于与并列布置的另一个用于发热器件的散热器的支撑件的台阶部卡合连接。

2. 根据权利要求1所述的自冷却散热器，其特征在于，所述第一散热组件和第二散热组件相对于所述支撑件对称设置。

3. 根据权利要求2所述的自冷却散热器，其特征在于，所述第一散热组件和第二散热组件上形成有多个散热片。

4. 根据权利要求3所述的自冷却散热器，其特征在于，所述多个散热片的每一个呈波纹弯折成型。

5. 根据权利要求3所述的自冷却散热器，其特征在于，所述第一散热组件包括相对设置的安装板和限位板，所述限位板的形状与所述发热器件的一部分的形状相吻合，所述多个散热片位于所述安装板和限位板之间。

6. 根据权利要求5所述的自冷却散热器，其特征在于，所述多个散热片的每一个的一端固定至所述安装板的内侧，另一端固定至所述限位板的内侧。

7. 根据权利要求5所述的自冷却散热器,其特征在于,所述安装板呈平板状,其具有螺纹孔。

8. 根据权利要求1所述的自冷却散热器,其特征在于,所述支撑件呈圆柱形,所述支撑件的另一端的台阶部呈半圆形。

9. 根据权利要求1所述的自冷却散热器,其特征在于,所述容纳空间呈扇环形的凹槽。

10. 根据权利要求1~7中任一项所述的自冷却散热器,其特征在于,所述第一散热组件和第二散热组件相同。

11. 根据权利要求1~7中任一项所述的自冷却散热器,其特征在于,所述散热器由金属材料一体成型。

12. 根据权利要求1~7中任一项所述的自冷却散热器,其特征在于,所述发热器件是电感器设备。

13. 一种自冷却散热器套件,其特征在于,包括:

如权利要求1~12中任一项所述的自冷却散热器,以及环柱状的发热器件,其位于所述第一容纳空间和第二容纳空间中。

14. 根据权利要求13所述的自冷却散热器套件,其特征在于,所述自冷却散热器套件还包括:

设置在两个散热器中的第一散热器的基座与所述发热器件的一个环形端面之间的第一端面绝缘件;

设置在两个散热器中的第二散热器的基座与所述发热器件的另一个环形端面之间的第二端面绝缘件;

设置在所述第一散热器、第二散热器的支撑件与所述发热器件的内侧壁之间的内绝缘件;

设置在所述第一散热器、第二散热器的第一散热组件和第二散热组件与所述发热器件的外侧壁之间的外绝缘件。

15. 根据权利要求14所述的自冷却散热器套件,其特征在于:

所述第一端面绝缘件、第二端面绝缘件、内绝缘件和外绝缘件相同,且其长度等于所述发热器件的高度;

所述第一散热器中的支撑件的长度是所述发热器件的高度的一半。

# 说　明　书

## 一种自冷却散热器及包含该散热器的自冷却散热器套件

**技术领域**

本发明涉及散热技术领域，具体涉及一种自冷却散热器及包含该散热器的自冷却散热器套件。该散热器不仅可以应用于电感器或变压器，还可以应用于汽车领域、医疗设备、航空、铁路等交通运输中的电力设备中。

**背景技术**

在不间断电源中，重要且必不可少的元器件往往会产生过多的热量，例如电感器设备。尤其是在大功率的不间断电源中，发热器件的温度的上升会影响其正常使用。伴随着过热现象的持续进行，发热器件容易出现热老化而缩短其使用寿命。发热器件的温度一旦达到一定的值，例如80℃以上还会出现毁损情况。

现有的对于不间断电源中的发热器件的散热方式，通常是在发热器外部设置一个壳体，在壳体的空腔中用于放置发热器件，由于需要单独另外设置散热装置，不能实现自散热，这样导致发热器件的热量不能及时散发出去，散热效率低。

现有技术中，通过设置两个对称的散热器壳体，将电感器放置在第一壳体和所述第二壳体组合在一起构成的圆柱形的主壳体内，同时在第一壳体和所述第二壳体的外壁分别设置有多块用于散热的齿片。该散热器结构体积大，导致占地面积大，同时由于电感器不是直接与散热器壳体卡合在一起，导致散热效果不良。

**发明内容**

针对现有技术存在的上述缺陷，本发明提供了一种自冷却散热器和包含该散热器的自冷却散热器套件。该散热器包括：

基座；

位于基座上的支撑件；

位于所述基座两侧的第一散热组件和第二散热组件；

该支撑件用于插入发热器件的内侧壁限定的孔中且用于与所述发热器件

的内侧壁相接触；所述支撑件的一端固定至所述基座的中心，其中，所述基座、支撑件、第一散热组件和第二散热组件限定了用于容纳发热器件的一部分的容纳空间；

所述支撑件的另一端的端面形成有台阶部；所述支撑件的台阶部用于与并列布置的另一个用于发热器件的散热器的支撑件的台阶部卡合连接。

一种自冷却散热器套件包括：自冷却散热器，以及环柱状的发热器件，其位于第一容纳空间和第二容纳空间中。

本发明的自冷却散热器能够通过发热器件自身进行散热，实现了自冷却，无须额外安装散热装置，提高了散热效率，同时减小了具有发热器件的机柜的体积。

以下参照附图对本发明实施例作进一步说明。

**附图说明**

图1是根据本发明一个实施例的自冷却散热器的立体示意图。

图2是图1所示的自冷却散热器的分解图。

图3是图1所示的自冷却散热器的部分分解图。

图4是本发明又一实施例的包含该散热器的自冷却散热器套件的分解图。

**具体实施方式**

为了使本发明的目的、技术方案及优点更加清楚明白，以下结合附图通过具体实施例对本发明作进一步详细说明。

图1是根据本发明一个实施例的自冷却散热器的立体示意图。如图1所示，并列布置的散热器11和散热器12，以及位于散热器11和散热器12之间的发热器件13（可以以电感器设备为例）构成了自冷却散热器1。散热器11包括平行布置的安装板1111和安装板1115，散热器12包括平行布置的安装板1211和安装板1215。安装板1115和安装板1215位于同一平面上，由此自冷却散热器1可以以图1所示位置自支撑地放置在机柜或机箱中的同一平面上。安装板1111和安装板1211也位于同一平面上，自冷却散热器1旋转180°后也能自支撑地放置在机柜或机箱中的同一平面上。

图2是图1所示的自冷却散热器的分解图。如图2所示，作为发热器件的电感器设备13呈环柱状，其包括环柱形的磁芯和在磁芯的内侧和外侧上缠绕的导线132。电感器设备13为现有技术的电感器设备，其具体形状和结构在此不再赘述。

可以理解，发热器件并不局限于电感器设备，其也可以是其他的需要散热的发热器件。

散热器 11 和散热器 12 的结构相同，下面将以散热器 11 为例进行介绍。散热器 11 由金属材料一体成型，大体上呈由对置的两个梯形连接成的凹六边形，其包括基座 110，位于基座 110 上的呈圆柱形的支撑件 113，以及位于基座 110 两侧且相对于支撑件 113 对称设置的散热组件 111 和散热组件 112。支撑件 113 的一端固定至基座 110 的中心，另一端伸出，其端面形成有半圆形的台阶部 1131。支撑件 113 的中轴线 L1 与电感器设备 13 的旋转轴重合，支撑件 113 的直径略小于电感器设备 13 的内径，其长度（即沿中轴线 L1 的尺寸）是电感器设备 13 高度的一半。散热组件 111、散热组件 112、基座 110 和支撑件 113 限定了用于容纳电感器设备 13 的一部分的容纳空间，优选呈扇环形且相对于支撑件 113 对称的凹槽 114。凹槽 114 的外径略大于电感器设备 13 的外径，凹槽 114 用于容纳电感器设备 13 的一部分。

散热器 11 中的散热组件 111 和散热组件 112 结构相同，下面以散热组件 111 为例进行说明。散热组件 111 包括相对设置的安装板 1111 和限位板 1112，以及位于安装板 1111 和限位板 1112 之间的多个散热片 1113。安装板 1111 呈平板状，且平行于支撑件 113 的中轴线 L1。安装板 1111 上具有两个螺纹孔 1114。限位板 1112 为圆弧形板，其与电感器设备 13 的外侧壁的一部分的形状相吻合。多个散热片 1113 排列在安装板 1111 和限位板 1112 之间的空间中，每一个散热片 1113 的一端固定至安装板 1111 的内侧，另一端固定至限位板 1112 的内侧。每一个散热片 1113 呈波纹弯折成型以增大散热面积。

散热器 11 沿中轴线 L1 旋转 180°后，与散热器 12 关于垂直中轴线 L1 的平面对称。散热器 11 的支撑件 113 的台阶部 1131 与散热器 12 的支撑件 123 的台阶部 1231 互补，使得台阶部 1131 和台阶部 1231 相配合形成完整的圆柱形。

图 3 是图 1 所示的自冷却散热器的部分分解图，以下结合图 3 说明自冷却散热器 1 的组装过程。首先将散热器 11 放置在工作台上，使得电感器设备 13 的旋转轴与中轴线 L1 重合后将电感器设备 13 放置在凹槽 114 中，散热器 11 的支撑件 113 插入电感器设备 13 的内侧壁限定的孔中，参见图 3。最后放置散热器 12，使得散热器 12 与散热器 11 并列布置在一起，将散热器 12 的支撑件 123 插入电感器设备 13 的内侧壁限定的孔中，最后形成图 1 所示的自冷却散热器 1。

在完成组装之后，电感器设备 13 的一部分位于散热器 11 的凹槽 114 中，另一部分位于散热器12限定的凹槽中。散热器11的支撑件113的台阶部1131和散热器12的支撑件123的台阶部1231卡合连接,能够防止散热器11或散热器12绕中轴线L1旋转。

本实施例的散热器11和散热器12结构相同,仅通过一次开模工艺即可制造,降低了制造成本。另外在组装过程中,散热器11、电感器设备13和散热器12之间不会存在误装配。

本发明的散热器11、12并不限于由金属材料制成,还可以采用导热陶瓷等导热材料制成。

在本实施例的自冷却散热器1中,电感器设备13的内侧导线的一半与散热器11的支撑件113相接触,另一半与散热器12的支撑件123相接触,内侧导线的任何地方产生的热量都能够快速地传导至支撑件113、123上,并且电感器设备13的外侧导线的大部分与散热器11、12的圆弧形的限位板相接触,其产生的热量能够快速地传导至散热片中,从而实现自冷却,提高了电感器设备的可靠性。而且无须在机柜中增加空间用于安装风扇,减小了机柜的体积。

散热器11上的安装板1111、1115和散热器12上的安装板1211、1215具有自支撑作用,适于放置在机柜或机箱中,无须通过固定件或夹具将其放置在机柜中。

散热器11、12的安装板上的螺纹孔适于通过螺钉被安装在机箱或机柜中,确保散热器11、电感器设备13和散热器12与机柜的相对位置保持不变。

在本发明的其他实施例中,支撑件113或支撑件123的长度小于电感器设备13的高度的一半。

本发明的支撑件113、123的形状并不限于圆柱形,还可以是椭圆柱、杆状或管状等。

在本发明的其他实施例中,散热器11、12的支撑件的端面形成其他形状的台阶部,例如三角形台阶部、四边形台阶部等,其中三角形台阶部或四边形台阶部的一条边与支撑件的端面的直径重合。

在本发明的其他实施例中,散热器11和散热器12也可以不相同,例如,散热器11的支撑件113的端面具有凸起,散热器12的支撑件123的端面上具有与该凸起相适配的凹槽;或散热器11的支撑件113的端面具有凹槽,且散热器12的支撑件123的端面具有与该凹槽相适配的凸起。由此实现散热器11和散热器12的相互锁定。

图4是根据本发明又一个实施例的包含该散热器的自冷却散热器套件的分解图。自冷却散热器套件2与图2所示的自冷却散热器1基本相同，区别在于，自冷却散热器套件2还包括第一端面绝缘件241，第二端面绝缘件242，四个内绝缘件243，两个第一外绝缘件244，两个第二外绝缘件245。其中第一端面绝缘件241设置在散热器21的凹槽214的底部，且垂直于支撑件213的中轴线L2。第二端面绝缘件242设置在散热器22的凹槽224的底部，且垂直于中轴线L2。四个内绝缘件243平行于中轴线L2，且设置在支撑件213上。两个第一外绝缘件244平行于中轴线L2，且设置在限位板2112的表面上。两个第二外绝缘件245平行于中轴线L2，且设置在限位板2122的表面上。

在本实施例的自冷却散热器套件2中，绝缘件241～245相同，且呈长条状，其长度等于电感器23的高度。第一端面绝缘件241使得散热器21的基座与电感器23的一个环形端面相绝缘，第二端面绝缘件242使得散热器22的基座与电感器23的另一个环形端面相绝缘。四个内绝缘件243使得电感器23的内侧壁与散热器21的支撑件213和散热器22的支撑件223相绝缘。两个第一外绝缘件244和两个第二外绝缘件245使得电感器23的外侧壁与散热器21、22的限位板相绝缘。当自冷却散热器套件2使用一段时间之后，如果电感器23与散热器21、22相接触的地方的导线的绝缘漆或绝缘包覆层破损，电感器23也不会与散热器21、22电连接，避免了散热器21、22带电导致触电危险。

虽然本发明已经通过多个实施例进行了描述，然而本发明并非局限于这里所描述的实施例，在不脱离本发明范围的情况下还包括所作出的各种改变以及变化。

◎ 电力领域专利申请文件撰写常见问题解析

## 说 明 书 附 图

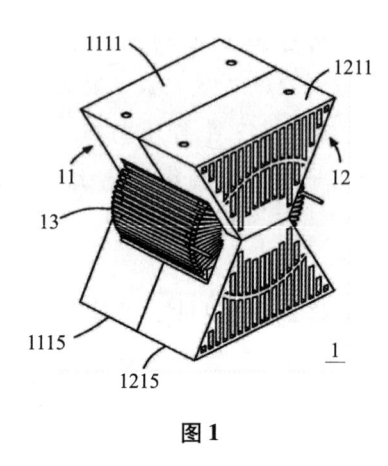

图 1

图 2

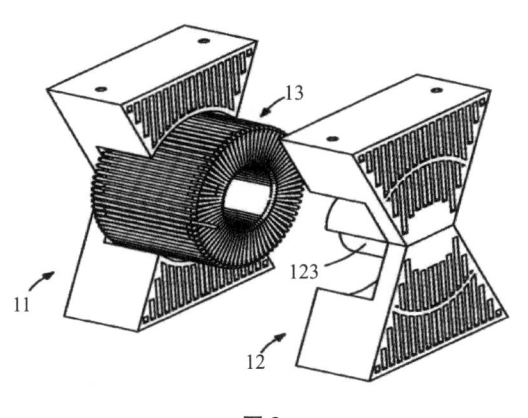

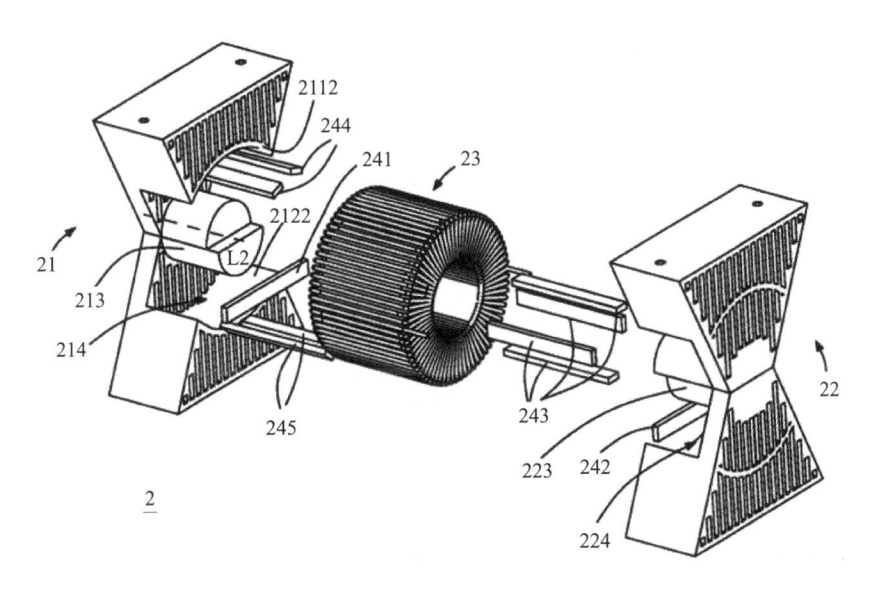

图 3

图 4

## 说 明 书 摘 要

本发明提供了一种自冷却散热器和包含该散热器的自冷却散热器套件。所述自冷却散热器包括：基座；位于所述基座上的支撑件，支撑件的一端面上有台阶部；以及位于所述基座两侧的第一散热组件和第二散热组件，所述第一散热组件和第二散热组件相对于所述支撑件对称设置，所述第一散热组件和第二散热组件上形成有多个散热片；其中，所述基座、支撑件、第一散热组件和第二散热组件限定了用于容纳发热器件的一部分的容纳空间。本发明的自冷却散热器能够对发热器件进行散热，同时又减小了散热器的体积，并使得自冷却散热器实现了自冷却，提高了散热效率。

## 摘 要 附 图

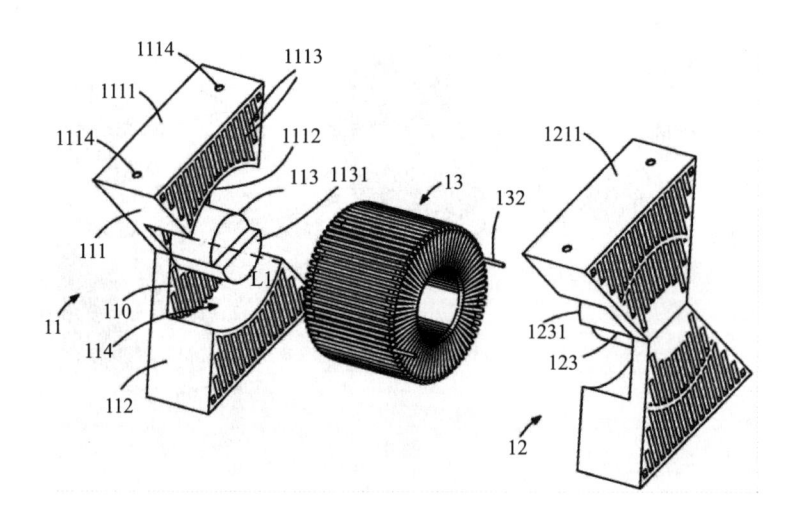

# 第 11 章  导电材料领域

本章以"一种可烧结导电组合物及其制备方法"为例,介绍根据技术交底书撰写导电材料领域中产品和方法专利申请的一般思路。在本案例中,通过对技术交底书中内容的理解,并对现有技术进行检索,进一步明确该发明相对于现有技术的创新点,同时补充、丰富、改正说明书相关内容,以满足《专利法》要求的说明书应当清楚、完整,达到本领域技术人员能够实现的要求,撰写出保护范围恰当、合理的申请文件。

## 11.1  创新成果的分析

发明人提交的技术交底书如下:

本发明提供一种具有改善的导电性的导电组合物。所述改善的导电性可归因于在具有金属颗粒的导电组合物中加入一种或多种聚合物乳液作为粘合剂以及加入一种或多种烧结剂。

导电组合物是已知的,比如在印刷电子应用中广泛使用的导电油墨。而用于赋予这些组合物导电性的主要成分之一是银。但近期银的价格波动很大,使得制造商难以管理其产品线。因此,涉及导电性的研究和开发调查近年来很普遍。目前已经使用各种方法来产生导电组合物以及改善这种组合物的导电性。例如,向组合物中引入银络合物,然后使组合物经受升温条件,例如高于150℃,以分解银络合物。银络合物分解后,形成原位银纳米颗粒可以提高导电性。然而,许多热敏应用要求加工温度低于150℃。

随着柔性电子学的发展,热敏基材在电子工业中的使用越来越普遍,对在低于150℃的温度下加工后具有高导电性的材料产生了强烈的需求。例如,随着移动技术的进步和消费者对大屏幕和窄边框的需求,迫切需要减小边框宽度并提高触摸屏传感器上边框线的导电性。因此,希望提供一种替代方案来解决使用已知导电油墨组合物实现导电性的方式所带来的困难。

本发明提供这样的一种可烧结导电组合物,其包含:

平均粒径为大于约5nm至约100μm的金属组分;烧结剂;以及乳液,所述乳液包含水和至少一种平均粒径为约5nm至1000μm的聚合物。根据本发明,合适的可烧结导电组合物应具有$1×10^{-4}$或更低的体积电阻率。

更具体地,本发明提供一种可烧结导电组合物,其包含:金属组分,所述金属组分由银、铝、金、锗或它们的氧化物或合金制成,或者掺杂有银、铝、金、锗或它们的氧化物或合金,并且所述金属组分的平均粒径为大于约5nm至约100μm;烧结剂,所述烧结剂选自磷酸、膦酸、甲酸、乙酸、卤化氢、以及第Ⅰ族和第Ⅱ族金属的卤化物盐;乳液,所述乳液包含至多约95重量%的水和至少一种平均粒径为约5 nm至1000μm的聚合物,所述乳液用作粘合剂。

在另外的方案中,本发明提供一种可烧结导电油墨组合物,其包含:平均粒径为大于约5nm至约100μm的金属组分;乳液,所述乳液包含水和至少一种接枝有有机卤素基团并且平均粒径为约5nm至1000μm的聚合物。

在另一方面中,本发明提供改善组合物的导电性的方法,所述方法的步骤包括:

提供乳液,所述乳液包含水和至少一种平均粒径为约5nm至1000μm的聚合物;向所述乳液中提供烧结剂;向所述乳液中提供平均粒径大于约5nm至约100μm的金属组分,以形成油墨组合物;以及使所述组合物经受室温至约200℃的温度达足以烧结所述油墨组合物的时间,使所述组合物经受室温至约200℃的温度并持续足以使所述油墨组合物烧结的时间。

在又一方面中,本发明提供一种基材,在所述基材上布置有本发明的组合物。

在又一方面中,本发明提供一种乳液,所述乳液包含水和至少一种接枝有有机卤素基团的聚合物。

在导电组合物中,在各种实施方案中,金属组分可以选自由银、铝、金、锗或它们的氧化物或合金制成或者掺杂有银、铝、金、锗或它们的氧化物或合金的金属。金属组分的平均粒径为约20nm至小于约1μm,例如约200nm至约1000nm。

当金属组分是银时,银可以呈适合于目前商业应用的任何形状。例如,球形、长方形、粉末和薄片形状。银可以作为在合适的液体载体中的分散体或以干燥形式作为固体提供。也可以使用不同尺寸的银薄片的混合物。

银可以在组合物的约 40 重量% 至约 99.5 重量% 的范围内使用，例如在组合物的约 60 重量% 至约 98 重量% 的范围内使用。

所述聚合物应选自由以下单体聚合或共聚得到的物质：苯乙烯、丁二烯、丙烯酸酯和甲基丙烯酸酯、氯丁二烯、氯乙烯、乙酸乙烯酯、丙烯腈、丙烯酰胺、乙烯、硅氧烷、环氧化合物、乙烯醚和许多其他单体。特别理想的聚合物包括聚苯乙烯和聚甲基丙烯酸甲酯。

用静态光散射装置来测量乳液中聚合物颗粒的尺寸，所述装置提供平均粒度和粒度分布。测定聚合物的分子量，线性和窄分子量 PMMA 标准品用于校准，以确定重均分子量（Mw）、数均分子量（Mn）和多分散性（Mw/Mn）。

在一些方案中，聚合物接枝有有机卤素基团。

在另一些方案中，聚合物由二碘甲基基团封端。

聚合物在乳液中的存在量应为 0.5 重量% 至 90 重量%，理想的是约 10 重量%。

金属组分的粒度与聚合物的粒度比应为约 0.02 至约 50，例如约 0.1 至约 1.0。

乳液可以包含至多约 95 重量%，例如至多约 50 重量%，理想地至多约 10 重量% 的量的水。

组合物可以包含烧结剂，烧结剂可以是酸或盐，或者组合物可以包含其上接枝有有机卤素基团的聚合物，其部分用作烧结剂。然而，不是任何一种酸都是满足需要的。例如，硫酸不会表现出改善的烧结或体积电阻率。但是磷酸、甲酸、乙酸和卤化氢，例如氢氟酸、氢氯酸、氢溴酸和氢碘酸会表现出改善的烧结或体积电阻率。

第Ⅰ族和第Ⅱ族金属的卤化物盐，例如氟化钠、氯化钠、溴化钠、碘化钠、氟化钾、氯化钾、溴化钾、碘化钾等也可以用作烧结剂。

烧结剂的存在量为约 0.01 重量% 至约 10 重量%。

当烧结助剂为固体形式（例如卤化物盐）时，其可以作为固体加入，或者其可以作为水溶液（至多约 50 重量%）加入，使得本发明油墨的烧结助剂的浓度为不超过约 0.1 重量% 至 5 重量%。

导电组合物可以包含表面活性剂。当存在表面活性剂时，它可以选自在其端部含有阴离子官能团，例如硫酸根、磺酸根、磷酸根和羧酸根的阴离子表面活性剂。重要的烷基硫酸盐包括月桂基硫酸铵、月桂基硫酸钠［或十二烷基硫酸钠（SDS）］和相关的烷基醚硫酸盐、月桂基聚氧乙烯醚硫酸钠［或十二烷基醚硫酸钠（SLES）］和肉豆蔻醇聚醚硫酸钠。当存在表面活性剂时，其用量可以为不超过10重量%。

导电组合物还可以包含有机卤素化合物作为导电促进剂。有机卤素化合物在室温下为液体。有机卤素化合物的沸点应低于约150℃，例如低于约120℃，理想的是低于约100℃，并且适当地高于约70℃。有机卤素化合物理想地具有一个或多个连接到其上的碘原子。理想的是，只有一个碘原子连接到有机碘化物上。

有机卤素化合物的有机部分可以是烷基或芳基。当它是烷基时，它应该是烷基部分具有至多12个碳原子的低级烷基。

有机卤素化合物的代表性例子包括2-碘丙烷、1-碘丙烷、2-碘-2-甲基丙烷、2-碘丁烷、2-氟三氟甲苯、3-氟三氟甲苯、4-氟三氟甲苯、氟苯、2-氟乙醇、1-氟十二烷、1-氟己烷、1-氟庚烷和三氟乙酸。当然，也可以使用这些有机卤素化合物中的任意两种或更多种的混合物。

有机卤素化合物的用量应小于或等于约5重量%。理想地，约0.25重量%已证明是有效的。

在这些方案或方面中的任何一个中，聚合物可以具有高于70℃的$T_g$（玻璃态转变温度）和/或约200000的分子量。

表11-1提供了可用作导电促进剂的有机卤素化合物的列表。沸点低于约150℃的有机卤素化合物有助于在固化的导电油墨中残留最少。

表11-1 可用作导电促进剂的有机卤素化合物

| 有机卤素的名称 | 沸点（℃） |
| --- | --- |
| 2-碘丙烷 | 88~90 |
| 1-碘丙烷 | 101~102 |
| 2-碘-2-甲基丙烷 | 99~100 |
| 2-碘丁烷 | 119~120 |
| 2-氟三氟甲苯 | 114~115 |
| 3-氟三氟甲苯 | 101~102 |
| 4-氟三氟甲苯 | 102~105 |
| 氟苯 | 85 |
| 2-氟乙醇 | 103 |

续表

| 有机卤素的名称 | 沸点（℃） |
| --- | --- |
| 1-氟十二烷 | 106 |
| 1-氟己烷 | 92~93 |
| 1-氟庚烷 | 119 |
| 三氟乙酸 | 72.4 |

有机卤素化合物可用于改善组合物的导电性，以及在降低金属组分的加载量的同时保持导电性。

为了使本发明的导电组合物更容易分配，经常需要在合适的溶剂中稀释该组合物。稀释度应为约1份的组合物对约5份的溶剂。许多溶剂适用于本发明的组合物，前提是所选溶剂与有机卤素化合物相容。

本发明的导电组合物适用于在塑料或其他基材（例如PET和PC）上需要高导电性的应用。

这种乳液通过辅助金属颗粒形成烧结网络而提高组合物的导电性。

此外，与起类似作用的溶剂基乳液相比，所述乳液促进健康、安全和环境效益，因为所述乳液含有水作为组分。

发明人提交的技术交底书记载的权利要求书如下：

1. 可烧结导电组合物，其包含：平均粒径为大于约5nm至约100μm的金属组分；烧结剂；和乳液，所述乳液包含水和至少一种平均粒径为约5nm至1000μm的聚合物。

## 11.1.1 创新成果的理解

### 11.1.1.1 发明涉及的技术主题

本发明的发明构思在于：在具有金属颗粒的导电组合物中加入一种或多种聚合物乳液作为粘合剂以及加入一种或多种烧结剂，从而改善导电组合物的导电性。该发明既涉及对导电组合物的成分的调整改进，又涉及获得需要的导电组合物的具体制备方法。因此，该发明请求保护的技术主题可以考虑产品和方法两个方面。

### 11.1.1.2 发明对现有技术作出的改进及新颖性和创造性的初步判断

基于对技术交底书的理解，该发明对技术交底书中提供的现有技术作出的改进主要在于：导电组合物中加入不同的粘合剂以及烧结剂，为了更加准确地确定该发明相对于《专利法》意义上的现有技术所作出的创新，在理解了技术交底书中的相关技术内容之后，需要进行充分的检索，全面了解现有技术中相关技术情况，以确定本发明相对于现有技术改进的程度是否能够达到《专利法》规定的新颖性和创造性的要求。

经过检索得到多篇与发明人撰写的权利要求相关的现有技术。其中，最接近的现有技术公开了一种可通过低温烧结法获得纳米颗粒的方法，即提供一种可烧结的导电组合物，包含 1~1000nm 粒径的金属纳米颗粒，金属纳米颗粒为银、金或其他氧化物或合金；烧结剂，可选自磷酸、乙酸；和水、分散剂，分散剂为聚合物，在水和分散剂中提供烧结剂和金属成分，由银、金或其氧化物或合金制成，平均粒径为 1~1000nm，使组合物经受 5~100℃的烧结。该最接近的现有技术要解决的技术问题是：如何获得高电导率烧结的纳米颗粒网状物。

通过分析可以发现，本发明除了解决现有技术已经解决的技术问题：如何提供在低于 150℃的温度下加工后具有高导电性的可烧结导电组合物外，技术交底书中还记载了组合物中包含接枝有有机卤素基团的聚合物，同时解决了"如何获得更优体积电阻率"的技术问题。也就是说为解决"如何获得更优体积电阻率"的技术问题采用的技术手段是具备新颖性和创造性的。因此，该发明相对于目前的现有技术具备新颖性和创造性。

### 11.1.1.3 现有技术交底书的分析

对于技术交底书中的内容是否足够，是否还有需要补充、挖掘或改正的内容，需要进一步思考以下问题：

（1）说明书公开是否充分

《专利申请指南 2010》第二部分第二章第 2.1.3 节指出：

说明书中给出了具体的技术方案，但未给出实验证据，而该方案又必须依赖实验结果加以证实才能成立。例如，对于已知化合物的新用途发明，通常情况下，需要在说明书中给出实验证据来证实其所述的用途以及效果，否则将无法达到能够实现的要求。

本发明目前的技术交底书中记载：采用其中的乳液通过辅助金属颗粒形成烧结网络而提高组合物的导电性。其中的金属组分可以选自由银、铝、金、锗或它们的氧化物或合金制成或者掺杂有银、铝、金、锗或它们的氧化物或合金的金属。此外，与起类似作用的溶剂基乳液相比，所述乳液促进健康、安全和环境效益。同时添加的烧结剂可选自磷酸、膦酸、甲酸、乙酸、卤化氢，以及第Ⅰ族和第Ⅱ族金属的卤化物盐可改善烧结或体积电阻率。即技术交底书中给出了具体的技术方案，但是没有记载实验证据来予以证明其技术效果，而该方案又必须依赖实验结果加以证实才能成立。因此目前缺少实验数据会导致撰写的说明书无法满足《专利法》第26条第3款规定的"能够实现"的要求。

需要注意的是，技术交底书中记载了在组合物中的金属组分、烧结剂以及聚苯乙烯乳液的具体的含量及成分，那么后续在补充的实验数据或实施例中，要注意补充相关的所有数据以便支持权利要求概括的技术方案，以免造成权利要求不满足《专利法》第26条第4款规定的"不支持"的要求。

（2）技术方案的表述是否清楚

本发明技术方案中涉及数值范围的技术特征比较多，要注意数值范围应当清楚。目前技术交底书中的，例如"大于约50nm至约100μm"，首先"约"表述了一个不确定的范围，本领域技术人员不清楚什么样的范围属于"约50nm"和"约100μm"；即使把其中的"约"字去掉，该范围仍不清楚，因为不清楚"大于50nm至100μm"限定的数值范围是大于50nm至100μm中的某一数值，还是大于50nm且小于等于100μm。技术交底书中记载的"200nm至小于1μm"存在相同的问题。

## 11.1.2 发明内容的拓展

### 11.1.2.1 发明的原理以及同发明原理密切联系的关键技术手段和等同实施例的补充

经过如上思考，将对技术交底书的理解和思考与发明人充分沟通，获得对技术交底书理解的确认和进一步的补充和挖掘。

基于对提高组合物导电性能的特性没有实验证据来予以证明其技术效果，

技术交底书中补充实验组具体组分及其含量、对照组组分及其含量、实验条件、实验组和对照组的电子照片、实验数据等，补充完整的实施例如下：

实施例 1

通过以下方式来制备组合物：样品 1 是将纳米颗粒银（Ag 86.5%）（与表面活性剂醇溶剂一起）混合到聚甲基丙烯酸甲酯乳液（在水中的 10% PMMA，PMMA 平均粒度为 61nm）中，然后向其中加入烧结助剂 $H_3PO_4$（在水中 10 重量%），然后以 3000rpm 混合 60s。作为对照，对照 1 为 100% 的纳米颗粒银（与表面活性剂醇溶剂一起），用于比较相对于样品 1 的性能。扫描电子显微镜（SEM）图像显示在图 11-1 中。

图 11-1 描绘了对照 1 和样品 1 的扫描电子显微镜（SEM）图像，每个 SEM 图像都是在 120℃的温度下加热 30min 的时间后获得的。对照 1 中所示的银纳米颗粒以颗粒状的形式存在，而样品 1 中的那些银纳米颗粒显示为聚结成三维的结构，从而减少了间隙，并因此减小了它们之间的空隙。

对照1　　　　　　　　　　　　样品1

图 11-1　对照 1 和样品 1 的扫描电子显微镜图像

表 11-2　对照 1 和样品 1 的组合物

| 组分 | 对照 1 | 样品 1 |
| --- | --- | --- |
| 纳米颗粒 Ag（Ag 86.5%） | 100 | 62.5 |
| PMMA 乳液 | 0 | 35.8 |
| $H_3PO_4$ | 0 | 1.7 |

将表 11-2 中的组合物各自施加到载玻片，并如本发明所述制备方法制

备，从而可以进行体积电阻率测量。通过标准条带法来测量制备的组合物的体积电阻率（VR）。通过以下方式来制备用于条带导电测试的每个样品：首先在用胶带掩蔽的载玻片上涂覆薄层。将油墨层在环境温度下干燥，然后在设定的温度下固化一段设定的时间。用四探针欧姆计测量电阻率，体积电阻率由下式计算：VR = M * T * $W_i$/D，其中 M 是以 ohms 为单位的测量的电阻率，T 是以 cm 为单位的条带厚度，$W_i$ 是以 cm 为单位的条带宽度，D 是探针之间的以 cm 为单位的距离。

表 11-3 示出了在表 11-2 中列出的对照 1 和本发明的组合物（即样品 1）的体积电阻率（以 ohm·cm 为单位）测量值。在 120℃ 的温度下制备组合物并持续 30min。

表 11-3 对照 1 和样品 1 的体积电阻率

|  | 对照 1 | 样品 1 |
|---|---|---|
| 体积电阻率 | >200 万 | $4.0 \times 10^{-5}$ |

表 11-3 显示，各自在 120℃ 的温度下加热 30min 后，PMMA 乳液和烧结助剂（$H_3PO_4$ 水溶液）降低体积电阻率（样品 1），而对照 1（仅纳米银浆）具有更高的体积电阻率。实验数据表明，PMMA 乳液和 $H_3PO_4$ 的加入使银油墨的导电性提高了 10 个数量级以上。

考虑电阻率测量值可以推断，在本发明的组合物中加入聚合物乳液和烧结助剂有助于纳米银烧结并形成互连网络，从而使得样品 1 的导电性比对照组合物的导电性高得多。

实施例 2

本实施例通过以下方式制备了四种组合物：将纳米颗粒银（Ag 86.5%）混合到聚苯乙烯乳液（在水中的 10% 聚苯乙烯，聚苯乙烯的平均粒度为 62nm、200nm 和 600nm）中。向样品 2、3 和 4 中加入烧结助剂 $H_3PO_4$（在水中 10 重量%），然后以 3000rpm 混合 60s 的时间。这样形成的组合物用于制备试样。

表 11-4 对照 2 和样品 2~4 的组合物

| 组分 | 样品（重量%） |  |  |  |
|---|---|---|---|---|
|  | 对照 2 | 样品 2 | 样品 3 | 样品 4 |
| 纳米颗粒 Ag（Ag 86.5%） | 64.5 | 71.4 | 71.4 | 71.4 |

续表

| 组分 | 样品（重量%） ||||
|---|---|---|---|---|
| | 对照2 | 样品2 | 样品3 | 样品4 |
| 聚苯乙烯乳液<br>（10%固体） | 35.5<br>(62nm) | 27.3<br>(62nm) | 27.3<br>(200nm) | 27.3<br>(600nm) |
| $H_3PO_4$ | 0 | 1.3 | 1.3 | 1.3 |

表 11-5 示出了在表 11-4 中列出的对照 2 以及三种本发明的组合物（即样品 2、3 和 4）的体积电阻率（以 ohm·cm 为单位）测量值。在 120℃的温度下加热组合物 30min。

表 11-5 对照 2 和样品 2~4 的体积电阻率

| 样品编号 | 对照2 | 样品2 | 样品3 | 样品4 |
|---|---|---|---|---|
| 体积电阻率 | >200万 | $4.6 \times 10^{-5}$ | $5.5 \times 10^{-5}$ | $2.8 \times 10^{-4}$ |

表 11-5 显示，在 120℃的温度下固化 30min 后，烧结助剂（$H_3PO_4$ 水溶液）降低了用聚苯乙烯乳液配制的银油墨（样品 2、3 和 4）的体积电阻率，而对照 2（没有烧结助剂 $H_3PO_4$）具有更高的体积电阻率。烧结助剂 $H_3PO_4$ 的加入提高了银油墨组合物的导电性，其中每种聚苯乙烯乳液具有不同的粒度（即 62nm、200nm、600nm）。因此，本发明的组合物具有比对照组合物更好的导电性能。在这种确定的取样范围内，乳液中聚苯乙烯的粒度范围也是获得优异的体积电阻率性能所需要的。

**实施例 3**

本实施例通过以下方式制备了两种组合物：样品 5 和样品 6：将纳米颗粒银（Ag 86.5%）混合到聚甲基丙烯酸甲酯乳液（在水中的 10%PMMA，PMMA 平均粒度为 61nm）中。选择两种不同的烧结助剂 $H_3PO_4$ 和 KI（均为在水中 10 重量%）。将烧结助剂加入样品 5 和样品 6 中，然后以 3000rpm 混合 60s。这样形成的组合物用于制备试样。

表 11-6 样品 5 和样品 6 的组合物

| 组分 | 样品（重量%） ||
|---|---|---|
| | 样品5 | 样品6 |
| 纳米颗粒 Ag（Ag 86.5%） | 66.3 | 67.0 |
| PMMA 乳液 | 33.3 | 32.8 |

续表

| 组分 | 样品（重量%） ||
|---|---|---|
| | 样品5 | 样品6 |
| $H_3PO_4$ | 0.4 | 0.00 |
| KI | 0.0 | 0.13 |

表 11-7 示出了在表 11-6 中列出的两种本发明的组合物（即样品 5 和样品 6）的体积电阻率（以 ohm·cm 为单位）测量值。组合物在比以前更低的温度下（温度为 80℃，而不是 120℃）固化 30min。

表11-7 样品5和样品6的体积电阻率

| | 对照1 | 样品5 | 样品6 |
|---|---|---|---|
| 体积电阻率 | >200 万 | $1.2 \times 10^{-5}$ | $3.1 \times 10^{-5}$ |

表 11-7 显示，与对照 1（表 11-3）相比，聚合物乳液和烧结助剂的每种组合均降低了银纳米颗粒涂层（样品 5 和样品 6）的体积电阻率。

实施例 4

本实施例中，碘接枝的聚甲基丙烯酸甲酯的合成如以下反应路线所示进行描述，其中 $n$ 为 5~10000。

$$CHI_3 + CH_2=C\begin{matrix}CH_3\\COOCH_3\end{matrix} \xrightarrow[\text{去离子水, Brij98}]{Cu(0)/Me_6TREN} H-\underset{\underset{I}{|}}{\overset{\overset{I}{|}}{C}}-(CH_2-\underset{\underset{COOCH_3}{|}}{\overset{\overset{CH_3}{|}}{C}})_n CH_2-\underset{\underset{COOCH_3}{|}}{\overset{\overset{CH_3}{|}}{C}}-I$$

将 130g 去离子水、2.0gBrij98 表面活性剂［聚氧乙烯油基醚，$C_{18}H_{35}(OCH_2CH_2)_{20}OH$］和 0.064g（1mmol）铜粉（<10μm）加入装备有机械搅拌器的 500mL 四颈圆底烧瓶中。将 0.178g（1mmol）$Me_6TREN$、0.394g（1mmol）碘仿和 20g（200mmol）甲基丙烯酸甲酯加入 50mL 管中。将两种混合物在氮气环境下通过 6 个冷冻 - 抽气 - 解冻循环进行脱气。将甲基丙烯酸甲酯混合物在氮气下通过套管转移到圆底烧瓶中。聚合反应在室温下持续 5h，并随着空气的引入而停止。

形成碘接枝的 PMMA，并在 100℃的温度下干燥，得到 47% 的产率。通过 GPC 分析，测定重均分子量 Mw 约为 278600，数均分子量 Mn（按分子数统计的平均分子量）约为 84400，多分散性 Mw/Mn 约为 3.3，乳液中值粒度约为 85nm。

实施例 5

使用实施例 4 的碘接枝的 PMMA 来制备具有纳米颗粒银的组合物,以形成乳液。该乳液含有碘接枝的 PMMA,其含量略高于组合物的 55 重量%。未添加额外的烧结助剂,相反,碘接枝的 PMMA 既作为粘合剂又作为烧结助剂。将组合物以 3000rpm 混合 60s 的时间,然后用于制备试样。

表 11-8  样品 5 和样品 7 的组合物

| 组分 | 样品（重量%） ||
|---|---|---|
|  | 样品 5 | 样品 7 |
| 纳米颗粒 Ag（Ag 86.5%） | 66.3 | 56 |
| PMMA 乳液（10% 固体）61nm | 33.3 | 0 |
| $H_3PO_4$ | 0.4 | 0 |
| CHI2-PMMA-I 乳液（5.8% 固体）85nm | 0 | 44 |

表 11-9 示出了本发明表 11-8 中的组合物（即样品 5 和样品 7）的体积电阻率测量值（以 ohm·cm 为单位）。组合物在不同温度和时间下制备,即室温 20h 和在温度 80℃ 下,30min。

表 11-9  样品 5 和样品 7 的体积电阻率

|  | 样品 5 | 样品 7 |
|---|---|---|
| 室温 20h | $1.4 \times 10^{-4}$ | $1.4 \times 10^{-4}$ |
| 温度 80℃ 下,30min | $1.2 \times 10^{-5}$ | $1.2 \times 10^{-5}$ |

表 11-9 显示制备后得到相关样品的体积电阻率,与对照 1（表 11-3）相比,组合物显示出降低的体积电阻率,而体积电阻率的降低与用于固化组合物的温度和时间无关。

实施例 6

该实施例通过以下方式制备了两种组合物对照 3 和样品 8：将纳米颗粒银混合到聚苯乙烯乳液（在水中的 49% 聚苯乙烯）中。向样品 8 中加入烧结助剂 KI（在水中 3.5 重量%）,而代之以向对照 3 中加入去离子水,并将它们以 3000rpm 混合 60s。这样形成的组合物用于制备试样,参见表 11-10。

表 11-10  对照 3 和样品 8 的组合物

| 组分 | 样品（重量%） ||
|---|---|---|
| | 对照 3 | 样品 8 |
| 纳米颗粒 Ag（Ag 86.5%） | 83.8 | 84.1 |
| ENCOR 8146（49%固体） | 7.9 | 7.8 |
| KI | 0.0 | 0.3 |
| 去离子 $H_2O$ | 8.3 | 7.8 |

表 11-11 示出了在表 11-10 中列出的两种组合物（即对照 3 和样品 8）的体积电阻率（以 ohm·cm 为单位）测量值，组合物在 100℃的温度下加热 30min。

表 11-11  对照 3 和样品 8 的体积电阻率

| 样品编号 ||
|---|---|
| 对照 3 | 样品 8 |
| >100 万 | 7.8E-05 |

表 11-11 显示，与对照 3 相比，加入烧结助剂 KI 后样品 8 的体积电阻率降低。

实施例 7

通过以下方式制备了两种组合物：将纳米颗粒银混合到聚苯乙烯乳液（在水中的 49%聚苯乙烯）中。分别向样品 9 和样品 10 中加入烧结助剂 2-碘乙醇（在水中 5.0 重量%）和碘乙酰胺（在水中 7.0 重量%），并将它们以 3000rpm 混合 60s。这样形成的组合物用于制备试样。

表 11-12  样品 9 和样品 10 的组合物

| 组分 | 样品（重量%） ||
|---|---|---|
| | 样品 9 | 样品 10 |
| 纳米颗粒 Ag（Ag 86.5%） | 81.3 | 81.2 |
| ENCOR 8146（49%固体） | 7.2 | 7.2 |
| 2-碘乙醇 | 0.2 | 0 |
| 碘乙酰胺 | 0 | 0.3 |
| 去离子 $H_2O$ | 11.3 | 11.3 |

表 11-13 示出了在表 11-12 中列出的两种组合物（即样品 9 和样品 10）

的体积电阻率（以 ohm·cm 为单位）测量值。组合物在 80℃ 的温度下加热 30min。

表 11-13  样品 9 和样品 10 的体积电阻率

| 样品编号 | | |
| --- | --- | --- |
| 对照 3 | 样品 9 | 样品 10 |
| >100 万 | $5.1 \times 10^{-5}$ | $5.8 \times 10^{-5}$ |

表 11-13 显示，与对照 3 相比，加入有机碘化物作为导电促进剂降低样品 9 和样品 10 的体积电阻率。

根据目前发明人补充的相关实施例中，如实施例 2 中采用了特定含量比例的金属成分、烧结剂和聚苯乙烯乳液；实施例 5 中采用碘接枝的 PMMA 作为聚合物，该聚合物即作为粘合剂又作为烧结剂，且限定了金属组分和乳液的含量比例。要注意在撰写权利要求时进行适当的概括，以免出现不支持的问题。

另外，在技术交底书中多次出现了"约"以及模糊不清的数值范围，需要在撰写中注意，并将其进行相应的修改。

## 11.1.3  专利运用的考量

### 11.1.3.1  权利要求的类型

针对本发明，在考虑权利要求类型时，可以考虑产品权利要求和方法权利要求的组合，即技术主题一为一种可烧结导电组合物；技术主题二为一种可烧结导电组合物的制备方法。

### 11.1.3.2  权利要求的保护范围

（1）技术交底书中具有多个实施例时权利要求的合理概括

本发明包含多个实施例，可以基于所属技术领域的技术常识对于共性的物质采用功能性限定；对于导电组合物组分/占比，需要注意在某些导电组合物中的成分和组成的实施例仅给出了一些特定的组分和/或特定的占比情况下，如果本领域技术人员无法预测其他组分/占比也能够解决发明要解决的技术问题，并取得同样的技术效果时，需要将其中特定的方式写入权利要求书中，以避免其得不到说明书的支持。

（2）避免直接将独立权利要求的技术方案限定于技术交底书中直接提及的应用领域

该组合物可以应用于多种场合时，在撰写时，避免将其特别限定于某种特殊的应用领域，应该采用更为通用的表达。在本发明中，尽可能地描述导电组合物本身而不将该种组合物特别限定应用于某个应用领域。

### 11.1.3.3　显性撰写方式

本案例中涉及材料组分较多，对于材料名称、参数、单位等均应采用所属技术领域通用的技术术语作出清楚、明确的记载。

## 11.2　权利要求书的撰写

按照本书第 7 章记载的撰写顺序撰写技术主题一"一种可烧结导电组合物"和技术主题二"一种可烧结导电组合物的制备方法"的权利要求。首先撰写技术主题一"一种可烧结导电组合物"的权利要求。由于技术主题二的制备方法与技术主题一的导电组合物基本对应，在撰写技术主题二的权利要求时，仅需将结构特征改为采用步骤方法限定的方式即可。因此，在本节不再赘述，具体权利要求可参见本章第 11.4 节发明专利申请的参考文本。

### 11.2.1　列出技术方案的全部技术特征

理解技术主题的实质性内容，列出构成一种可烧结导电组合物技术方案的全部技术特征。根据之前对于技术交底书的相关分析，本发明的技术方案包括以下技术特征：

1）具有金属组分，所述金属组分由银、铝、金、锗或它们的氧化物或合金制成，或者掺杂有银、铝、金、锗或它们的氧化物或合金。

2）具有烧结剂，所述烧结剂选自磷酸、膦酸、甲酸和乙酸。

3）具有乳液，所述乳液包含水和聚苯乙烯，其中聚苯乙烯存在于乳液中。

4）金属组分、烧结剂、乳液的具体成分组成，乳液中的聚苯乙烯的组成。

 5）金属组分的平均粒径。

 6）聚苯乙烯具有高于70℃的 Tg 或 200000 的分子量 Mw 中的至少一个。

 7）聚苯乙烯接枝有有机卤素基团。

 8）聚苯乙烯由二碘甲基基团封端。

 9）聚苯乙烯以至多10重量%的量存在于所述乳液中。

 10）还包含选自以下物质的表面活性剂：含有硫酸根、磺酸根、磷酸根和/或羧酸根基团的阴离子表面活性剂。

 11）表面活性剂以至多10重量%的量存在。

 12）金属组分的粒度与聚苯乙烯的粒度比为0.02至50。

 13）金属组分的粒度与聚苯乙烯的粒度比为0.1至1.0。

 14）还包含有机卤素化合物。

 15）有机卤素化合物在室温下是液体。

 16）有机卤素化合物中的卤素是碘。

 17）有机卤素化合物是低级烷烃卤化物。

 18）有机卤素化合物由具有至多12个碳原子的卤代化合物代表。

 19）有机卤素化合物的沸点低于150℃。

## 11.2.2 明确发明要解决的技术问题

  该技术交底书中并未提供现有技术的对比文件，经检索得到与该发明最接近的对比文件，通过分析可知，该对比文件虽然也公开了一种可通过低温烧结法获得纳米颗粒的方法，其利用金属纳米颗粒、烧结剂、水和分散剂制备成为组合物，也取得了获得高电导率烧结的纳米颗粒网状物的技术效果。但是相对于该现有技术，本发明进一步通过采用增加有机卤素化合物，例如用有机碘化物作为导电促进剂，选用特定粒径的聚苯乙烯作为分散剂，采用接枝有卤素的聚合物的组合物取得了提高组合物导电性并降低体积电阻率的技术效果。因而，可以确定本发明所要解决的技术问题为：如何提供在低于150℃的温度下加工后具有高导电性和低体积电阻率的替代性可烧结导电组合物。

## 11.2.3 确定独立权利要求的必要技术特征

通过对技术交底书的理解，在确定了所要解决的技术问题的基础上，需要确定出前述技术特征1)~19)中哪些技术特征是解决如何提高导电组合物的导电性能这个技术问题的必要技术特征。

根据前述分析，本发明所要解决的技术问题为：如何提供在低于150℃的温度下加工后具有高导电性的替代性可烧结导电组合物。根据该技术问题，该导电组合物必须具有金属组分、烧结剂、乳液，且提升导电组合物的导电性能，必须要对其具体的成分组成进行限定，也就是说特征1)~4)是必须具备的。另外，实施例5和实施例6中加入接枝有卤素的聚合物和有机卤素化合物是解决本发明要解决的技术问题的关键技术特征，同样不可或缺，因此，特征7)和14)也是必要技术特征。经过如上分析，本发明的独立权利要求中应当包含如下技术特征：

1) 具有金属组分，金属组分可由银、铝、金、锗或它们的氧化物或合金制成，或是掺杂有银、铝、金、锗或它们的氧化物或合金。

2) 具有烧结剂，烧结剂的具体成分以及其所占比例。

3) 具有乳液，乳液中包含水和至少一种聚合物，聚合物的具体成分及其粒径。

4) 金属组分、烧结剂、乳液的具体成分组成，乳液中的聚苯乙烯的组成。

7) 聚苯乙烯接枝有有机卤素基团。

14) 还包含有机卤素化合物。

其他的技术特征如具体的成分组成可以撰写在从属权利要求中。

## 11.2.4 撰写独立权利要求

在确定了解决上述技术问题所需的所有必要技术特征之后，可以着手撰写该技术主题的独立权利要求。

对于本发明，其与作为最接近的现有技术的对比文件共有的技术特征为"可烧结的导电组合物，包含金属组分、烧结剂、乳液"，应当将其写入前序部分。因此，最终撰写的权利要求1如下：

1. 一种可烧结导电组合物，其包含：金属组分、烧结剂、乳液，其特征在于：

40 重量%至 99.5 重量%的平均粒径为大于 5nm 至小于等于 100μm 的金属组分，所述金属组分由银、铝、金、锗或它们的氧化物或合金制成，或者掺杂有银、铝、金、锗或它们的氧化物或合金；

0.01 重量%至 10 重量%的烧结剂，所述烧结剂选自磷酸、膦酸、甲酸和乙酸；和

乳液，所述乳液包含水和平均粒径为 20nm 至 200nm 的聚苯乙烯，其中聚苯乙烯以 0.5 重量%至 80 重量%的量存在于所述乳液中。其中聚苯乙烯接枝有有机卤素基团；

其还包含有机卤素化合物。

## 11.2.5　撰写从属权利要求

就本发明而言，技术特征 5）对金属组分的平均粒径进行了限定，技术特征 6）对聚苯乙烯进行了限定，其分别可以作为权利要求 1 的从属权利要求 2、3。

技术特征 8）、9）分别对聚苯乙烯作出进一步的限定，其分别可以作为权利要求 3 的从属权利要求 4、5。

技术特征 10）限定了该组合物中还可以具有表面活性剂，其可以作为权利要求 1 的从属权利要求 6。

技术特征 11）对表面活性剂作出进一步的限定，其可以作为权利要求 6 的从属权利要求 7。

技术特征 12）、13）分别对金属组分、聚苯乙烯的粒度比进行了限定，其可以分别作为权利要求 1 的从属权利要求 8、9。

技术特征 15）~19）是对有机卤素化合物的相关特征的具体限定，其可以作为权利要求 1 的从属权利要求 10~14。

因此，对于技术主题一最终可以形成如下的从属权利要求：

2. 根据权利要求 1 所述的组合物，其中所述金属组分的平均粒径为大于等于 200nm 至小于 1μm。

3. 根据权利要求 1 所述的组合物，其中聚苯乙烯具有高于 70℃ 的 Tg 或 200000 的重均分子量 Mw 中的至少一个。

4. 根据权利要求3所述的组合物,其中聚苯乙烯由二碘甲基基团封端。

5. 根据权利要求3所述的组合物,其中聚苯乙烯以至多10重量%的量存在于所述乳液中。

6. 根据权利要求1所述的组合物,其还包含选自以下物质的表面活性剂:含有硫酸根、磺酸根、磷酸根和/或羧酸根基团的阴离子表面活性剂。

7. 根据权利要求6所述的组合物,其中所述表面活性剂以至多10重量%的量存在。

8. 根据权利要求1所述的组合物,所述金属组分的粒度与聚苯乙烯的粒度比为0.02至50。

9. 根据权利要求1所述的组合物,所述金属组分的粒度与聚苯乙烯的粒度比为0.1至1.0。

10. 根据权利要求1所述的组合物,其中所述有机卤素化合物在室温下是液体。

11. 根据权利要求1所述的组合物,其中所述有机卤素化合物中的卤素是碘。

12. 根据权利要求1所述的组合物,其中所述有机卤素化合物是低级烷烃卤化物。

13. 根据权利要求1所述的组合物,其中所述有机卤素化合物由具有至多12个碳原子的卤代化合物代表。

14. 根据权利要求1所述的组合物,其中所述有机卤素化合物的沸点低于150℃。

## 11.3 说明书及其摘要的撰写

以下为本案例说明书及其摘要的撰写。

(1) 发明或者实用新型的名称

本发明涉及两项独立权利要求,发明名称中应该清楚、简要、全面地反映所要保护的主题"一种可烧结导电组合物"和"一种可烧结导电组合物的制备方法"。因此,发明名称可以写为"一种可烧结导电组合物及其制备方法"。

(2) 发明或者实用新型的技术领域

对于本发明,该发明涉及一种导电组合物,具体涉及一种具有改善导电性的导电组合物。

(3) 发明或者实用新型的背景技术

对于本发明，最接近的现有技术中的相关导电材料的不足为：导电材料仅具有高导电性，并不能提供在低于150℃的温度下加工后具有高导电性和低体积电阻率的替代性可烧结导电组合物。背景技术部分可以对上述现有技术的发展状况以及缺陷进行说明。

(4) 发明或者实用新型的内容

本部分应当清楚、客观地写明要解决的技术问题、采用的技术方案和与现有技术相比所具有的有益效果。

1) 关于要解决的技术问题，现有技术中存在很多种方法来产生导电组合物以及改善导电组合物的导电性能，如导电油墨，但一般都采用高于150℃的方式分解从而提高导电性能，但随着热敏基材使用越来越普遍，对于低于150℃的温度下加工后具有高导电性的材料产生了强烈的需求。本发明希望解决使用已知导电油墨组合物实现导电性的方式所带来的困难，通过对其各种组分的具体限制，同时增加有机卤素化合物，其中聚苯乙烯接枝有有机卤素基团，进而提高组合物的导电性。因此，在撰写的时候应当清楚地写明"本发明所要解决的技术问题是提供在低于150℃的温度下加工后具有高导电性和低体积电阻率的替代性可烧结导电组合物"。

2) 关于技术方案，本发明具有两个独立权利要求，应当在此部分说明这两项发明的技术方案，至少应反映包含全部必要技术特征的两个独立权利要求的技术方案。

3) 关于有益效果，本发明的技术特征为本发明直接带来的技术效果为：通过金属成分、烧结剂、乳液的具体组分，并添加有机卤素化合物，其中聚苯乙烯接枝有有机卤素基团，提供在低于150℃的温度下加工后具有高导电性和低体积电阻率的替代性可烧结导电组合物。

(5) 附图说明

说明书有附图的，应当在本部分写明各幅附图的图名，并对图示的内容作简要说明。本案例涉及一幅附图。

(6) 具体实施方式

在撰写本部分内容时，至少要将权利要求中相关的技术方案完整清楚地记载在说明书中，说明书中记载的内容或者相关实施例可以多于权利要求中的记载，以便在后续的修改中，可以将相关特征补入权利要求中，以克服专利审查中指出的各种问题。

在对技术方案进行描述时，应当注意对于技术方案中的关键技术手段应当对采用该手段的目的、实现的功能或者达到的效果进行描述，以便于更加清楚地表述发明。由于本发明涉及材料组分，实施例中应当对于本发明的样品、对照样品均进行详细的披露，并且在技术方案中应当详细记载能够说明其技术效果的实验数据以满足《专利法》第26条第3款的规定。

(7) 说明书附图

对于结构类的发明，附图对于理解发明的帮助非常显著，本发明涉及材料组分，附图很难直观、形象化地描述发明，因此本发明仅采用了一幅附图。

(8) 说明书摘要

说明书摘要按照《专利审查指南2010》的要求撰写。

## 11.4　发明专利申请的参考文本

在上面工作的基础上，撰写本案例"一种可烧结导电组合物及其制备方法"的发明专利申请的参考文本。

## 权　利　要　求　书

1. 一种可烧结导电组合物，其包含：金属组分、烧结剂、乳液，其特征在于：

40重量%至99.5重量%的平均粒径为大于5nm至小于等于100μm的金属组分，所述金属组分由银、铝、金、锗或它们的氧化物或合金制成，或者掺杂有银、铝、金、锗或它们的氧化物或合金；

0.01重量%至10重量%的烧结剂，所述烧结剂选自磷酸、膦酸、甲酸和乙酸；和

乳液，所述乳液包含水和平均粒径为20nm至200nm的聚苯乙烯，其中聚苯乙烯以0.5重量%至80重量%的量存在于所述乳液中。其中聚苯乙烯接枝有有机卤素基团；

其还包含有机卤素化合物。

2. 根据权利要求 1 所述的组合物，其中所述金属组分的平均粒径为大于等于 200nm 至小于 1μm。

3. 根据权利要求 1 所述的组合物，其中聚苯乙烯具有高于 70℃的 Tg 或 200000 的重均分子量 Mw 中的至少一个。

4. 根据权利要求 3 所述的组合物，其中聚苯乙烯由二碘甲基基团封端。

5. 根据权利要求 3 所述的组合物，其中聚苯乙烯以至多 10 重量%的量存在于所述乳液中。

6. 根据权利要求 1 所述的组合物，其还包含选自以下物质的表面活性剂：含有硫酸根、磺酸根、磷酸根和/或羧酸根基团的阴离子表面活性剂。

7. 根据权利要求 6 所述的组合物，其中所述表面活性剂以至多 10 重量%的量存在。

8. 根据权利要求 1 所述的组合物，所述金属组分的粒度与聚苯乙烯的粒度比为 0.02~50。

9. 根据权利要求 1 所述的组合物，所述金属组分的粒度与聚苯乙烯的粒度比为 0.1~1.0。

10. 根据权利要求 1 所述的组合物，其中所述有机卤素化合物在室温下是液体。

11. 根据权利要求 1 所述的组合物，其中所述有机卤素化合物中的卤素是碘。

12. 根据权利要求 1 所述的组合物，其中所述有机卤素化合物是低级烷烃卤化物。

13. 根据权利要求 1 所述的组合物，其中所述有机卤素化合物由具有至多 12 个碳原子的卤代化合物代表。

14. 根据权利要求 1 所述的组合物，其中所述有机卤素化合物的沸点低于 150℃。

15. 一种可烧结导电组合物的制备方法，所述方法的步骤包括：提供乳液，所述乳液包含水和平均粒径为 20nm 至 200nm 的聚苯乙烯，其中聚苯乙烯以 0.5 重量%至 80 重量%的量存在于所述乳液中，聚苯乙烯接枝有有机卤素基团。

向所述乳液中提供 0.01 重量%至 10 重量%的烧结剂，所述烧结剂选自磷酸、膦酸、甲酸和乙酸；

向所述乳液中提供 40 重量%至 99.5 重量%的平均粒径为大于 5nm 至小

于等于100μm的金属组分，所述金属组分由银、铝、金、锗或它们的氧化物或合金制成，或者掺杂有银、铝、金、锗或它们的氧化物或合金；形成导电组合物；以及该组合物中还包含有机卤素化合物。

16. 根据权利要求15所述的制备方法，其中所述金属组分的平均粒径为大于等于200nm至小于1μm。

17. 根据权利要求15所述的制备方法，其中聚苯乙烯具有高于70℃的Tg或200000的重均分子量Mw中的至少一个。

18. 根据权利要求17所述的制备方法，其中聚苯乙烯由二碘甲基基团封端。

19. 根据权利要求17所述的制备方法，其中聚苯乙烯以至多10重量%的量存在于所述乳液中。

20. 根据权利要求15所述的制备方法，其还包含选自以下物质的表面活性剂：含有硫酸根、磺酸根、磷酸根和/或羧酸根基团的阴离子表面活性剂。

21. 根据权利要求20所述的制备方法，其中所述表面活性剂以至多10重量%的量存在。

22. 根据权利要求15所述的制备方法，所述金属组分的粒度与聚苯乙烯的粒度比为0.02~50。

23. 根据权利要求15所述的制备方法，所述金属组分的粒度与聚苯乙烯的粒度比为0.1~1.0。

24. 根据权利要求15所述的制备方法，其中所述有机卤素化合物在室温下是液体。

25. 根据权利要求15所述的制备方法，其中所述有机卤素化合物中的卤素是碘。

26. 根据权利要求15所述的制备方法，其中所述有机卤素化合物是低级烷烃卤化物。

27. 根据权利要求15所述的制备方法，其中所述有机卤素化合物由具有至多12个碳原子的卤代化合物代表。

28. 根据权利要求15所述的制备方法，其中所述有机卤素化合物的沸点低于150℃。

# 说　明　书

## 一种可烧结导电组合物及其制备方法

**技术领域**

本发明涉及一种导电组合物，具体涉及一种具有改善导电性的导电组合物。

**背景技术**

在现有技术中，导电组合物是已知的，比如在印刷电子应用中使用的导电油墨。而其中使得这些组合物具有导电性的主要成分之一是银。近期，银的价格波动很大，使得制造商难以管理其产品线。因此，涉及导电组合物的研究和开发调查近年来很普遍。

迄今为止，人们已经使用各种方法来生产导电组合物，并期望改善这种组合物的导电性。例如，向组合物中引入银络合物，然后使该组合物经受升温条件，例如高于150℃，以分解银络合物。银络合物分解后，形成原位银纳米颗粒可提高导电性。

但随着柔性电子学的发展，热敏基材在电子工业中的使用越来越普遍，对在低于150℃的温度下加工后具有高导电性的材料产生了强烈的需求。例如随着移动技术的进步和消费者对大屏幕和窄边框技术的需求，迫切需要减小边框宽度并提高触摸屏传感器上边框线的导电性。

因此，希望提供一种替代方案来解决使用已知导电油墨组合物实现导电性的方式所带来的困难。

**发明内容**

基于上述现有技术的不足，本发明所要解决的技术问题是提供低于150℃的温度下加工后具有高导电性的替代性可烧结导电组合物。

本发明提供这样的解决方案。

一种可烧结导电组合物，其包含：金属组分、烧结剂、乳液，其特征在于：

40重量%至99.5重量%的平均粒径为大于5nm至小于等于100μm的金属组分，所述金属组分由银、铝、金、锗或它们的氧化物或合金制成，或者掺杂有银、铝、金、锗或它们的氧化物或合金；

0.01 重量%至10 重量%的烧结剂，所述烧结剂选自磷酸、膦酸、甲酸和乙酸；和

乳液，所述乳液包含水和平均粒径为20nm至200nm的聚苯乙烯，其中聚苯乙烯以0.5 重量%至80 重量%的量存在于所述乳液中；

其中聚苯乙烯接枝有有机卤素基团；

其还包含有机卤素化合物。

一种可烧结导电组合物的制备方法，所述方法的步骤包括：提供乳液，所述乳液包含水和平均粒径为20nm至200nm的聚苯乙烯，其中聚苯乙烯以0.5 重量%至80 重量%的量存在于所述乳液中，聚苯乙烯接枝有有机卤素基团；

向所述乳液中提供0.01 重量%至10 重量%的烧结剂，所述烧结剂选自磷酸、膦酸、甲酸和乙酸；

向所述乳液中提供40 重量%至99.5 重量%的平均粒径为大于5nm至小于等于100μm的金属组分，所述金属组分由银、铝、金、锗或它们的氧化物或合金制成，或者掺杂有银、铝、金、锗或它们的氧化物或合金；以形成导电组合物；以及该组合物还包含有机卤素化合物。

根据本发明，含有水和特定聚合物的乳液通过辅助金属颗粒形成烧结网络，提供在低于150℃的温度下加工后具有高导电性和低体积电阻率的替代性可烧结导电组合物。此外，与起类似作用的溶剂基乳液相比，所述乳液促进健康、安全和环境效益，因为所述乳液含有水作为组分。

**具体实施方式**

如上所述，本发明提供一种可烧结导电组合物，其包含：

平均粒径为大于5nm至小于等于100μm的金属组分；

烧结剂；以及

乳液，所述乳液包含水和至少一种平均粒径为5nm至1000μm的聚合物。

根据本发明，合适的可烧结导电组合物应具有$1×10^{-4}$或更低的VR。

在更具体的实施方案中，本发明提供一种可烧结导电组合物，其包含：

金属组分，所述金属组分由银、铝、金、锗或它们的氧化物或合金制成，或者掺杂有银、铝、金、锗或它们的氧化物或合金，并且所述金属组分的平均粒径为大于约5nm至约100μm；

烧结剂，所述烧结剂选自磷酸、膦酸、甲酸、乙酸、卤化氢以及第Ⅰ族

和第Ⅱ族金属的卤化物盐；和

乳液，所述乳液包含至多95重量%的水和至少一种平均粒径为5nm至1000μm的聚合物，所述乳液用作粘合剂。

在另外的更具体的实施方案中，本发明提供一种可烧结导电油墨组合物，其包含：平均粒径为大于5nm至小于等于100μm的金属组分；和

乳液，所述乳液包含水和至少一种接枝有有机卤素基团并且平均粒径为5nm至1000μm的聚合物。

在另一方面中，本发明提供改善组合物的导电性的方法，所述方法的步骤包括：

提供乳液，所述乳液包含水和至少一种平均粒径为5nm至1000μm的聚合物；

向所述乳液中提供烧结剂；

向所述乳液中提供平均粒径大于5nm至小于等于100μm的金属组分，以形成油墨组合物；以及

使所述组合物经受室温至约200℃的温度并持续足以使所述油墨组合物烧结的时间。

在又一方面中，本发明提供一种基材，在所述基材上布置有本发明的组合物。

在又一方面中，本发明提供一种乳液，所述乳液包含水和至少一种接枝有有机卤素基团的聚合物。

在导电组合物中，在各种实施方案中，金属组分可以选自由银、铝、金、锗或它们的氧化物或合金制成或者掺杂有银、铝、金、锗或它们的氧化物或合金的金属。金属组分的平均粒径为20nm至小于1μm，例如200nm至约1000nm。

当金属组分是银时，银可以呈适合于目前商业应用的任何形状。例如，球形、长方形、粉末和薄片形状的银是有用的。银可以作为在合适的液体载体中的分散体或以干燥形式作为固体提供。

银可以来自各种商业供应商，也可以使用不同尺寸的银薄片的混合物。

银可以在组合物的40重量%至99.5重量%的范围内使用，例如在组合物的60重量%至约98重量%的范围内使用。

所述聚合物应选自由以下单体聚合或共聚得到的物质：苯乙烯、丁二烯、丙烯酸酯和甲基丙烯酸酯、氯丁二烯、氯乙烯、乙酸乙烯酯、丙烯腈、丙烯

酰胺、乙烯、硅氧烷、环氧化合物、乙烯醚和许多其他单体。特别理想的聚合物包括聚苯乙烯和聚甲基丙烯酸甲酯。

用静态光散射装置来测量乳液中聚合物颗粒的尺寸，所述装置提供平均粒度和粒度分布。

测定聚合物的分子量。线性和窄分子量PMMA标准品用于校准，以确定重均分子量（Mw）、数均分子量（Mn）和多分散性（Mw/Mn）。

在一些实施方案中，聚合物接枝有有机卤素基团。

在另一些实施方案中，聚合物由二碘甲基基团封端。

聚合物在乳液中的存在量应为0.5重量%至90重量%，理想的是10重量%。

金属组分的粒度与聚合物的粒度比应为0.02~50，例如0.1~1.0。

乳液可以包含至多95重量%，例如至多50重量%，理想地至多10重量%的量的水。

组合物可以包含烧结剂，烧结剂可以是酸或盐，或者组合物可以包含其上接枝有有机卤素基团的聚合物，其部分用作烧结剂。然而，不是任何一种酸都是满足需要的。例如，硫酸不会表现出改善的烧结或体积电阻率。但是磷酸、甲酸、乙酸和卤化氢，例如氢氟酸、氢氯酸、氢溴酸和氢碘酸会表现出改善的烧结或体积电阻率。

第Ⅰ族和第Ⅱ族金属的卤化物盐，例如氟化钠、氯化钠、溴化钠、碘化钠、氟化钾、氯化钾、溴化钾、碘化钾等也可以用作烧结剂。

烧结剂的存在量为0.01重量%至10重量%。

当烧结助剂为固体形式（例如卤化物盐）时，其可以作为固体加入，或者其可以作为水溶液（至多50重量%）加入，使得本发明油墨的烧结助剂的浓度为不超过0.1重量%至5重量%。

导电组合物可以包含表面活性剂。当存在表面活性剂时，它可以选自在其端部含有阴离子官能团，例如硫酸根、磺酸根、磷酸根和羧酸根的阴离子表面活性剂。重要的烷基硫酸盐包括月桂基硫酸铵、月桂基硫酸钠［或者十二烷基硫酸钠（SDS）］和相关的烷基醚硫酸盐、月桂基聚氧乙烯醚硫酸钠［或十二烷基醚硫酸钠（SLES）］和肉豆蔻醇聚醚硫酸钠。当存在表面活性剂时，其用量可以为不超过10重量%。

导电组合物还可以包含有机卤素化合物作为导电促进剂。有机卤素化合物在室温下为液体。有机卤素化合物的沸点应低于150℃，例如低于120℃，理想的是低于100℃，并且适当地高于70℃。有机卤素化合物理想地具有一个或多个连接到其上的碘原子。理想的是，只有一个碘原子连接到有机碘化物上。

有机卤素化合物的有机部分可以是烷基或芳基。当它是烷基时，它应该是烷基部分具有至多12个碳原子的低级烷基。

有机卤素化合物的代表性例子包括2-碘丙烷、1-碘丙烷、2-碘-2-甲基丙烷、2-碘丁烷、2-氟三氟甲苯、3-氟三氟甲苯、4-氟三氟甲苯、氟苯、2-氟乙醇、1-氟十二烷、1-氟己烷、1-氟庚烷和三氟乙酸。当然，也可以使用这些有机卤素化合物中的任意两种或更多种的混合物。

有机卤素化合物的用量应小于或等于5重量%。理想地，0.25重量%已证明是有效的。

表1提供了可用作导电促进剂的有机卤素化合物的列表。沸点低于150℃的有机卤素化合物有助于在固化的导电油墨中残留最少。

表1 可用作导电促进剂的有机卤素化合物

| 有机卤素的名称 | 沸点（℃） |
| --- | --- |
| 2-碘丙烷 | 88~90 |
| 1-碘丙烷 | 101~102 |
| 2-碘-2-甲基丙烷 | 99~100 |
| 2-碘丁烷 | 119~120 |
| 2-氟三氟甲苯 | 114~115 |
| 3-氟三氟甲苯 | 101~102 |
| 4-氟三氟甲苯 | 102~105 |
| 氟苯 | 85 |
| 2-氟乙醇 | 103 |
| 1-氟十二烷 | 106 |
| 1-氟己烷 | 92~93 |
| 1-氟庚烷 | 119 |
| 三氟乙酸 | 72.4 |

有机卤素化合物可用于改善组合物的导电性，以及在降低金属组分的加载量的同时保持导电性。

为了使本发明的导电组合物更容易分配，经常需要在合适的溶剂中稀释该组合物。稀释度应为约1份的组合物对约5份的溶剂。许多溶剂适用于本发明的组合物,前提是所选溶剂与有机卤素化合物相容。

本发明的导电组合物适用于在塑料或其他基材(例如 PET 和 PC)上需要高导电性的应用。

实施例 1

通过以下方式来制备组合物:样品 1 是将纳米颗粒银(Ag 86.5%)(与表面活性剂醇溶剂一起)混合到聚甲基丙烯酸甲酯乳液(在水中的 10% PMMA,PMMA 平均粒度为 61nm)中,然后向其中加入烧结助剂 $H_3PO_4$(在水中 10 重量%),然后以 3000rpm 混合 60s。作为对照,对照 1 为 100%的纳米颗粒银(与表面活性剂醇溶剂一起),用于比较相对于样品 1 的性能。扫描电子显微镜(SEM)图像显示在图 1 中。

图 1 描绘了对照 1 和样品 1 的扫描电子显微镜(SEM)图像,每个 SEM 图像都是在 120℃的温度下加热 30min 的时间后获得的。对照 1 中所示的银纳米颗粒以颗粒状的形式存在,而样品 1 中的那些银纳米颗粒显示为聚结成三维的结构,从而减少了间隙,并因此减小了它们之间的空隙。

将表 2 中的组合物各自施加到载玻片,并如本发明所述制备方法制备,从而可以进行体积电阻率测量。通过标准条带法来测量制备的组合物的体积电阻率(VR)。通过以下方式来制备用于条带导电测试的每个样品:首先在用胶带掩蔽的载玻片上涂覆薄层。将油墨层在环境温度下干燥,然后在设定的温度下固化一段设定的时间。用四探针欧姆计测量电阻率,体积电阻率由下式计算:$VR = M * T * W_i / D$,其中 $M$ 是以 ohms 为单位的测量的电阻率,$T$ 是以 cm 为单位的条带厚度,$W_i$ 是以 cm 为单位的条带宽度,$D$ 是探针之间的以 cm 为单位的距离。

表 2 对照 1 和样品 1 的组合物

| 组分 | 对照 1 | 样品 1 |
| --- | --- | --- |
| 纳米颗粒 Ag(Ag86.5%) | 100 | 62.5 |
| PMMA 乳液 | 0 | 35.8 |
| $H_3PO_4$ | 0 | 1.7 |

表 3 示出了在表 2 中列出的对照 1 和本发明的组合物(即样品 1)的体积电阻率(以 ohm·cm 为单位)测量值。在 120℃的温度下制备组合物并持续 30min。

表 3 显示,各自在 120℃的温度下加热 30min 后,PMMA 乳液和烧结助剂

（$H_3PO_4$ 水溶液）降低了体积电阻率（样品编号1），而对照1（仅纳米银浆）具有更高的体积电阻率。实验数据表明，PMMA 乳液和 $H_3PO_4$ 的加入使银油墨的导电性提高了10个数量级以上。

表3 对照1和样品1的体积电阻率

|  | 对照1 | 样品1 |
|---|---|---|
| 体积电阻率 | >200 万 | $4.0 \times 10^{-5}$ |

考虑电阻率测量值可以推断，在本发明的组合物中加入聚合物乳液和烧结助剂有助于纳米银烧结并形成互连网络，从而使得样品1的导电性比对照组合物的导电性高得多。

实施例2

本实施例通过以下方式制备了四种组合物：将纳米颗粒银（Ag 86.5%）混合到聚苯乙烯乳液（在水中的10%聚苯乙烯，聚苯乙烯的平均粒度为62nm、200nm 和 600nm）中。向样品2、3和4中加入烧结助剂 $H_3PO_4$（在水中10重量%），然后以3000rpm混合60s的时间。这样形成的组合物用于制备试样。

表4 对照2和样品2～4的组合物

| 组分 | 样品编号（重量%） ||||
|---|---|---|---|---|
|  | 对照2 | 样品2 | 样品3 | 样品4 |
| 纳米颗粒 Ag（Ag 86.5%） | 64.5 | 71.4 | 71.4 | 71.4 |
| 聚苯乙烯乳液（10%固体） | 35.5 (62nm) | 27.3 (62nm) | 27.3 (200nm) | 27.3 (600nm) |
| $H_3PO_4$ | 0 | 1.3 | 1.3 | 1.3 |

表5 示出了在表4中列出的对照2以及三种本发明的组合物（即样品2、3和4）的体积电阻率（以 ohm·cm 为单位）测量值。在120℃的温度下加热组合物30min。

表5 对照2和样品2～4的体积电阻率

| 样品编号 | 对照2 | 样品2 | 样品3 | 样品4 |
|---|---|---|---|---|
| 体积电阻率 | >200 万 | $4.6 \times 10^{-5}$ | $5.5 \times 10^{-5}$ | $2.8 \times 10^{-4}$ |

表5显示，在120℃的温度下固化30min后，烧结助剂（$H_3PO_4$ 水溶液）降低了用聚苯乙烯乳液配制的银油墨（样品2、3和4）的体积电阻率，而对

照2（没有烧结助剂 $H_3PO_4$）具有更高的体积电阻率。烧结助剂 $H_3PO_4$ 的加入提高了银油墨组合物的导电性，其中每种聚苯乙烯乳液具有不同的粒度（即62 nm、200nm、600nm）。因此，本发明的组合物具有比对照组合物更好的导电性能。在这种确定的取样范围内，乳液中聚苯乙烯的粒度范围也是获得优异的体积电阻率性能所需要的。

实施例3

本实施例通过以下方式制备了两种组合物：样品5和样品6：将纳米颗粒银（Ag 86.5%）混合到聚甲基丙烯酸甲酯乳液（在水中的10% PMMA，PMMA 平均粒度为61nm）中。选择两种不同的烧结助剂 $H_3PO_4$ 和 KI（均为在水中10重量%）。将烧结助剂加入样品5和样品6中，然后以3000rpm混合60s。这样形成的组合物用于制备试样。

表6 样品5和样品6的组合物

| 组分 | 样品编号（重量%） | |
|---|---|---|
| | 样品5 | 样品6 |
| 纳米颗粒 Ag（Ag 86.5%） | 66.3 | 67.0 |
| PMMA 乳液 | 33.3 | 32.8 |
| $H_3PO_4$ | 0.4 | 0.0 |
| KI | 0.0 | 0.13 |

表7示出了在表6中列出的两种本发明的组合物（即样品5和样品6）的体积电阻率（以 ohm·cm 为单位）测量值。组合物在比以前更低的温度下（温度为80℃，而不是120℃）固化30min。

表7 样品5和样品6的体积电阻率

| | 对照1 | 样品5 | 样品6 |
|---|---|---|---|
| 体积电阻率 | >200万 | $1.2 \times 10^{-5}$ | $3.1 \times 10^{-5}$ |

表7显示，与对照1（表2）相比，聚合物乳液和烧结助剂的每种组合均降低了银纳米颗粒涂层（样品5和样品6）的体积电阻率。

实施例4

本实施例中，碘接枝的聚甲基丙烯酸甲酯的合成如以下反应路线所示进行描述，其中 $n$ 为 5~10000。

$$CHI_3 + CH_2=C\begin{matrix}CH_3\\COOCH_3\end{matrix} \xrightarrow[\text{去离子水, Brij98}]{Cu(0)/Me_6TREN} H-\underset{I}{\overset{I}{C}}-(CH_2-\underset{COOCH_3}{\overset{CH_3}{C}})_n-CH_2-\underset{COOCH_3}{\overset{CH_3}{C}}-I$$

将 130g 去离子水、2.0gBrij98 表面活性剂 [聚氧乙烯油基醚，$C_{18}H_{35}(OCH_2CH_2)_{20}OH$] 和 0.064g（1mmol）铜粉（<10μm）加入装备有机械搅拌器的 500mL 四颈圆底烧瓶中。将 0.178g（1mmol）$Me_6TREN$、0.394g（1mmol）碘仿和 20g（200mmol）甲基丙烯酸甲酯加入 50mL 管中。将两种混合物在氮气环境下通过 6 个冷冻－抽气－解冻循环进行脱气。将甲基丙烯酸甲酯/$Me_6TREN$/$CHI_3$ 混合物在氮气下通过套管转移到圆底烧瓶中。聚合反应在室温下持续 5h，并随着空气的引入而停止。

形成碘接枝的 PMMA，并在 100℃的温度下干燥，得到 47%的产率。通过 GPC 分析，测定重均分子量 Mw 约为 278 600，数均分子量 Mn（按分子数统计的平均分子量）约为 84400，多分散性 Mw/Mn 约为 3.3，乳液中值粒度约为 85nm。

实施例 5

使用实施例 4 的碘接枝的 PMMA 来制备具有纳米颗粒银的组合物，以形成乳液。该乳液含有碘接枝的 PMMA，其含量略高于组合物的 55 重量%。未添加额外的烧结助剂；相反，碘接枝的 PMMA 既作为粘合剂又作为烧结助剂。将组合物以 3000rpm 混合 60s 的时间，然后用于制备试样。

表 8　样品 5 和样品 7 的组合物

| 组分 | 样品（重量%） ||
| --- | --- | --- |
|  | 样品 5 | 样品 7 |
| 纳米颗粒 Ag（Ag 86.5%） | 66.3 | 56 |
| PMMA 乳液（10%固体）61nm | 33.3 | 0 |
| $H_3PO_4$ | 0.4 | 0 |
| CHI2-PMMA-I 乳液（5.8%固体）85nm | 0 | 44 |

表 9 示出了本发明的组合物（即样品 5 和样品 7）的体积电阻率（以 ohm·cm 为单位）测量值。组合物在不同温度和时间下制备，即室温 20h 和在温度 80℃，30min。

表9 样品5和样品7的体积电阻率

|  | 样品5 | 样品7 |
| --- | --- | --- |
| 室温20h | $1.4 \times 10^{-4}$ | $1.4 \times 10^{-4}$ |
| 温度80℃，30min | $1.2 \times 10^{-5}$ | $1.2 \times 10^{-5}$ |

表9显示制备后得到相关样品的体积电阻率，与对照1（表2）相比，组合物显示出降低的体积电阻率，而体积电阻率的降低与用于固化组合物的温度和时间无关。

实施例6

该实施例通过以下方式制备了两种组合物对照3和样品8：将纳米颗粒银混合到聚苯乙烯乳液（在水中的49%聚苯乙烯）中。向样品8中加入烧结助剂KI（在水中3.5重量%），而代之以向对照3中加入去离子水，并将它们以3000rpm混合60s。这样形成的组合物用于制备试样。

表10 对照3和样品8的组合物

| 组分 | 样品（重量%） | |
| --- | --- | --- |
|  | 对照3 | 样品8 |
| 纳米颗粒Ag（Ag 86.5%） | 83.8 | 84.1 |
| ENCOR 8146（49%固体） | 7.9 | 7.8 |
| KI | 0.0 | 0.3 |
| 去离子$H_2O$ | 8.3 | 7.8 |

表11示出了在表10中列出的两种组合物（即对照3和样品8）的体积电阻率（以ohm·cm为单位）测量值。组合物在100℃的温度下加热30min。

表11 对照3和样品8的体积电阻率

| 样品编号 | |
| --- | --- |
| 对照3 | 样品8 |
| >100万 | $7.8 \times 10^{-5}$ |

表11显示，与对照3相比，加入烧结助剂KI后样品8的体积电阻率降低。

实施例7

通过以下方式制备了两种组合物：将纳米颗粒银混合到聚苯乙烯乳液（在水中的49%聚苯乙烯）中。分别向样品9和样品10中加入烧结助剂2-

碘乙醇（在水中 5.0 重量%）和碘乙酰胺（在水中 7.0 重量%），并将它们以 3000rpm 混合 60s。这样形成的组合物用于制备试样。

表 12　样品 9 和样品 10 的组合物

| 组分 | 样品（重量%） ||
| --- | --- | --- |
| | 样品 9 | 样品 10 |
| 纳米颗粒 Ag（Ag 86.5%） | 81.3 | 81.2 |
| ENCOR 8146（49%固体） | 7.2 | 7.2 |
| 2-碘乙醇 | 0.2 | 0.0 |
| 碘乙酰胺 | 0.0 | 0.3 |
| 去离子 $H_2O$ | 11.3 | 11.3 |

表 13 示出了在表 12 中列出的两种组合物（即样品 9 和样品 10）的体积电阻率（以 ohm·cm 为单位）测量值。组合物在 80℃的温度下加热 30min。

表 13　样品 9 和样品 10 的体积电阻率

| 样品编号 |||
| --- | --- | --- |
| 对照 3 | 样品 9 | 样品 10 |
| >100 万 | $5.1 \times 10^{-5}$ | $5.8 \times 10^{-5}$ |

表 13 显示，与对照 3 相比，加入有机碘化物作为导电促进剂降低样品 9 和样品 10 的体积电阻率。

以上所述的仅为本发明的较佳实施例，并不用以限制本发明，在本发明的精神和原则之内所作的任何修改、等同替换、改进等，均应在本发明的保护范围之内。

## 说明书附图

对照1　　　　　　　　　　　　样品1

图1

## 说明书摘要

本发明提供一种可烧结导电组合物及其制备方法，该组合物包括：40重量%至99.5重量%的平均粒径为大于5nm至小于等于100μm的金属组分，所述金属组分由银、铝、金、锗或它们的氧化物或合金制成，或者掺杂有银、铝、金、锗或它们的氧化物或合金；0.01重量%至10重量%的烧结剂，所述烧结剂选自磷酸、膦酸、甲酸和乙酸；和乳液，所述乳液包含水和平均粒径为20nm至200nm的聚苯乙烯，其中聚苯乙烯以0.5重量%至80重量%的量存在于所述乳液中。其中聚苯乙烯接枝有有机卤素基团；还包含有机卤素化合物。本发明中含有水和特定聚合物的乳液通过辅助金属颗粒形成烧结网络而提高组合物的导电性。

## 摘 要 附 图

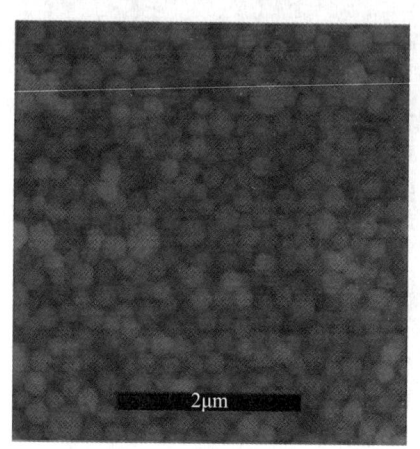

对照1

样品1

# 第 12 章　电机及其控制领域

本章以"一种电动助力转向控制装置及其控制方法"为例，介绍根据技术交底书撰写电机及其控制领域的专利申请的一般思路。通过对发明人的技术交底书中的技术内容的理解和挖掘，进一步完善技术交底书中的技术内容，扩展实施例，形成清楚、完整、发明内容充分公开的说明书，撰写层次分明、范围合理、有运用价值的权利要求书。

## 12.1　创新成果的分析

发明人提交的技术交底书如下：

用于驱动控制无刷电动机的电动机控制装置通常根据用于检测转子旋转角的旋转角传感器的输出来控制电动机电流的供给。一般使用输出与转子旋转角（电角度）对应的正弦波信号以及余弦波信号的旋转变压器作为旋转角传感器。但是，旋转变压器价格高，布线多，而且需要的设置空间也大。因此，采用旋转角传感器导致了无刷电动机的成本增加，阻碍了无刷电动机的小型化。因此，现有技术中提出了不使用旋转角传感器而驱动无刷电动机的推定旋转角的无传感器驱动方式的技术方案。

但是，现有的用于电动助力转向装置中的电动机的无传感器驱动方法中，当电动机的旋转角和控制角发生差异时，电动机无法获得期望的转矩。

发明人发现了现有技术中的上述缺陷，提出了本发明，通过对控制角进行修正以使得电动机获得期望的转矩。

电动助力转向装置的结构如图 12-1 所示。

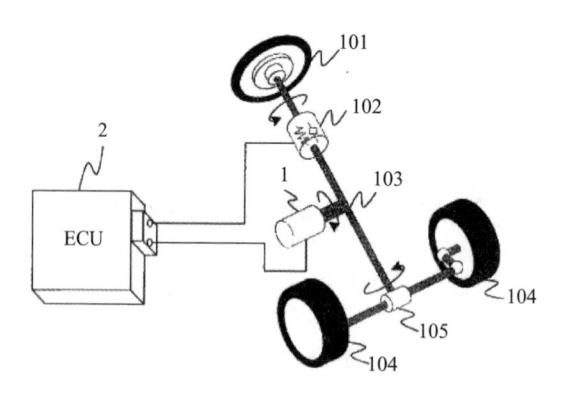

**图12-1 电动助力转向装置的结构示意图**

在图12-1中，驾驶员向方向盘101施加的转向转矩通过转矩传感器102的扭杆、转向轴103，经由齿轮机构105使车轮104转向。电动机1用于提供辅助的转向力，电子控制装置ECU 2用于向电动机1提供驱动电力。电动机1根据ECU 2提供的电力产生电动机转矩$T_m$。电动机转矩$T_m$传递到转向轴103来减轻转向时驾驶员所施加的必需的转向转矩。

ECU的结构框图如图12-2所示。

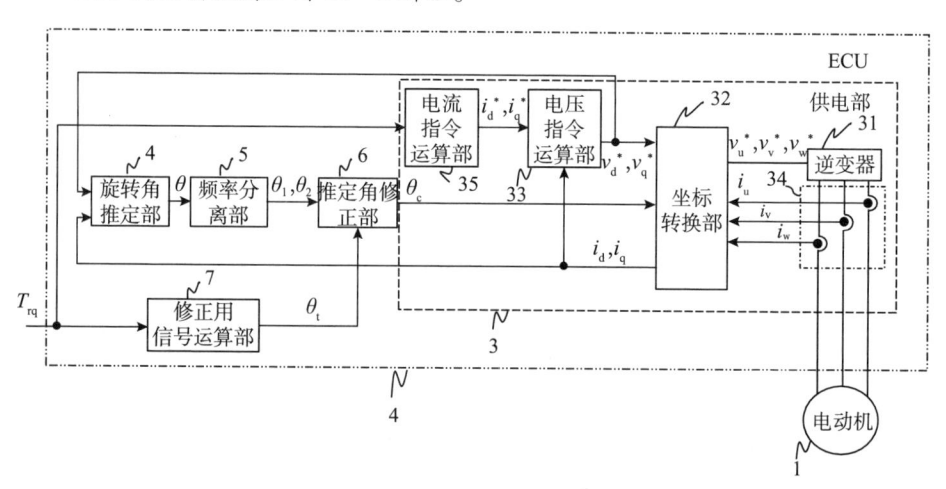

**图12-2 ECU的结构框图**

供电部3由逆变器31、坐标转换部32、电压指令运算部33、电流检测器34以及电流指令运算部35构成，基于控制角$\theta_c$向电动机1供电。

电流指令运算部35生成d轴电流指令$i_d^*$以及q轴电流指令$i_q^*$。d轴电流指令$i_d^*$以及q轴电流指令$i_q^*$是与电动机1的输出即电动机转矩$T_m$相关的指令值。d 轴电流指令 $i_d^*$ 设为 0，并且根据转向转矩 $T_{rq}$ 来确定 q 轴电流指令 $i_q^*$。d 轴电流指令 $i_d^*$ 也可根据电动机的转速来确定。

电压指令运算部 33 生成 d 轴电压指令 $v_d^*$ 以及 q 轴电压指令 $v_q^*$，以使得 d 轴电流指令 $i_d^*$ 以及 q 轴电流指令 $i_q^*$ 与 d 轴检测电流 $i_d$ 以及 q 轴检测电流 $i_q$ 在各轴分量中相一致。

电流检测器 34 对 u 相检测电流 $i_u$、v 相检测电流 $i_v$ 以及 w 相检测电流 $i_w$ 进行检测，以作为流过电动机 1 各相的电流。

坐标转换部 32 基于控制角 $\theta_c$ 将 d 轴电压指令 $v_d^*$ 以及 q 轴电压指令 $v_q^*$ 进行坐标转换，从而生成 u 相电压指令 $v_u^*$、v 相电压指令 $v_v^*$ 以及 w 相电压指令 $v_w^*$。并且，坐标转换部 32 基于控制角 $\theta_c$ 将 u 相检测电流 $i_u$、v 相检测电流 $i_v$ 以及 w 相检测电流 $i_w$ 进行坐标转换，从而生成 d 轴检测电流 $i_d$ 以及 q 轴检测电流 $i_q$。

逆变器 31 通过将基于 u 相电压指令 $v_u^*$、v 相电压指令 $v_v^*$ 以及 w 相电压指令 $v_w^*$ 的三相交流电压作为电力施加到电动机 1 来产生电动机转矩 $T_m$。

ECU 2 还包括旋转角推定部 4、频率分离部 5、推定角修正部 6 和修正用信号运算部 7。

旋转角推定部 4 推定电动机的旋转角 $\theta_e$，并且将推定出的值作为推定角 $\theta$ 输出。推定角修正部 6 根据频率分离部 5 输出的第 1 频率分量 $\theta_1$ 和第 2 频率分量 $\theta_2$、修正用信号运算部 7 输出的修正用信号 $\theta_t$ 计算得到控制角 $\theta_c$。

控制角 $\theta_c$ 的具体获得方法如图 12-3 所示。

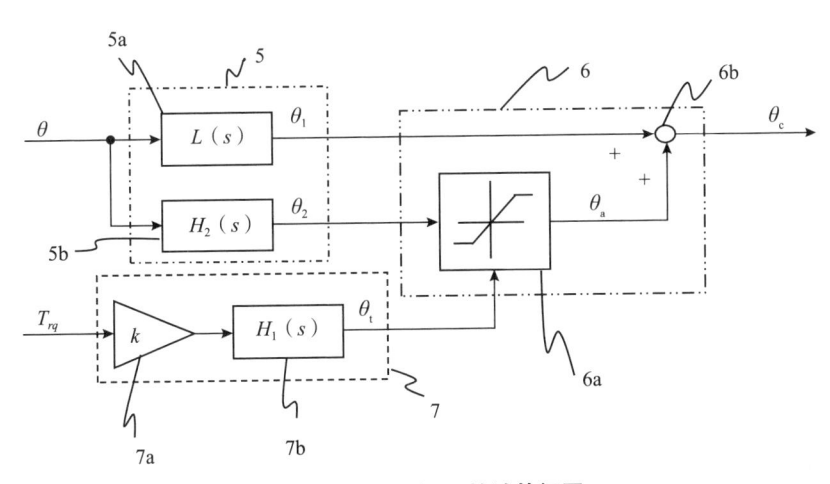

**图 12-3 控制角 $\theta_c$ 的计算框图**

频率分离部 5 根据由旋转角推定部 4 计算出的推定角 $\theta$，通过第 1 滤波器 5a 即滤波器 $L(s)$ 和第 2 滤波器 5b 即滤波器 $H_2(s)$ 分别求出第 1 频率分量 $\theta_1$ 和第 2 频率分量 $\theta_2$。修正用信号运算部 7 基于由转矩传感器 102 检测出的驾驶员向方向盘施加的转向转矩 $T_{rq}$ 计算出修正用信号 $\theta_t$。转向转矩 $T_{rq}$ 在换算部 7a 中乘以换算增益 $k$ 之后，通过第 3 滤波器 7b 即滤波器 $H_1(s)$ 提取振动分量从而计算出修正用信号 $\theta_t$。推定角修正部 6 基于修正用信号 $\theta_t$ 通过运算部 6a 对第 2 频率分量 $\theta_2$ 进行修正从而计算出第 2 频率分量修正信号 $\theta_a$。并且，将第 2 频率分量修正信号 $\theta_a$ 在加法部 6b 中与第 1 频率分量 $\theta_1$ 相加，计算出控制角 $\theta_c$。第 3 滤波器 7b 采用如式（1）所示的 1 阶高通滤波器。

$$H_1(s) = \frac{s}{s + \omega_{h1}} \tag{1}$$

频率分离部 5 通过滤波处理，将推定角 $\theta$ 如式（2）那样分离成包含转向分量的第 1 频率分量 $\theta_1$ 以及包含振动分量的第 2 频率分量 $\theta_2$。

$$\begin{cases} \theta_1 = L(s) \cdot \theta \\ \theta_2 = H_2(s) \cdot \theta \end{cases} \tag{2}$$

转向分量表示驾驶员转向力的频率分量，振动分量表示电动助力转向装置机械振动的频率分量。一般地，驾驶员能够转向的频率在 3Hz 以下。另外，例如车道改变时的转向频率在 0.2Hz 附近，通常存在较多这样的低频率转向的情况。在此，为了提取出比通常驾驶员的转向频率要高的频率分量，截止频率 $\omega_{h1}$ 设定为 3Hz。

为了将上述的修正用信号 $\theta_t$ 和第 2 频率分量 $\theta_2$ 设为相似或相同的频率分量，滤波器 $H_2(s)$ 采用如式（3）的与滤波器 $H_1(s)$ 相同的 1 阶高通滤波器。另外，截止频率 $\omega_{h2}$ 也与滤波器 $H_1(s)$ 的截止频率 $\omega_{h1}$ 相同，设定为 3Hz。

$$H_2(s) = \frac{s}{s + \omega_{h2}} \tag{3}$$

由于滤波器 $H_2(s)$ 提取出比通常的驾驶员的转向频率要高的频率分量，因此滤波器 $L(s)$ 能够计算第 1 频率分量 $\theta_1$。从推定角 $\theta$ 分离出的第 1 频率分量 $\theta_1$ 包含有驾驶员转向力的频率分量。

以式（4）设定滤波器 $L(s)$，则滤波器 $H_2(s)$ 和滤波器 $L(s)$ 相加成为 1，因此能够复原原始的输入信号。由此，在无推定误差的情况下，第 2 频率分量修正信号 $\theta_a$ 成为第 2 频率分量，若与第 1 频率分量相加则能够复原原始的推定角 $\theta$。

$$L(s) = 1 - H_2(s) = \frac{\omega_{h2}}{s + \omega_{h2}} \quad (4)$$

通过使修正用信号 $\theta_t$ 和第 2 频率分量 $\theta_2$ 具有相似或相同的频率分量，由此若无推定误差，则第 2 频率分量应该和修正用信号一致，若有差异则能够判定存在推定误差，从而能够在不会过多或不足的情况下进行修正。

具体的修正方法如下：

推定角修正部 6 首先基于修正用信号 $\theta_t$ 通过运算部 6a 对第 2 频率分量 $\theta_2$ 进行修正从而计算第 2 频率分量修正信号 $\theta_a$。并且，将第 2 频率分量修正信号 $\theta_a$ 在加法部 6b 中与第 1 频率分量 $\theta_1$ 相加，由此计算出控制角 $\theta_c$。

计算第 2 频率分量修正信号 $\theta_a$，以使得基于第 2 频率分量 $\theta_2$ 和修正用信号 $\theta_t$ 的正负符号关系对第 2 频率分量 $\theta_2$ 进行修正。

通过第 2 频率分量 $\theta_2$ 和修正用信号 $\theta_t$ 的乘积是否在 0 以上来判定第 2 频率分量 $\theta_2$ 和修正用信号 $\theta_t$ 的符号关系是否为相同符号。

第 2 频率分量 $\theta_2$ 和修正用信号 $\theta_t$ 的符号关系为相同符号时，在第 2 频率分量 $\theta_2$ 和修正用信号 $\theta_t$ 中将绝对值较小的一方的值作为第 2 频率分量修正信号 $\theta_a$ 进行修正，即对绝对值的大小进行比较，若 $|\theta_2| \geq |\theta_t|$，则 $\theta_a = \theta_t$，若 $|\theta_2| < |\theta_t|$，则 $\theta_a = \theta_2$。

第 2 频率分量 $\theta_2$ 和修正用信号 $\theta_t$ 的符号关系为不同符号时，将对第 2 频率分量 $\theta_2$ 修正后的第 2 频率分量修正信号 $\theta_a$ 设为 0。

控制角 $\theta_c$ 通过将第 2 频率分量修正信号 $\theta_a$ 与第 1 频率分量 $\theta_1$ 相加来获得。

根据上述描述，推定角修正部 6 能够基于第 2 频率分量 $\theta_2$ 和修正用信号 $\theta_t$ 的符号关系来恰当地修正第 2 频率分量。

另外，推定角修正部 6 通过构成为当第 2 频率分量 $\theta_2$ 和修正用信号 $\theta_t$ 为相同符号时，将第 2 频率分量 $\theta_2$ 和修正用信号 $\theta_t$ 中绝对值较小的一方的值作为第 2 频率分量修正信号 $\theta_a$，从而使包含在推定角 $\theta$ 中的振动分量接近于实际的振动分量，能够抑制推定误差的增大。

另外，推定角修正部 6 通过构成为当第 2 频率分量 $\theta_2$ 和修正用信号 $\theta_t$ 为不同符号时，使第 2 频率分量修正信号 $\theta_a$ 为 0，从而在第 2 频率分量 $\theta_2$ 和修正用信号 $\theta_t$ 为不同符号时，第 2 频率分量 $\theta_2$ 和修正用信号 $\theta_t$ 中的任何一个的可靠性较低，因此通过将第 2 频率分量 $\theta_2$ 设为 0，能够抑制推定误差的增大。

本发明能够达到的技术效果：通过利用与实际旋转角相对应的值对电动

◎ 电力领域专利申请文件撰写常见问题解析

机的控制角进行修正，从而使电动机获得期望的转矩并抑制由推定误差产生的转矩变动。

## 12.1.1 创新成果的理解

### 12.1.1.1 发明涉及的技术主题

对于发明的技术主题，通过阅读上述技术交底书，理解该发明的发明构思在于：将表示推定的电动机旋转角的推定角分离为包含转向分量的第1频率分量和包含振动分量的第2频率分量，从驾驶者提供的转向转矩中提取修正用信号对第2频率分量进行修正，然后用修正后的第2频率分量和第1频率分量相加获得控制角，基于该控制角向电动机供电，从而抑制推定误差增大，使电动机获得期望的转矩。根据该发明构思，该发明既涉及对控制角进行修正使得电动机获得期望的转矩的控制方法，又涉及使用上述方法进行控制的电动机控制装置，因此，该发明的保护主题可以考虑产品和方法两个方面。

### 12.1.1.2 发明对现有技术作出的改进及新颖性和创造性的初步判断

对于本发明，经过检索，获得一篇与本发明的技术方案最为相关的现有技术。

该现有技术公开了一种不使用旋转角传感器来控制电动机的控制方法，且其同样是通过对电动机的控制角进行修正并基于修正后的电动机控制角向电动机供电。该现有技术公开的主要技术内容为：通过判断电动机控制角与电动机转矩之间是正相关还是负相关来变更用于修正控制角的相加角限制单元的限制值，当控制角和电动机转矩之间存在负相关性时，通过将相当于控制角的变化量的加法运算角的限制值变小来对控制角进行修正。该现有技术没有考虑电动机的控制角与电动机的转矩之间存在正相关性时的修正，并且该现有技术不是通过与实际的旋转角相对应的值来进行修正，存在修正精度较低的缺陷。而本发明利用与实际旋转角相对应的值对电动机的控制角进行修正，能够获得更高的修正精度。因此，若按照技术交底书中声称的考虑采用无旋转角传感器的方式、通过对电动机的控制角进行修正来控制电动机不能突出该发明对现有技术的实质上的改进，该发明相对于该现有技术不具备《专利法》第 22 条第 3 款规定的创造性。若从获得更高的修正精度的角度考虑，基于实际旋转角对应的值对电动机的控制角进行修正，可以初步判断该发明相对于目前的现有技术具备新颖性和创造性。

### 12.1.1.3　现有技术交底书的分析

（1）发明的原理是否清晰、关键技术手段是否描述清楚、技术方案是否公开充分

具体到本发明，关于发明的原理，技术交底书中提到了从驾驶者提供的转向转矩中提取修正用信号对第 2 频率分量进行修正就可以实现抑制推定误差增大，但是，其原理是什么？此外，通过前面的分析，基于获得更高的修正精度的发明构思，可以得出在该发明中如何获得推定角、如何进行频率分离和如何修正是该发明的关键技术手段。虽然该发明的技术交底书中提供了电子控制装置 ECU 的结构框图，但是并没有清楚记载旋转角推定部 4 是如何推定出推定角 $\theta$ 的，应论证这部分的缺失是否会导致说明书满足不了《专利法》第 26 条第 3 款规定的"清楚""完整"以使"所属技术领域的技术人员能够实现"的要求。

（2）是否有实现发明效果的等同实施例和具体技术手段的其他实施方式

具体实施方式对于发明的充分公开、理解和实现发明，支持和解释权利要求都是极为重要的。实施例的数量应当根据发明的性质、所属技术领域、现有技术状况以及要求保护的范围来确定。目前技术交底书中仅给出一个实施例，应思考是否具有其他等同实施例；其次，对于技术方案中的具体技术手段，例如滤波器 $L(s)$、$H_1(s)$、$H_2(s)$ 均记载为 1 阶高通滤波器，频率分离采用的滤波器的截止频率为 3Hz，技术交底书中也仅提供了一种推定角修正部的修正方法，需要进一步挖掘是否存在其他实施方式。

（3）从专利保护和运用出发，考虑技术方案的应用领域是否能够扩大

目前的技术交底书中的技术方案涉及的是特定的车辆方向盘的转向助力，应考虑该发明是否也适用于其他需要转向助力的场景。

## 12.1.2 发明内容的拓展

### 12.1.2.1 发明的原理以及同发明原理密切联系的关键技术手段和等同实施例的补充

将上面对技术交底书的理解和思考与发明人充分沟通，获得对技术交底书理解的确认以及进一步补充和挖掘。

1) 目前技术交底书中并未清楚记载发明的原理，其根本原因在于同本发明的原理密切关联的关键技术手段——推定角 $\theta$ 的推定方式在目前的技术交底书中未记载，因此补充旋转角推定部 4 推定出推定角 $\theta$ 的方式。具体如下：

根据现有技术，推定方式至少可以采用下面两种方式。

方式一：利用感应电压与电动机的旋转速度即旋转角的微分成正比来进行推定。

将 d 轴电压指令 $v_d^*$ 及 q 轴电压指令 $v_q^*$ 和 d 轴检测电流 $i_d$ 及 q 轴检测电流 $i_q$ 作为输入，构成式（5）~式（10）的观测器并且对推定角 $\theta$ 进行计算。

$$\theta = \int \omega \mathrm{d}t \tag{5}$$

$$\omega = \omega_{r0} - \frac{e_{04}}{p_{dr0}} \tag{6}$$

$$\omega_{r0} = \left(k_p + \frac{k_i}{s}\right)(e_q \cdot p_{dr0}) \tag{7}$$

$$\frac{\mathrm{d}}{\mathrm{d}t}\begin{pmatrix} i_{d0} \\ i_{q0} \\ p_{dr0} \end{pmatrix} = \begin{pmatrix} -\dfrac{R}{L_d} & \dfrac{L_q}{L_d}\omega & 0 \\ -\dfrac{L_d}{L_q}\omega & -\dfrac{R}{L_q} & -\dfrac{\omega_{r0}}{L_q} \\ 0 & 0 & 0 \end{pmatrix}\begin{pmatrix} i_{d0} \\ i_{q0} \\ p_{dr0} \end{pmatrix} + \begin{pmatrix} \dfrac{1}{L_d} & 0 \\ 0 & \dfrac{1}{L_q} \\ 0 & 0 \end{pmatrix}\begin{pmatrix} v_d^* \\ v_q^* \end{pmatrix} - \begin{pmatrix} e_{01} \\ e_{02} \\ e_{03} \end{pmatrix} \tag{8}$$

$$\begin{pmatrix} e_{01} \\ e_{02} \\ e_{03} \\ e_{04} \end{pmatrix} = \begin{pmatrix} g_{11} & g_{12} \\ g_{21} & g_{22} \\ g_{31} & g_{32} \\ g_{41} & g_{42} \end{pmatrix}\begin{pmatrix} e_d \\ e_q \end{pmatrix} \tag{9}$$

$$\begin{pmatrix} e_d \\ e_q \end{pmatrix} = \begin{pmatrix} i_{d0} - i_d \\ i_{q0} - i_q \end{pmatrix} \tag{10}$$

其中，$\omega$、$\omega_{r0}$ 为推定速度；$i_{d0}$ 为 d 轴推定电流；$i_{q0}$ 为 q 轴推定电流；$p_{dr0}$ 为推定磁通；$e_d$ 为 d 轴偏差；$e_q$ 为 q 轴偏差；$R$ 为电动机的电阻值；$L_d$ 为电动机的 d 轴电感值；$L_q$ 为电动机的 q 轴电感值；$s$ 为拉普拉斯变换的微分算子；$k_p$、$k_i$、$g_{11}$、$g_{12}$、$g_{21}$、$g_{22}$、$g_{31}$、$g_{32}$、$g_{41}$、$g_{42}$ 为用于计算推定角 $\theta$ 的反馈增益；$e_{01}$、$e_{02}$、$e_{03}$、$e_{04}$ 为计算的中间变量。

该推定方法中由于将电动机的电阻值 $R$、电感值 $L_d$、$L_q$ 作为参数进行设定，参数误差产生推定误差，因而可以获得推定角。

方式二：基于由转矩传感器 102 检测出的转向转矩 $T_{rq}$ 的推定方法。

在电动机 1 中产生高频率转矩 $T_{mhf}$，并且基于在由转矩传感器 102 检测出的转向转矩 $T_{rq}$ 中出现的响应来对推定角 $\theta$ 进行计算。

通过式（11）给出的 d 轴电流指令 $i_d^*$ 以及 q 轴电流指令 $i_q^*$ 来产生高频转矩 $T_{mhf}$。

$$\begin{cases} i_d^* = i_{d0}^* + A_{id} \\ i_q^* = i_{q0}^* + A_{iq} \\ A_{id} = A \cdot \cos(ww \cdot t) \\ A_{iq} = A \cdot \sin(ww \cdot t) \end{cases} \quad (11)$$

d 轴电流指令 $i_d^*$ 通过将 d 轴高频电流（指令）$A_{id}$ 相加至 d 轴基本电流指令 $i_{d0}^*$ 中来获得。q 轴电流指令 $i_q^*$ 通过将 q 轴高频电流（指令）$A_{iq}$ 相加至 q 轴基本电流指令 $i_{q0}^*$ 中来获得。d 轴基本电流指令 $i_{d0}^*$ 根据电动机 1 的旋转速度来确定。q 轴基本电流指令 $i_{q0}^*$ 根据转向转矩 $T_{rq}$ 来确定。d 轴高频电流（指令）$A_{id}$ 以及 q 轴高频电流（指令）$A_{iq}$ 通过振幅 $A$、频率 $ww$ 的余弦波以及正弦波来求出。余弦波以及正弦波是时间 $t$ 的函数。

将 d 轴基本电流指令 $i_{d0}^*$ 和 q 轴基本电流指令 $i_{q0}^*$ 设为 0。电动机 1 的输出转矩大致与 q 轴电流指令 $i_q^*$ 成比例。为此，通过基于式（11）向电动机 1 供电，在无推定误差 $(\theta_e - \theta_c)$ 的情况下，如式（12）所示，产生与 q 轴高频电流指令 $A_{iq}$ 成比例的高频转矩 $T_{mhf}$。

$$T_{mhf} = k_t \cdot A \cdot \sin(ww \cdot t) \quad (12)$$

在此，$k_t$ 是电动机 1 的输出转矩的比例常数。

另一方面，在存在推定误差 $(\theta_e - \theta_c)$ 的情况下，如式（13）所示，在 q 轴高频电流 $A_{iq}$ 和高频转矩 $T_{mhf}$ 中产生相位差 $\Delta\theta_q$。由此，q 轴高频电流 $A_{iq}$ 和高频转矩 $T_{mhf}$ 的相位差 $\Delta\theta_q$ 是具有推定误差 $(\theta_e - \theta_c)$ 的信息的信号。

$$T_{mhf} = k_t \cdot A \cdot \sin(ww \cdot t + \Delta\theta_q) \tag{13}$$

推定角 $\theta$ 能够利用相位差 $\Delta\theta_q$ 具有推定误差的信息来进行计算。高频转矩 $T_{mhf}$ 能够反映在由转矩传感器 102 检测出的转向转矩 $T_{rq}$ 中，因此相位差 $\Delta\theta_q$ 能够基于转向转矩 $T_{rq}$ 进行计算。推定角 $\theta$ 的计算根据式（14）的反馈控制来进行，以使得基于转向转矩 $T_{rq}$ 计算出的相位差 $\Delta\theta_q$ 变小。

$$\theta = \left(k_{pp} + \frac{k_{ii}}{s}\right) \cdot \Delta\theta_q \tag{14}$$

其中，$k_{pp}$、$k_{ii}$ 为用于对推定角 $\theta$ 进行计算的反馈增益。

2）在补充与发明原理密切关联的关键技术手段后，进一步阐释发明原理，从而更加客观、清楚地解释从转向转矩中提取修正用信号对第 2 频率分量进行修正以实现抑制推定误差增大的原理，具体补充内容如下：

转矩传感器 102 根据扭杆上侧即方向盘侧的角度和扭杆下侧即电动机侧的角度间的扭转量来检测转向转矩 $T_{rq}$。若扭杆的刚性设为 $k_s$，则转向转矩 $T_{rq}$ 和电动机旋转角 $\theta_e$ 的关系使用转向角 $\theta_h$、电动机 1 的极对数 $P_m$、齿轮比 $G_n$，以式（15）进行表述。

$$T_{rq} = k_s\left(\theta_h - \frac{1}{G_n \cdot P_m}\theta_e\right) \tag{15}$$

在此，转向角 $\theta_h$ 依赖于驾驶员的转向频率。为此，考虑高于电动助力转向装置的主谐振频率的频带，能够将其近似为式（16）。

$$T_{rq} = -k_s \cdot \frac{1}{G_n \cdot P_m}\theta_e = \frac{1}{k} \cdot \theta_e \tag{16}$$

表示转向转矩 $T_{rq}$ 和电动机的旋转角 $\theta_e$ 的比的换算增益 $k$ 为式（17）。

$$k = -\frac{G_n \cdot P_m}{k_s} \tag{17}$$

通常，由于振动发生在谐振频率以上，因此依赖于该换算增益能够高精度地提取振动分量。另外，转向频率和谐振频率之间虽然会产生误差，但通常不会产生振动。若有需要，则通过在从角度到转矩的反向模型中对换算增益赋予动态特性，从而能够实现更高精度的换算。

式（16）考虑了比驾驶员的转向频率更高的频率。为此，修正用信号 $\theta_t$ 如式（18）那样，在换算部 7a 中将转向转矩 $T_{rq}$ 与换算增益 $k$ 相乘，并且通过滤波器 $H_1(s)$ 7b 提取出比转向频率更高的频率分量进行计算。

$$\theta_t = H_1(s) \cdot k \cdot T_{rq} \tag{18}$$

滤波器 $H_1(s)$ 7b 设为式（19）的 1 阶高通滤波器。

$$H_1(s) = \frac{s}{s + \omega_{h1}} \tag{19}$$

修正用信号 $\theta_t$ 作为与实际旋转角相对应的值，根据转向转矩 $T_{rq}$ 计算得出。根据转向转矩计算出的修正用信号 $\theta_t$ 由于是与实际旋转角 $\theta_e$ 相对应的值，因此针对与转向转矩 $T_{rq}$ 相类似的旋转角的分量能够降低推定误差。另外，修正用信号运算部 7 通过构成为将转向转矩与换算增益相乘，从而能够将转向转矩换算成与电动机的旋转角相对应的值，因此能够对第 2 频率分量 $\theta_2$ 进行高精度的修正。

3) 对实施方式进行了补充和完善。

① 关于滤波器的截止频率和滤波器的选择，补充如下：

之前的技术交底书中给出的滤波器的截止频率并不局限于 3Hz，若产生 30Hz 的振动，则截止频率 $\omega_{h1}$ 和 $\omega_{h2}$ 也可设定成 10Hz，以使得能够提取 30Hz 的振动。另外，截止频率 $\omega_{h1}$ 和 $\omega_{h2}$ 并不一定要相同，例如也可将 $\omega_{h1}$ 设定成 3Hz，$\omega_{h2}$ 设定成 5Hz。在该情况下，由于 3Hz 和 5Hz 是比较接近的频率，因此，即使截止频率 $\omega_{h1}$ 和 $\omega_{h2}$ 不相同，也能够提取相同的频率分量。因此，应扩展滤波器的截止频率。

滤波器 $H_1(s)$ 和滤波器 $H_2(s)$ 可以采用相同的滤波器，比如 1 阶高通滤波器，但是若能够提取相同频率分量，则并不一定要采用相同的滤波器。例如，也可以是截止频率 $\omega_{h1}$ 和 $\omega_{h2}$ 相同，而滤波器 $H_1(s)$ 采用 1 阶高通滤波器，滤波器 $H_2(s)$ 采用 2 阶高通滤波器。另外，也可以是滤波器 $H_1(s)$ 采用 1 阶高通滤波器，滤波器 $H_2(s)$ 采用对 1 阶高通滤波器追加去除传感器噪声用的 1 阶低通滤波器后的滤波器。

此外，滤波器还可以采用如式 (20) 的带阻滤波器和带通滤波器的组合。

$$\begin{cases} H_1(s) = \dfrac{k_b s}{s^2 + 2\zeta\omega_b s + \omega_b^2} \\ H_2(s) = H_1(s) \\ L(s) = 1 - H_2(s) \end{cases} \tag{20}$$

其中，$k_b$ 为滤波器增益；$\omega_b$ 为滤波器频率；$\zeta$ 为衰减系数。

在电动助力转向装置中，在从电动机 1 的输出转矩到由转矩传感器 102 检测的转向转矩 $T_{rq}$ 为止的传递特性中，在数 10Hz 以上的高频带中的增益变小。为此，由数 10Hz 以上的高频分量的推定误差（$\theta_e - \theta_c$）产生的振动较小，因此对转向的影响较小，从而也可不对推定角 $\theta$ 进行修正。

采用带通滤波器的滤波器 $H_1(s)$ 和滤波器 $H_2(s)$，例如，将振动大小在 50Hz 以下的频带设为通频带。并且，滤波器 $H_1(s)$ 和滤波器 $H_2(s)$ 作为比转向频率要高的频率分量，将 3Hz 以上的频带设为通频带。

由于滤波器 $H_1(s)$、滤波器 $H_2(s)$ 的通频带以比转向频率要高的频率进行设定，因此由式（20）的滤波器 $L(s)$ 提取的频率成分即第 1 频率分量 $\theta_1$ 包含转向频率分量。由此，可以根据推定角 $\theta$ 对控制角 $\theta_c$ 的转向分量进行计算，并且振动分量能够对第 2 频率分量 $\theta_2$ 进行修正，因此能够抑制由旋转角 $\theta_e$ 的推定误差（$\theta_e - \theta_c$）产生的电动机转矩的影响。

采用这种带通滤波器 $H_1(s)$ 和 $H_2(s)$，除了可以获得精度较高的修正，还能够针对振动较大的频率实施精确修正。特别是，在带通滤波器的通频带以上的频带中，转矩传感器 102 的传感器噪声、检测延迟的影响能够通过带通滤波器进行去除。

② 关于推定角修正的修正方法，还可以采用如下描述的修正方式 2 和修正方式 3。

修正方式 2：

计算第 2 频率分量修正信号 $\theta_a$，以使得基于第 2 频率分量 $\theta_2$ 和修正用信号 $\theta_t$ 的正负符号关系对第 2 频率分量 $\theta_2$ 进行修正。

通过第 2 频率分量 $\theta_2$ 和修正用信号 $\theta_t$ 的积是否在 0 以上来判定第 2 频率分量 $\theta_2$ 和修正用信号 $\theta_t$ 的符号关系是否为相同符号。

第 2 频率分量 $\theta_2$ 和修正用信号 $\theta_t$ 的符号关系为相同符号时，在第 2 频率分量 $\theta_2$ 和修正用信号 $\theta_t$ 中将绝对值较小的一方的值作为第 2 频率分量修正信号 $\theta_a$ 进行修正，即对绝对值的大小进行比较，若 $|\theta_2| \geq |\theta_t|$，则 $\theta_a = \theta_t$，若 $|\theta_2| < |\theta_t|$，则 $\theta_a = \theta_2$。

第 2 频率分量 $\theta_2$ 和修正用信号 $\theta_t$ 的符号关系为不同符号时，将对第 2 频率分量 $\theta_2$ 修正后的第 2 频率分量修正信号 $\theta_a$ 作为修正用信号 $\theta_t$ 进行修正。

控制角 $\theta_c$ 通过将第 2 频率分量修正信号 $\theta_a$ 与第 1 频率分量 $\theta_1$ 相加来进行计算。

若第 2 频率分量 $\theta_2$ 和修正用信号 $\theta_t$ 的符号不同，则设为第 2 频率分量 $\theta_2$ 的可靠性较低，推定角修正部 6 在第 2 频率分量 $\theta_2$ 和修正用信号 $\theta_t$ 的正负符号不同时，将修正用信号 $\theta_t$ 作为第 2 频率分量修正信号 $\theta_a$ 来计算，从而通过利用修正用信号 $\theta_t$ 进行替换来减小推定误差（$\theta_e - \theta_c$），因此能够减小由推定误差（$\theta_e - \theta_c$）产生的转矩变动。

**修正方式3：**

修正用信号 $\theta_t$ 是相当于实际电动机的旋转角 $\theta_e$ 的信号。因此，对第 2 频率分量 $\theta_2$ 通过限制来进行修正，以使得振动分量即第 2 频率分量 $\theta_2$ 和修正用信号 $\theta_t$ 间的差异在预先确定的设定值 $\alpha$ 以内。

具体而言，第 2 频率分量 $\theta_2$ 小于 $\theta_t - \alpha$ 时，第 2 频率分量修正信号 $\theta_a$ 设为 $\theta_a = \theta_t - \alpha$。另外，第 2 频率分量 $\theta_2$ 大于 $\theta_t + \alpha$ 时，第 2 频率分量修正信号 $\theta_a$ 设为 $\theta_a = \theta_t + \alpha$。在此之外的情况下，即 $\theta_t - \alpha \leq \theta_2 \leq \theta_t + \alpha$ 时，第 2 频率分量修正信号 $\theta_a$ 设为 $\theta_a = \theta_2$。

控制角 $\theta_c$ 通过将第 2 频率分量修正信号 $\theta_a$ 与第 1 频率分量 $\theta_1$ 相加来进行计算。

由此，推定角修正部 6 构成为限制第 2 频率分量 $\theta_2$，以使得第 2 频率分量 $\theta_2$ 和修正用信号 $\theta_t$ 间的差异在设定值 $\alpha$ 以内。

由于能够利用根据转向转矩 $T_{rq}$ 计算出的修正用信号 $\theta_t$ 作为与实际旋转角 $\theta_e$ 相对应的值，对从推定角 $\theta$ 分离出的振动分量即第 2 频率分量 $\theta_2$ 进行修正，因此针对与转向转矩 $T_{rq}$ 相类似的旋转角的分量能够降低推定误差（$\theta_e - \theta_c$）。由于通过利用与实际旋转角 $\theta_e$ 相对应的值进行修正，从而能够进行较高精度的修正，因此能够抑制由推定误差（$\theta_e - \theta_c$）产生的转矩变动。并且，即使在转向速度较快时，由于在转向频率以下的频率不包括在第 2 频率分量 $\theta_2$ 中，因此能够在不受转向影响的情况下对作为振动分量即第 2 频率分量 $\theta_2$ 进行修正。通过精度较高的修正，能够抑制由推定误差（$\theta_e - \theta_c$）产生的转矩变动，可以进行振动较小且稳定的无传感器控制。

#### 12.1.2.2　技术方案的应用领域的挖掘

虽然技术交底书中的技术方案是用于车辆方向盘的转向助力，但是，除了车辆之外的很多场合也需要转向助力，例如机器人的辅助转向、轮椅的转向助力等，因此，该发明可应用于所有在转向时需要电动机提供辅助转矩的场合，并不局限于车辆方向盘的转向助力。

### 12.1.3　专利运用的考量

#### 12.1.3.1　权利要求的类型

具体到本发明，发明的改进点主要在于对用于转向助力的电动机提供修正精度更佳的控制。在考虑权利要求类型时，可以考虑产品权利要求和方法权利要求的组合，即技术主题一为一种电动助力转向控制装置；技术主题二为一种电动助力转向的控制方法。

### 12.1.3.2 权利要求的保护范围

（1）技术交底书中具有多个实施例时权利要求的合理概括

对于本发明，考虑到技术交底书中给出了关于推定角的获得方式、滤波器的截止频率和滤波器的选择、推定角修正部的修正方法的多个实施方式，在撰写权利要求时可以基于这些实施方式进行上位概括。

（2）技术交底书中仅给出了技术手段的一种实施方式时的上位概括

在本发明中，仅记载了转向转矩是通过转矩传感器获得。但是，本领域中还可以通过计算等其他方式来获得转向转矩，在撰写权利要求时避免将转向转矩限定为仅通过转矩传感器获得。

（3）避免直接将独立权利要求的技术方案限定于技术交底书中直接提及的应用领域

在本发明中，尽管技术交底书中描述的是用于车辆方向盘的电动助力转向，但经过分析可知该技术方案可以用于机器人转向助力、轮椅的转向助力等其他需要转向助力的场合。因此，应避免技术主题一"一种电动助力转向控制装置"和技术主题二"一种电动助力转向的控制方法"的权利要求中出现表明该"电动助力转向控制装置"和"电动助力转向的控制方法"必然应用于车辆的技术特征，例如："驾驶员施加的转向转矩"或是"施加到方向盘的转向转矩"等，可以扩展为更为通用的表述方式，例如"需要被电动机助力的转向转矩"。

### 12.1.3.3 权利要求的执行主体

对于本发明，执行主体分为厂商侧和用户侧，如果权利要求涉及"助力转向控制装置"，其中又包含特征"驾驶员施加转向转矩"，则会增加侵权判断的难度，降低专利价值。因此，在撰写权利要求时，应站在制造"控制装置"的视角进行单侧撰写，如此，在侵权诉讼时，专利权人相对比较容易找到侵权产品或侵权行为，也使得在授权许可时，可以覆盖更多的许可对象，例如，采用同样的控制装置的制造商均是其潜在的许可对象。

## 12.2 权利要求书的撰写

按照本书第 7 章记载的撰写顺序撰写技术主题一"一种电动助力转向控制装置"和技术主题二"一种电动助力转向的控制方法"的权利要求。

首先撰写技术主题一"一种电动助力转向控制装置"的权利要求。由于技术主题二的控制方法是与技术主题一的控制装置一一对应,在撰写技术主题二的权利要求时,仅需将结构特征改为采用步骤方法限定的方式即可,因此,在本节不再赘述,具体权利要求可参见本章第 12.4 节。

### 12.2.1 列出技术方案的全部技术特征

通过对技术交底书的理解,由于推定角的获得方式、滤波器的截止频率和滤波器的选择、推定角修正部的修正方法具有多个实施方式支撑,因此,在列出技术特征时,考虑对这些技术特征进行上位概括,采用功能性限定来概括旋转角推定部和频率分离部,例如,采用"用于推定电动机的旋转角并将其作为推定角输出"来限定旋转角推定部,采用"将推定角分离成第 1 频率分量和第 2 频率分量"来限定频率分离部,而不采用具体的推定角的获得方式来限定旋转角推定部以及采用具体的滤波器和具体的截止频率来限定频率分离部。另外,撰写权利要求时尽量避免使用自造词。按照上述分析,技术主题为"一种电动助力转向控制装置"的权利要求包括以下技术特征:

1)旋转角推定部,用于推定电动机的旋转角并将其作为推定角输出。

2)频率分离部,将推定角分离成第 1 频率分量和第 2 频率分量。

3)修正用信号运算部,根据需要被电动机助力的转向转矩计算修正用信号。

4)推定角修正部,将基于修正用信号对第 2 频率分量进行修正得到的第 2 频率分量修正信号与第 1 频率分量相加得到电动机的控制角。

5)供电部,基于电动机的控制角向电动机供电。

6)修正用信号和第 2 频率分量具有相同或相似的频率分量。

7)第 1 频率分量包含转向力的频率分量。

8)第 2 频率分量包含机械的振动分量。

9）修正用信号运算部将转向转矩与换算增益相乘。

10）换算增益为转向转矩和电动机的旋转角的比。

11）推定角修正部基于第 2 频率分量与修正用信号的正负符号关系对第 2 频率分量进行修正。

12）推定角修正部在第 2 频率分量与修正用信号的正负符号为相同符号时，将第 2 频率分量与修正用信号中绝对值较小的一方的值设为第 2 频率分量修正信号。

13）推定角修正部在第 2 频率分量与修正用信号的正负符号不同时，将第 2 频率分量修正信号设为 0。

14）推定角修正部在第 2 频率分量与修正用信号的正负符号不同时，将修正用信号作为第 2 频率分量修正信号来计算。

15）推定角修正部对第 2 频率分量进行限制以使得第 2 频率分量与修正用信号间的差异在设定值以内。

## 12.2.2　明确发明要解决的技术问题

对于该发明，在技术交底书中没有提供对比文件，经过检索发现一篇最为相关的对比文件，该对比文件没有考虑电动机的控制角与电动机的转矩之间存在正相关性时的修正，并且该对比文件不是通过与实际的旋转角的值相对应的值来进行修正。即该发明相对于该对比文件的主要改进在于：将表示推定的电动机旋转角的推定角分离为第 1 频率分量和第 2 频率分量，从需要被电动机助力的转向转矩中提取修正用信号对第 2 频率分量进行修正，然后用修正后的第 2 频率分量和第 1 频率分量相加获得控制角。该发明利用与实际旋转角相对应的值对电动机的控制角进行修正，相比于作为最接近的现有技术的上述对比文件，能够获得更高的修正精度。因而，可以确定本发明所要解决的技术问题为如何提高修正控制角的精度。

## 12.2.3　确定独立权利要求的必要技术特征

具体到本发明，在确定了所要解决的技术问题的基础上，需要确定出前述技术特征 1）~15）中哪些技术特征是解决如何提高修正控制角的精度这个技术问题的必要技术特征。

本发明中为了提高修正控制角的精度，首先需要对推定角进行频率分离得到分离的频率分量，因此，技术特征1）"旋转角推定部，用于推定电动机的旋转角并将其作为推定角输出"和技术特征2）"频率分离部，将推定角分离成第1频率分量和第2频率分量"是实现频率分离必不可少的技术特征。对于分离后的频率分量进行修正需要获得修正用的信号，因此，获得修正用信号的特征也是必需的，即技术特征3）"修正用信号运算部，根据需要被电动机助力的转向转矩计算修正用信号"也是解决上述技术问题的必要技术特征。采用修正用信号对得到分离的频率分量进行修正从而得到具有较高精度的修正后的控制角，因此，技术特征4）"推定角修正部，将基于修正用信号对第2频率分量进行修正得到的第2频率分量修正信号与第1频率分量相加得到电动机的控制角"也是必不可少的。技术特征5）"供电部，基于电动机的控制角向电动机供电"是控制电动机提供转向助力所必需的，因此，技术特征5）也是必要技术特征。

由此可见，前述技术特征1）~5）是该发明解决"如何提高修正控制角的精度"的技术问题的必要技术特征。

技术特征6）~8）是对修正用信号和第1、2频率分量的具体限定，技术特征9）和10）是对修正用信号运算部的具体限定，技术特征11）~15）涉及具体的修正方式，这些技术特征都属于对技术特征1）~4）作出进一步限定的特征，不属于解决该发明技术问题的必要技术特征。

基于以上分析，为了解决"如何提高修正控制角的精度"的技术问题，电动助力转向控制装置必须包括以下的必要技术特征：

1）旋转角推定部，用于推定电动机的旋转角并将其作为推定角输出。

2）频率分离部，将推定角分离成第1频率分量和第2频率分量。

3）修正用信号运算部，根据需要被电动机助力的转向转矩计算修正用信号。

4）推定角修正部，将基于修正用信号对第2频率分量进行修正得到的第2频率分量修正信号与第1频率分量相加得到电动机的控制角。

5）供电部，基于电动机的控制角向电动机供电。

## 12.2.4　撰写独立权利要求

基于前述的分析，在撰写独立权利要求时，考虑必要技术特征1）~5）

中的哪些特征应该写入前序部分，哪些特征应该写入特征部分。其中，必要技术特征1)~4)均没有记载在检索得到的最接近的现有技术中，应写入特征部分；必要技术特征5)在对比文件中已经被披露，应写入前序部分。因此，最终撰写的权利要求1如下：

1. 一种电动助力转向控制装置，包括供电部，所述供电部基于电动机的控制角向所述电动机供电，其特征在于：

所述装置还包括：

旋转角推定部，用于推定电动机的旋转角并将其作为推定角输出；

频率分离部，将所述推定角分离成第1频率分量和第2频率分量；

修正用信号运算部，根据需要被所述电动机助力的转向转矩计算修正用信号；

推定角修正部，将基于所述修正用信号对所述第2频率分量进行修正得到的第2频率分量修正信号与所述第1频率分量相加得到所述电动机的控制角。

### 12.2.5 撰写从属权利要求

前面列出的技术特征6)~15)未写入独立权利要求中，现在对这些特征进行分析，确定是否将其作为从属权利要求的附加技术特征并确定从属权利要求的引用关系。

技术特征6)"修正用信号和第2频率分量具有相同或相似的频率分量"是对修正用信号的进一步限定，使从属权利要求的技术方案可以解决如何减小推定误差的技术问题，该技术特征无法再进行拆分。因此，它可以作为引用权利要求1的从属权利要求2的附加技术特征。

技术特征7)"第1频率分量包含转向力的频率分量"和技术特征8)"第2频率分量包含机械的振动分量"分别对第1、2频率分量进行具体限定，通过从不同的角度来限定分离的频率分量以使得从属权利要求的技术方案可以解决如何进一步提高修正精度的技术问题。因此，可以将技术特征7)和技术特征8)放在同一个从属权利要求中，以"和/或"的方式组合作为引用权利要求1或2的从属权利要求3的附加技术特征。

技术特征9)"修正用信号运算部将转向转矩与换算增益相乘"是对修正用信号运算部的进一步限定，其使得从属权利要求的技术方案可以解决如何计算获得修正用信号的技术问题。因此，采用与从属权利要求3并列撰写的方式作为提及了"修正用信号"的权利要求1和2的从属权利要求的附加技术特征，撰写从属权利要求4。

技术特征10）"换算增益为转向转矩和电动机的旋转角的比"是对"换算增益"的进一步限定，其使得从属权利要求的技术方案可以解决如何提高计算精度的技术问题，且该技术特征无法再进行拆分。因此，适合采用递进式的撰写方式作为引用权利要求4的从属权利要求的附加技术特征，撰写从属权利要求5。

技术特征11）"推定角修正部基于第2频率分量与修正用信号的正负符号关系对第2频率分量进行修正"是对"推定角修正部"的修正方式的进一步限定，通过该技术特征的进一步限定，进一步可以明确从属权利要求的技术方案的修正方式，且该技术特征无法再进行拆分，应作为完整的技术特征，采用与权利要求3、4并列撰写的方式作为权利要求1和2的从属权利要求的附加技术特征，撰写从属权利要求6。

技术特征12）"推定角修正部在第2频率分量与修正用信号的正负符号为相同符号时，将第2频率分量与修正用信号中绝对值较小的一方的值设为第2频率分量修正信号"，技术特征13）"推定角修正部在第2频率分量与修正用信号的正负符号不同时，将第2频率分量修正信号设为0"和技术特征14）"推定角修正部在第2频率分量与修正用信号的正负符号不同时，将修正用信号作为第2频率分量修正信号来计算"均是对于技术特征11）的进一步限定，可以采用条件选择的方式表述将它们作为从属权利要求6的附加技术特征，以减少从属权利要求的项数，由此撰写从属权利要求7。

技术特征15）"推定角修正部对第2频率分量进行限制以使得第2频率分量与修正用信号间的差异在设定值以内"是对"推定角修正部"的进一步限定，通过推定角修正部对第2频率分量进行限制来修正第2频率分量，使得从属权利要求的技术方案可以解决如何减小第2频率分量与修正用信号之间的差异的技术问题。因此，采用与权利要求3、4、6并列撰写的方式作为权利要求1和2的从属权利要求的附加技术特征，撰写从属权利要求8。

基于上述分析，撰写从属权利要求如下：

2. 根据权利要求1所述的电动助力转向控制装置，其特征在于：所述修正用信号和所述第2频率分量具有相同或相似的频率分量。

3. 根据权利要求1或2所述的电动助力转向控制装置，其特征在于：所述第 1 频率分量包含转向力的频率分量和/或所述第 2 频率分量包含机械的振动分量。

4. 根据权利要求 1 或 2 所述的电动助力转向控制装置，其特征在于：所述修正用信号运算部将所述转向转矩与换算增益相乘。

5. 根据权利要求 4 所述的电动助力转向控制装置，其特征在于：所述换算增益为所述转向转矩和所述电动机的旋转角的比。

6. 根据权利要求 1 或 2 所述的电动助力转向控制装置，其特征在于：所述推定角修正部基于所述第 2 频率分量与所述修正用信号的正负符号关系对所述第 2 频率分量进行修正。

7. 根据权利要求 6 所述的电动助力转向控制装置，其特征在于：

当所述第 2 频率分量与所述修正用信号的正负符号为相同符号时，所述推定角修正部将所述第 2 频率分量与所述修正用信号中绝对值较小的一方的值设为所述第 2 频率分量修正信号；

当所述第 2 频率分量与所述修正用信号的正负符号不同时，所述推定角修正部将所述第 2 频率分量修正信号设为 0 或将所述修正用信号作为所述第 2 频率分量修正信号。

8. 根据权利要求 1 或 2 所述的电动助力转向控制装置，其特征在于：所述推定角修正部对所述第 2 频率分量进行限制以使得所述第 2 频率分量与所述修正用信号间的差异在设定值以内。

## 12.3 说明书及其摘要的撰写

下面具体说明如何撰写本发明的说明书及其摘要。
(1) 发明或者实用新型的名称
本发明涉及两项独立权利要求，发明名称中应该清楚、简要、全面地反映所要保护的主题"一种电动助力转向控制装置"和"一种电动助力转向的控制方法"，因此，发明名称可以写为"一种电动助力转向控制装置及其控制方法"或"电动助力转向控制装置及其控制方法"。
(2) 发明或者实用新型的技术领域
本发明所属的直接应用的具体技术领域是电机控制领域，具体涉及一种电动助力转向控制装置及其控制方法。

（3）发明或者实用新型的背景技术

对于本发明，通过对现有技术的检索和分析，找到了一份相关的现有技术。因此，背景技术部分可以对该现有技术"采用的无旋转角传感器的方式来控制电动机，通过对电动机的控制角进行修正并基于电动机的控制角向电动机供电"进行清楚的说明，并客观地指出该现有技术所存在的问题"修正方式精度低，难以抑制因为推定误差产生的转矩波动"。

（4）发明或者实用新型的内容

1）关于要解决的技术问题，现有技术没有考虑电动机的控制角与电动机的转矩之间存在正相关性时的修正，并且该对比文件不是通过与实际的旋转角的值相对应的值来进行修正，从而导致修正精度不高的问题，本发明所要解决的技术问题是如何提高电动机控制角的修正精度。因此，在撰写的时候应当清楚地写明"本发明所要解决的技术问题是如何提高电动机控制角的修正精度"。

2）关于技术方案，由于本发明具有两个独立权利要求，应当在此部分说明这两项发明的技术方案，至少应反映包含全部必要技术特征的两个独立权利要求的技术方案。

3）关于有益效果，本发明的技术特征直接带来的技术效果为：能够进行较高精度的修正，因此能够抑制由推定误差产生的转矩变动。

（5）附图说明

附图说明按照《专利审查指南 2010》的要求撰写。

（6）具体实施方式

在本发明中，发明人在技术交底书中给出了滤波器的截止频率、滤波器的类型选择、修正方法等的多个实施方式，为了支持权利要求的概括，这些实施方式均应记载在本部分。

（7）说明书附图

本发明的附图中涉及许多相似参数的标记，应注意这些参数的标记应准确，与说明书记载的技术方案中的参数相一致。

（8）说明书摘要

说明书摘要按照《专利审查指南 2010》的要求撰写。

## 12.4　发明专利申请的参考文本

在上面工作的基础上，撰写"一种电动助力转向控制装置及其控制方法"的发明专利申请的参考文本。

# 权　利　要　求　书

1. 一种电动助力转向控制装置，包括供电部，所述供电部基于电动机的控制角向所述电动机供电，其特征在于：

所述装置还包括：

旋转角推定部，用于推定电动机的旋转角并将其作为推定角输出；

频率分离部，将所述推定角分离成第 1 频率分量和第 2 频率分量；

修正用信号运算部，根据需要被所述电动机助力的转向转矩计算修正用信号；

推定角修正部，将基于所述修正用信号对所述第 2 频率分量进行修正得到的第 2 频率分量修正信号与所述第 1 频率分量相加得到所述电动机的控制角。

2. 根据权利要求 1 所述的电动助力转向控制装置，其特征在于：所述修正用信号和所述第 2 频率分量具有相同或相似的频率分量。

3. 根据权利要求 1 或 2 所述的电动助力转向控制装置，其特征在于：所述第 1 频率分量包含转向力的频率分量和/或所述第 2 频率分量包含机械的振动分量。

4. 根据权利要求 1 或 2 所述的电动助力转向控制装置，其特征在于：所述修正用信号运算部将所述转向转矩与换算增益相乘。

5. 根据权利要求 4 所述的电动助力转向控制装置，其特征在于：所述换算增益为所述转向转矩和所述电动机的旋转角的比。

6. 根据权利要求 1 或 2 所述的电动助力转向控制装置，其特征在于：所述推定角修正部基于所述第 2 频率分量与所述修正用信号的正负符号关系对所述第 2 频率分量进行修正。

7. 根据权利要求 6 所述的电动助力转向控制装置,其特征在于:

当所述第 2 频率分量与所述修正用信号的正负符号为相同符号时,所述推定角修正部将所述第 2 频率分量与所述修正用信号中绝对值较小的一方的值设为所述第 2 频率分量修正信号;

当所述第 2 频率分量与所述修正用信号的正负符号不同时,所述推定角修正部将所述第 2 频率分量修正信号设为 0 或将所述修正用信号作为所述第 2 频率分量修正信号。

8. 根据权利要求 1 或 2 所述的电动助力转向控制装置,其特征在于:所述推定角修正部对所述第 2 频率分量进行限制以使得所述第 2 频率分量与所述修正用信号间的差异在设定值以内。

9. 一种电动助力转向控制方法,基于电动机的控制角向所述电动机供电,其特征在于:所述方法包括如下步骤:

步骤 1:推定电动机的旋转角并将其作为推定角输出;

步骤 2:将所述推定角分离成第 1 频率分量和第 2 频率分量;

步骤 3:根据需要被所述电动机助力的转向转矩计算修正用信号;

步骤 4:将基于所述修正用信号对所述第 2 频率分量进行修正得到的第 2 频率分量修正信号与所述第 1 频率分量相加得到所述电动机的控制角。

10. 根据权利要求 9 所述的电动助力转向控制方法,其特征在于:所述修正用信号和所述第 2 频率分量具有相同或相似的频率分量。

11. 根据权利要求 9 或 10 所述的电动助力转向控制方法,其特征在于:所述第 1 频率分量包含转向力的频率分量和/或所述第 2 频率分量包含机械的振动分量。

12. 根据权利要求 9 或 10 所述的电动助力转向控制方法,其特征在于:所述步骤 3 包括将所述转向转矩与换算增益相乘的步骤。

13. 根据权利要求 12 所述的电动助力转向控制方法,其特征在于:所述换算增益为所述转向转矩和所述电动机的旋转角的比。

14. 根据权利要求 9 或 10 所述的电动助力转向控制方法,其特征在于:基于所述第 2 频率分量与所述修正用信号的正负符号关系对所述第 2 频率分量进行修正。

15. 根据权利要求 14 所述的电动助力转向控制方法,其特征在于:

当所述第 2 频率分量与所述修正用信号的正负符号为相同符号时,将所述第 2 频率分量与所述修正用信号中绝对值较小的一方的值设为所述第 2 频率分量修正信号；

当所述第2频率分量与所述修正用信号的正负符号不同时，将所述第2频率分量修正信号设为0或将所述修正用信号作为所述第2频率分量修正信号。

16. 根据权利要求9或10所述的电动助力转向控制方法，其特征在于：所述步骤4包括对所述第2频率分量进行限制的步骤，从而使得所述第2频率分量与所述修正用信号间的差异在设定值以内。

# 说 明 书

## 一种电动助力转向控制装置及其控制方法

### 技术领域

本发明涉及电机控制领域，具体涉及一种电动助力转向控制装置及其控制方法。

### 背景技术

用于驱动控制无刷电动机的电动机控制装置通常根据用于检测转子旋转角的旋转角传感器的输出来控制电动机电流的供给。一般使用输出与转子旋转角（电角度）对应的正弦波信号以及余弦波信号的旋转变压器作为旋转角传感器。但是，旋转变压器价格高，布线多，而且需要的设置空间也大。因此，采用旋转角传感器导致了无刷电动机的成本增加，阻碍了无刷电动机的小型化。因此，现有技术提出了不使用旋转角传感器而驱动无刷电动机的推定旋转角的无传感器驱动方式。

现有技术中不使用旋转角传感器来控制电动机的电动机控制方法，通过判断电机控制角与电动机转矩之间是正相关还是负相关来变更用于修正控制角的相加角限制单元的限制值，当控制角和电动机转矩之间存在负相关性时，通过将相当于控制角的变化量的加法运算角的限制值变小来对控制角进行修正。虽然现有技术采用无旋转角传感器的方式来控制电动机，通过对电动机的控制角进行修正并基于电动机的控制角向电动机供电。但是，现有技术没有考虑电动机的控制角与电动机的转矩之间存在正相关性时的修正，并且不是通过与实际的旋转角相对应的值来进行修正。因此，现有的修正方式精度低，难以抑制因为推定误差产生的转矩波动。

**发明内容**

为了提高电动机控制角的修正精度，本发明提供一种电动助力转向控制装置及其控制方法。

该电动助力转向控制装置包括：

供电部，所述供电部基于电动机的控制角向所述电动机供电；

旋转角推定部，用于推定电动机的旋转角并将其作为推定角输出；

频率分离部，将所述推定角分离成第 1 频率分量和第 2 频率分量；

修正用信号运算部，根据需要被所述电动机助力的转向转矩计算修正用信号；

推定角修正部，将基于所述修正用信号对所述第 2 频率分量进行修正得到的第 2 频率分量修正信号与所述第 1 频率分量相加得到所述电动机的控制角。

该电动助力转向控制方法，包括如下步骤：

步骤 1：推定电动机的旋转角并将其作为推定角输出；

步骤 2：将所述推定角分离成第 1 频率分量和第 2 频率分量；

步骤 3：根据需要被所述电动机助力的转向转矩计算修正用信号；

步骤 4：将基于所述修正用信号对所述第 2 频率分量进行修正得到的第 2 频率分量修正信号与所述第 1 频率分量相加得到所述电动机的控制角；

步骤 5：基于电动机的控制角向所述电动机供电。

根据本发明提供的电动助力转向控制装置和方法，由于技术方案利用与实际旋转角相对应的值进行修正，从而能够进行较高精度的修正，因此能够抑制由推定误差产生的转矩变动。

**附图说明**

图 1 是根据本发明的以车辆为例的电动助力转向装置的结构示意图。

图 2 是根据本发明的一个实施例的电子控制装置 ECU 的结构框图。

图 3 是根据本发明的一个实施例的控制角 $\theta_c$ 的计算框图。

**具体实施方式**

下面结合附图对本发明的电动助力转向控制装置及电动助力转向控制方法进行说明。另外，在各实施方式中，相同或相应部分以同一标号来表示，并省略重复的说明。

实施例 1

下面以本发明的电动助力转向控制装置应用于车辆的转向助力为例进行

说明。

在图1中，驾驶员向方向盘101施加的转向转矩通过转矩传感器102的扭杆、转向轴103，经由齿轮机构105使车轮104转向。电动机1用于提供辅助的转向力，电子控制装置ECU 2用于向电动机1提供驱动电力。电动机1根据ECU 2提供的电力产生电动机转矩$T_m$。电动机转矩$T_m$传递到转向轴103来减轻转向时驾驶员所施加的必需的转向转矩。

如图2所示，电子控制装置ECU 2包括供电部3、旋转角推定部4、频率分离部5、推定角修正部6和修正用信号运算部7。供电部3由逆变器31、坐标转换部32、电压指令运算部33、电流检测器34以及电流指令运算部35构成，基于控制角$\theta_c$向电动机1供电。

电流指令运算部35生成d轴电流指令$i_d^*$以及q轴电流指令$i_q^*$。d轴电流指令$i_d^*$以及q轴电流指令$i_q^*$是与电动机1的输出即电动机转矩$T_m$相关的指令值。d轴电流指令$i_d^*$设为0，并且q轴电流指令$i_q^*$根据转向转矩$T_{rq}$来确定。d轴电流指令$i_d^*$也可根据电动机的转速来确定。

电压指令运算部33生成d轴电压指令$v_d^*$以及q轴电压指令$v_q^*$，以使得d轴电流指令$i_d^*$以及q轴电流指令$i_q^*$与d轴检测电流$i_d$以及q轴检测电流$i_q$在各轴分量中相一致。

电流检测器34对u相检测电流$i_u$、v相检测电流$i_v$以及w相检测电流$i_w$进行检测，以作为流过电动机1各相的电流。

坐标转换部32基于控制角$\theta_c$将d轴电压指令$v_d^*$以及q轴电压指令$v_q^*$进行坐标转换，从而生成u相电压指令$v_u^*$、v相电压指令$v_v^*$以及w相电压指令$v_w^*$。并且，坐标转换部32基于控制角$\theta_c$将u相检测电流$i_u$、v相检测电流$i_v$以及w相检测电流$i_w$进行坐标转换，从而生成d轴检测电流$i_d$以及q轴检测电流$i_q$。

逆变器31通过将基于u相电压指令$v_u^*$、v相电压指令$v_v^*$以及w相电压指令$v_w^*$的三相交流电压作为电力施加到电动机1来产生电动机转矩$T_m$。

旋转角推定部4推定电动机的旋转角$\theta_e$，并且将推定出的值作为推定角$\theta$输出。

旋转角推定部4可以利用感应电压与电动机的旋转速度即旋转角的微分成正比来推定电动机的旋转角，具体推定方法如下：

将d轴电压指令$v_d^*$及q轴电压指令$v_q^*$以及d轴检测电流$i_d$及q轴检测

电流 $i_q$ 作为输入，构成以式（1）~式（6）的观测器并且对推定角 $\theta$ 进行计算。

$$\theta = \int \omega \mathrm{d}t \tag{1}$$

$$\omega = \omega_{r0} - \frac{e_{04}}{p_{dr0}} \tag{2}$$

$$\omega_{r0} = \left(k_p + \frac{k_i}{s}\right)(e_q \cdot p_{dr0}) \tag{3}$$

$$\frac{\mathrm{d}}{\mathrm{d}t}\begin{pmatrix} i_{d0} \\ i_{q0} \\ p_{dr0} \end{pmatrix} = \begin{pmatrix} -\dfrac{R}{L_d} & \dfrac{L_q}{L_d}\omega & 0 \\ -\dfrac{L_d}{L_q}\omega & -\dfrac{R}{L_q} & -\dfrac{\omega_{r0}}{L_q} \\ 0 & 0 & 0 \end{pmatrix}\begin{pmatrix} i_{d0} \\ i_{q0} \\ p_{dr0} \end{pmatrix} + \begin{pmatrix} \dfrac{1}{L_d} & 0 \\ 0 & \dfrac{1}{L_q} \\ 0 & 0 \end{pmatrix}\begin{pmatrix} v_d^* \\ v_q^* \end{pmatrix} - \begin{pmatrix} e_{01} \\ e_{02} \\ e_{03} \end{pmatrix} \tag{4}$$

$$\begin{pmatrix} e_{01} \\ e_{02} \\ e_{03} \\ e_{04} \end{pmatrix} = \begin{pmatrix} g_{11} & g_{12} \\ g_{21} & g_{22} \\ g_{31} & g_{32} \\ g_{41} & g_{42} \end{pmatrix}\begin{pmatrix} e_d \\ e_q \end{pmatrix} \tag{5}$$

$$\begin{pmatrix} e_d \\ e_q \end{pmatrix} = \begin{pmatrix} i_{d0} - i_d \\ i_{q0} - i_q \end{pmatrix} \tag{6}$$

其中，$\omega$、$\omega_{r0}$ 为推定速度；$i_{d0}$ 为 d 轴推定电流；$i_{q0}$ 为 q 轴推定电流；$p_{dr0}$ 为推定磁通；$e_d$ 为 d 轴偏差；$e_q$ 为 q 轴偏差；$R$ 为电动机的电阻值；$L_d$ 为电动机的 d 轴电感值；$L_q$ 为电动机的 q 轴电感值；$s$ 为拉普拉斯变换的微分算子；$k_p$、$k_i$、$g_{11}$、$g_{12}$、$g_{21}$、$g_{22}$、$g_{31}$、$g_{32}$、$g_{41}$、$g_{42}$ 为用于计算推定角 $\theta$ 的反馈增益；$e_{01}$、$e_{02}$、$e_{03}$、$e_{04}$ 为计算的中间变量。

该推定方法中由于将电动机的电阻值 $R$、电感值 $L_d$、$L_q$ 作为参数进行设定，参数误差的存在导致了推定误差。

基于推定角获得电动机的控制角 $\theta_c$ 的计算框图如图 3 所示。

在图 3 中，频率分离部 5 根据由旋转角推定部 4 计算出的推定角 $\theta$，通过第 1 滤波器 5a 即滤波器 $L(s)$ 和第 2 滤波器 5b 即滤波器 $H_2(s)$ 分别求出第 1 频率分量 $\theta_1$ 和第 2 频率分量 $\theta_2$。修正用信号运算部 7 基于由转矩传感器 102 检测出的驾驶员向方向盘施加的转向转矩 $T_{rq}$ 来计算修正用信号 $\theta_t$。

转矩传感器 102 根据扭杆上侧即方向盘侧的角度和扭杆下侧即电动机侧

的角度间的扭转量来检测转向转矩 $T_{rq}$。若扭杆的刚性设为 $k_s$,则转向转矩 $T_{rq}$ 和电动机旋转角 $\theta_e$ 的关系使用转向角 $\theta_h$、电动机 1 的极对数 $P_m$、齿轮比 $G_n$,以式 (7) 进行表述。

$$T_{rq} = k_s \left( \theta_h - \frac{1}{G_n \cdot P_m} \theta_e \right) \tag{7}$$

在此,转向角 $\theta_h$ 依赖于转向频率。为此,考虑高于电动助力转向装置的主谐振频率的频带,能够将其近似为式 (8)。

$$T_{rq} = -k_s \cdot \frac{1}{G_n \cdot P_m} \theta_e = \frac{1}{k} \cdot \theta_e \tag{8}$$

表示转向转矩 $T_{rq}$ 和电动机的旋转角 $\theta_e$ 的比的换算增益 $k$ 为式 (9)。

$$k = -\frac{G_n \cdot P_m}{k_s} \tag{9}$$

通常,由于振动发生在谐振频率以上,因此依赖于该换算增益能够高精度地提取振动分量。另外,转向频率和谐振频率之间虽然会产生误差,但通常不会产生振动。若有需要,则通过在从角度到转矩的反向模型中对换算增益赋予动态特性,从而能够实现更高精度的换算。

为此,修正用信号 $\theta_t$ 如式 (10) 那样,在换算部 7a 中将转向转矩 $T_{rq}$ 与换算增益 $k$ 相乘,并且通过滤波器 $H_1(s)$ 7b 提取出比驾驶员的转向频率更高的频率分量进行计算。

$$\theta_t = H_1(s) \cdot k \cdot T_{rq} \tag{10}$$

由于根据转向转矩计算出的修正用信号 $\theta_t$ 是与实际旋转角 $\theta_e$ 相对应的值,因此能够进行较高精度的修正,并且针对与转向转矩 $T_{rq}$ 相类似的旋转角的分量能够降低推定误差。另外,修正用信号运算部 7 通过构成为将转向转矩与换算增益相乘,从而能够将转向转矩换算成与电动机的旋转角相对应的值,因此能够对第 2 频率分量 $\theta_2$ 进行高精度的修正。

通过转向转矩 $T_{rq}$ 在换算部 7a 中乘以换算增益 $k$ 之后,通过第 3 滤波器 7b 即滤波器 $H_1(s)$ 提取振动分量而计算出修正用信号 $\theta_t$。推定角修正部 6 基于修正用信号 $\theta_t$ 通过运算部 6a 对第 2 频率分量 $\theta_2$ 进行修正从而计算出第 2 频率分量修正信号 $\theta_a$。并且,将第 2 频率分量修正信号 $\theta_a$ 在加法部 6b 中与第 1 频率分量 $\theta_1$ 相加,计算出控制角 $\theta_c$。第 3 滤波器 7b 采用如式 (11) 所示的 1 阶高通滤波器。

$$H_1(s) = \frac{s}{s + \omega_{h1}} \tag{11}$$

频率分离部 5 通过滤波处理，将推定角 $\theta$ 如式（12）那样分离成包含转向分量的第 1 频率分量 $\theta_1$ 以及包含振动分量的第 2 频率分量 $\theta_2$。

$$\begin{cases} \theta_1 = L(s) \cdot \theta \\ \theta_2 = H_2(s) \cdot \theta \end{cases} \tag{12}$$

转向分量表示驾驶员转向力的频率分量，振动分量表示电动助力转向装置机械振动的频率分量。一般地，驾驶员能够转向的频率在 3Hz 以下。另外，例如车道改变时的转向频率在 0.2Hz 附近，通常存在较多这样的低频率转向的情况。在此，为了提取出比通常驾驶员的转向频率要高的频率分量，滤波器 $H_1(s)$ 的截止频率 $\omega_{h1}$ 设定为 3Hz。

为了将上述的修正用信号 $\theta_t$ 和第 2 频率分量 $\theta_2$ 设为相似或相同的频率分量，滤波器 $H_2(s)$ 可以采用如式（13）的与滤波器 $H_1(s)$ 相同的 1 阶高通滤波器。

$$H_2(s) = \frac{s}{s + \omega_{h2}} \tag{13}$$

另外，截止频率 $\omega_{h2}$ 也与滤波器 $H_1(s)$ 的截止频率 $\omega_{h1}$ 相同，设定为 3Hz。

由于滤波器 $H_2(s)$ 提取出比转向频率要高的频率分量，因此滤波器 $L(s)$ 能够计算第 1 频率分量 $\theta_1$。从推定角 $\theta$ 分离出的第 1 频率分量 $\theta_1$ 包含有转向力的频率分量。

滤波器 $L(s)$ 如式（14）所示。

$$L(s) = 1 - H_2(s) = \frac{\omega_{h2}}{s + \omega_{h2}} \tag{14}$$

滤波器 $H_2(s)$ 和滤波器 $L(s)$ 相加为 1，因此能够复原原始的输入信号。由此，在无推定误差的情况下，第 2 频率分量修正信号 $\theta_a$ 成为第 2 频率分量，若与第 1 频率分量相加则能够复原原始的推定角 $\theta$。

通过使修正用信号 $\theta_t$ 和第 2 频率分量 $\theta_2$ 具有相似或相同的频率分量，由此若无推定误差则第 2 频率分量应该和修正用信号一致，若第 2 频率分量和修正用信号有差异则能够判定存在推定误差，从而能够在不会过多或不足的情况下进行修正。

推定角修正部 6 的修正方式为：

推定角修正部 6 首先基于修正用信号 $\theta_t$ 通过运算部 6a 对第 2 频率分量 $\theta_2$ 进行修正从而计算第 2 频率分量修正信号 $\theta_a$。并且，将第 2 频率分量修正信号 $\theta_a$ 在加法部 6b 中与第 1 频率分量 $\theta_1$ 相加，由此计算出控制角 $\theta_c$。

计算第 2 频率分量修正信号 $\theta_a$，以使得基于第 2 频率分量 $\theta_2$ 和修正用信号 $\theta_t$ 的正负符号关系对第 2 频率分量 $\theta_2$ 进行修正。

通过第 2 频率分量 $\theta_2$ 和修正用信号 $\theta_t$ 的乘积是否在 0 以上来判定第 2 频率分量 $\theta_2$ 和修正用信号 $\theta_t$ 的符号关系是否为相同符号。

第 2 频率分量 $\theta_2$ 和修正用信号 $\theta_t$ 的符号关系为相同符号时，在第 2 频率分量 $\theta_2$ 和修正用信号 $\theta_t$ 中将绝对值较小的一方的值作为第 2 频率分量修正信号 $\theta_a$ 进行修正，即对绝对值的大小进行比较，若 $|\theta_2| \geq |\theta_t|$，则 $\theta_a = \theta_t$，若 $|\theta_2| < |\theta_t|$，则 $\theta_a = \theta_2$。

第 2 频率分量 $\theta_2$ 和修正用信号 $\theta_t$ 的符号关系为不同符号时，将对第 2 频率分量 $\theta_2$ 修正后的第 2 频率分量修正信号 $\theta_a$ 设为 0。

控制角 $\theta_c$ 通过将第 2 频率分量修正信号 $\theta_a$ 与第 1 频率分量 $\theta_1$ 相加来进行计算。

如上所述，推定角修正部 6 能够基于第 2 频率分量 $\theta_2$ 和修正用信号 $\theta_t$ 的符号关系来恰当地、高精度地修正第 2 频率分量。

另外，推定角修正部 6 通过构成为当第 2 频率分量 $\theta_2$ 和修正用信号 $\theta_t$ 为相同符号时，将第 2 频率分量 $\theta_2$ 和修正用信号 $\theta_t$ 中绝对值较小的一方的值作为第 2 频率分量修正信号 $\theta_a$，从而使包含在推定角 $\theta$ 中的振动分量接近于实际的振动分量，能够抑制推定误差的增大。

另外，推定角修正部 6 通过构成为当第 2 频率分量 $\theta_2$ 和修正用信号 $\theta_t$ 为不同符号时，使第 2 频率分量修正信号 $\theta_a$ 为 0，从而在第 2 频率分量 $\theta_2$ 和修正用信号 $\theta_t$ 为不同符号时，第 2 频率分量 $\theta_2$ 和修正用信号 $\theta_t$ 中的任何一个的可靠性较低，因此通过将第 2 频率分量 $\theta_2$ 设为 0，能够抑制推定误差的增大。

实施例的变形

(1) 关于滤波器的截止频率的变形

滤波器 $H_1(s)$ 7b 和滤波器 $H_2(s)$ 5b 的截止频率并不局限于 3Hz，若产生 30Hz 的振动，则截止频率 $\omega_{h1}$ 和 $\omega_{h2}$ 也可设定成 10Hz，以使得能够提取 30Hz 的振动。另外，截止频率 $\omega_{h1}$ 和 $\omega_{h2}$ 并不一定要相同，例如也可将 $\omega_{h1}$ 设定成 3Hz，$\omega_{h2}$ 设定成 5Hz。在该情况下，由于 3Hz 和 5Hz 是比较接近的频率，因此，即使截止频率 $\omega_{h1}$ 和 $\omega_{h2}$ 不相同，也能够提取出相同的频率分量。

(2) 关于滤波器的变形

滤波器 $H_1(s)$ 7b 和滤波器 $H_2(s)$ 5b 可以采用相同的滤波器，比如 1 阶高通滤波器。但是若能够提取相同频率分量，则并不一定要采用相同的滤波器。

例如，也可以是截止频率 $\omega_{h1}$ 和 $\omega_{h2}$ 相同，而滤波器 $H_1(s)$ 采用 1 阶高通滤波器，滤波器 $H_2(s)$ 采用 2 阶高通滤波器。另外，也可以是滤波器 $H_1(s)$ 采用 1 阶高通滤波器，滤波器 $H_2(s)$ 采用对 1 阶高通滤波器追加去除传感器噪声用的 1 阶低通滤波器后的滤波器。

此外，滤波器还可以采用式（15）那样的带阻滤波器和带通滤波器的组合。

$$\begin{cases} H_1(s) = \dfrac{k_b s}{s^2 + 2\zeta\omega_b s + \omega_b^2} \\ H_2(s) = H_1(s) \\ L(s) = 1 - H_2(s) \end{cases} \quad (15)$$

其中，$k_b$ 为滤波器增益；$\omega_b$ 为滤波器频率；$\zeta$ 为衰减系数。

在电动助力转向中，在从电动机 1 的输出转矩到由转矩传感器 102 检测的转向转矩 $T_{rq}$ 为止的传递特性中，在数 10Hz 以上的高频带中的增益变小。为此，由数 10Hz 以上的高频分量的推定误差（$\theta_e - \theta_c$）产生的振动较小，因此对转向的影响较小，从而也可不对推定角 $\theta$ 进行修正。

采用带通滤波器的滤波器 $H_1(s)$ 和滤波器 $H_2(s)$，例如，将振动大小在 50Hz 以下的频带设为通频带。并且，滤波器 $H_1(s)$ 和滤波器 $H_2(s)$ 作为比转向频率高的频率分量，将 3Hz 以上的频带设为通频带。

由于滤波器 $H_1(s)$、滤波器 $H_2(s)$ 的通频带以比转向频率高的频率进行设定，因此由式（15）的滤波器 $L(s)$ 提取的频率成分即第 1 频率分量 $\theta_1$ 包含转向频率分量。由于第 1 频率分量 $\theta_1$ 包含转向力的频率分量，因此可以根据推定角 $\theta$ 对控制角 $\theta_c$ 的转向分量进行计算，并且振动分量能够对第 2 频率分量 $\theta_2$ 进行修正，因此能够抑制由旋转角 $\theta_e$ 的推定误差（$\theta_e - \theta_c$）产生的电动机转矩的影响。

采用这种带通滤波器对滤波器 $H_1(s)$ 和滤波器 $H_2(s)$，除了可以获得精度较高的修正，还能够针对振动较大的频率实施精确修正。特别是，在带通滤波器的通频带以上的频带中，转矩传感器 102 的传感器噪声、检测延迟的影响能够通过带通滤波器进行去除。

（3）关于推定角的获得方法的变形

除了可以采用上述实施例中的方法获得推定角，还可以基于转向转矩 $T_{rq}$ 获得推定角，推定方法具体如下：

在电动机 1 中产生高频率转矩 $T_{mhf}$，并且基于在由转矩传感器 102 检测出

的转向转矩 $T_{rq}$ 中出现的响应来对推定角 $\theta$ 进行计算。

通过式（16）给出的 d 轴电流指令 $i_d^*$ 以及 q 轴电流指令 $i_q^*$ 来产生高频转矩 $T_{mhf}$。

$$\begin{cases} i_d^* = i_{d0}^* + A_{id} \\ i_q^* = i_{q0}^* + A_{iq} \\ A_{id} = A \cdot \cos(ww \cdot t) \\ A_{iq} = A \cdot \sin(ww \cdot t) \end{cases} \quad (16)$$

d 轴电流指令 $i_d^*$ 通过将 d 轴高频电流（指令）$A_{id}$ 相加至 d 轴基本电流指令 $i_{d0}^*$ 中来获得。

q 轴电流指令 $i_q^*$ 通过将 q 轴高频电流（指令）$A_{iq}$ 相加至 q 轴基本电流指令 $i_{q0}^*$ 中来获得。

d 轴基本电流指令 $i_{d0}^*$ 根据电动机 1 的旋转速度来确定。

q 轴基本电流指令 $i_{q0}^*$ 根据转向转矩 $T_{rq}$ 来确定。

d 轴高频电流（指令）$A_{id}$ 以及 q 轴高频电流（指令）$A_{iq}$ 通过振幅 A、频率 ww 的余弦波以及正弦波来求出。余弦波以及正弦波是时间 t 的函数。

将 d 轴基本电流指令 $i_{d0}^*$、q 轴基本电流指令 $i_{q0}^*$ 设为 0。电动机 1 的输出转矩大致与 q 轴电流指令 $i_q^*$ 成比例。为此，通过基于式（16）向电动机 1 供电，在无推定误差（$\theta_e - \theta_c$）的情况下，如式（17）所示，产生与 q 轴高频电流指令 $A_{iq}^*$ 成比例的高频转矩 $T_{mhf}$。

$$T_{mhf} = k_t \cdot A \cdot \sin(ww \cdot t) \quad (17)$$

在此，$k_t$ 是电动机 1 的输出转矩的比例常数。

另一方面，在存在推定误差（$\theta_e - \theta_c$）的情况下，如式（18）所示，在 q 轴高频电流 $A_{iq}$ 和高频转矩 $T_{mhf}$ 中产生相位差 $\Delta\theta_q$。由此，q 轴高频电流 $A_{iq}$ 和高频转矩 $T_{mhf}$ 的相位差 $\Delta\theta_q$ 是具有推定误差（$\theta_e - \theta_c$）的信息的信号。

$$T_{mhf} = k_t \cdot A \cdot \sin(ww \cdot t + \Delta\theta_q) \quad (18)$$

推定角 $\theta$ 能够利用相位差 $\Delta\theta_q$ 具有推定误差的信息来进行计算。高频转矩 $T_{mhf}$ 能够反映在由转矩传感器 102 检测出的转向转矩 $T_{rq}$ 中，因此相位差 $\Delta\theta_q$ 能够基于转向转矩 $T_{rq}$ 进行计算。根据式（19）的反馈控制来计算推定角 $\theta$，以使得基于转向转矩 $T_{rq}$ 计算出的相位差 $\Delta\theta_q$ 变小。

$$\theta = \left(k_{pp} + \frac{k_{ii}}{s}\right) \cdot \Delta\theta_q \quad (19)$$

其中，$k_{pp}$、$k_{ii}$ 为用于对推定角 $\theta$ 进行计算的反馈增益。

(4) 关于修正方式的变形

变形 1：

计算第 2 频率分量修正信号 $\theta_a$，以使得基于第 2 频率分量 $\theta_2$ 和修正用信号 $\theta_t$ 的正负符号关系对第 2 频率分量 $\theta_2$ 进行修正。

通过第 2 频率分量 $\theta_2$ 和修正用信号 $\theta_t$ 的积是否在 0 以上来判定第 2 频率分量 $\theta_2$ 和修正用信号 $\theta_t$ 的符号关系是否为相同符号。

第 2 频率分量 $\theta_2$ 和修正用信号 $\theta_t$ 的符号关系为相同符号时，在第 2 频率分量 $\theta_2$ 和修正用信号 $\theta_t$ 中将绝对值较小的一方的值作为第 2 频率分量修正信号 $\theta_a$ 进行修正，即对绝对值的大小进行比较，若 $|\theta_2| \geq |\theta_t|$，则 $\theta_a = \theta_t$，若 $|\theta_2| < |\theta_t|$，则 $\theta_a = \theta_2$。

第 2 频率分量 $\theta_2$ 和修正用信号 $\theta_t$ 的符号关系为不同符号时，将对第 2 频率分量 $\theta_2$ 修正后的第 2 频率分量修正信号 $\theta_a$ 作为修正用信号 $\theta_t$ 进行修正。

控制角 $\theta_c$ 通过将第 2 频率分量修正信号 $\theta_a$ 与第 1 频率分量 $\theta_1$ 相加来进行计算。

若第 2 频率分量 $\theta_2$ 和修正用信号 $\theta_t$ 的符号不同，则设为第 2 频率分量 $\theta_2$ 的可靠性较低，推定角修正部 6 在第 2 频率分量 $\theta_2$ 和修正用信号 $\theta_t$ 的正负符号不同时，将修正用信号 $\theta_t$ 作为第 2 频率分量修正信号 $\theta_a$ 来计算，从而通过利用修正用信号 $\theta_t$ 进行替换来减小推定误差 $(\theta_e - \theta_c)$，因此能够减小由推定误差 $(\theta_e - \theta_c)$ 产生的转矩变动。

变形 2：

修正用信号 $\theta_t$ 是相当于实际电动机的旋转角 $\theta_e$ 的信号。因此，对第 2 频率分量 $\theta_2$ 通过限制来进行修正，以使得振动分量即第 2 频率分量 $\theta_2$ 和修正用信号 $\theta_t$ 间的差异不变大，并且第 2 频率分量 $\theta_2$ 和修正用信号 $\theta_t$ 间的差异在预先确定的设定值 $\alpha$ 以内。

具体而言，第 2 频率分量 $\theta_2$ 小于 $\theta_t - \alpha$ 时，第 2 频率分量修正信号 $\theta_a$ 设为 $\theta_a = \theta_t - \alpha$。另外，第 2 频率分量 $\theta_2$ 同时还大于 $\theta_t + \alpha$ 时，第 2 频率分量修正信号 $\theta_a$ 设为 $\theta_a = \theta_t + \alpha$。在此之外的情况下，即 $\theta_t - \alpha \leq \theta_2 \leq \theta_t + \alpha$ 时，第 2 频率分量修正信号 $\theta_a$ 设为 $\theta_a = \theta_2$。

控制角 $\theta_c$ 通过将第 2 频率分量修正信号 $\theta_a$ 与第 1 频率分量 $\theta_1$ 相加来进行计算。

由此，推定角修正部 6 构成为限制第 2 频率分量 $\theta_2$，以使得第 2 频率分

量 $\theta_2$ 和修正用信号 $\theta_t$ 间的差异在设定值 $\alpha$ 以内。

由于能够利用根据转向转矩 $T_{rq}$ 计算出的修正用信号 $\theta_t$ 作为与实际旋转角 $\theta_e$ 相对应的值，对从推定角 $\theta$ 分离出的振动分量即第 2 频率分量 $\theta_2$ 进行修正，因此针对与转向转矩 $T_{rq}$ 相类似的旋转角的分量能够降低推定误差（$\theta_e - \theta_c$）。由于通过利用与实际旋转角 $\theta_e$ 相对应的值进行修正，从而能够进行较高精度的修正，因此能够抑制由推定误差（$\theta_e - \theta_c$）产生的转矩变动。并且，即使在转向速度较快时，由于在转向频率以下的频率不包括在第 2 频率分量 $\theta_2$ 中，因此能够在不受转向影响的情况下对作为振动分量即第 2 频率分量 $\theta_2$ 进行修正。通过精度较高的修正，能够抑制由推定误差（$\theta_e - \theta_c$）产生的转矩变动，可以进行振动较小且稳定的无传感器控制。

其他领域的应用

虽然前述实施方式是以车辆方向盘为例，但是本发明的电动助力转向控制装置和电动助力转向控制方法并不局限于车辆方向盘的转向助力，其他涉及转向助力的场合也是适用的，例如，电动轮椅的转向助力、机器人的转向助力等。

本领域技术人员能够理解，本发明的上述各部分的功能可以通过硬件电路构成，也可以由执行存储在存储器中的程序的 CPU 构成，还可以采用硬件、软件的组合来实现。

以上所述的仅为本发明的较佳实施例，并不用以限制本发明，在本发明的精神和原则之内所作的任何修改、等同替换、改进等，均应在本发明的保护范围之内。

## 说 明 书 附 图

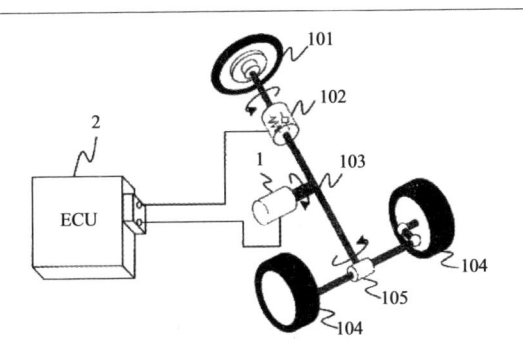

图 1

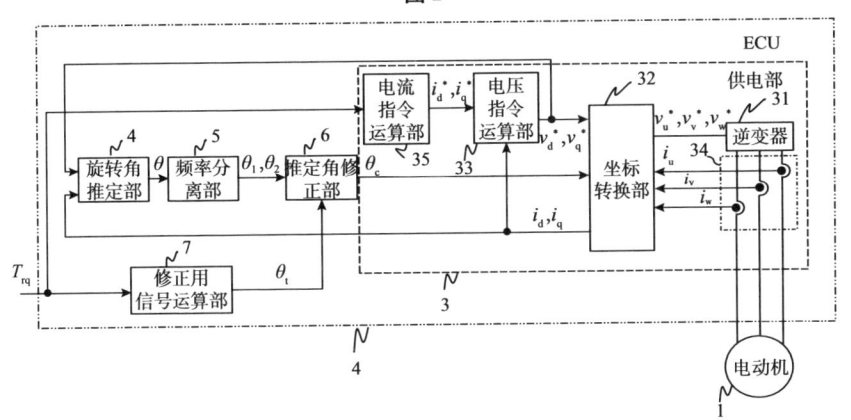

图 2

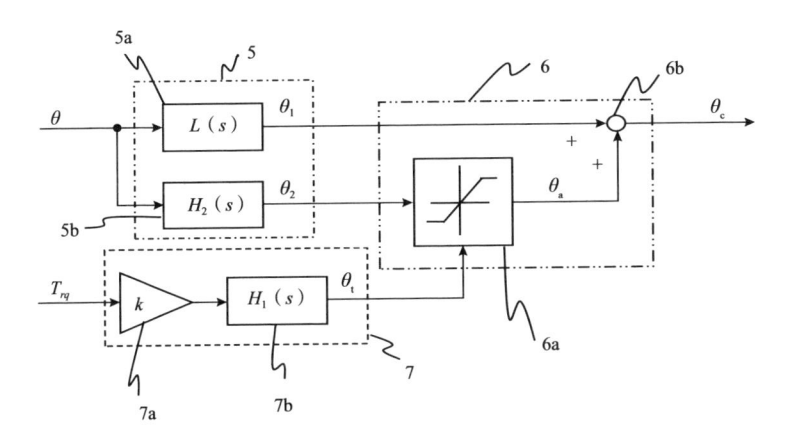

图 3

◎ 电力领域专利申请文件撰写常见问题解析

# 说 明 书 摘 要

本发明提供一种电动助力转向控制装置及其控制方法，属于电机控制领域。该电动助力转向控制装置包括：用于推定电动机的旋转角并将其作为推定角输出的旋转角推定部；将所述推定角分离成第1频率分量和第2频率分量的频率分离部；根据需要被所述电动机助力的转向转矩计算修正用信号的修正用信号运算部；将基于所述修正用信号对所述第2频率分量进行修正得到的第2频率分量修正信号与所述第1频率分量相加得到所述电动机的控制角的推定角修正部；和基于电动机的控制角向所述电动机供电的供电部。本发明通过对推定角中包含的推定误差进行修正，从而提高了电动机控制角的修正精度，抑制由推定误差产生的转矩变动，并且能够进行振动较小且稳定的无传感器控制。

# 摘 要 附 图

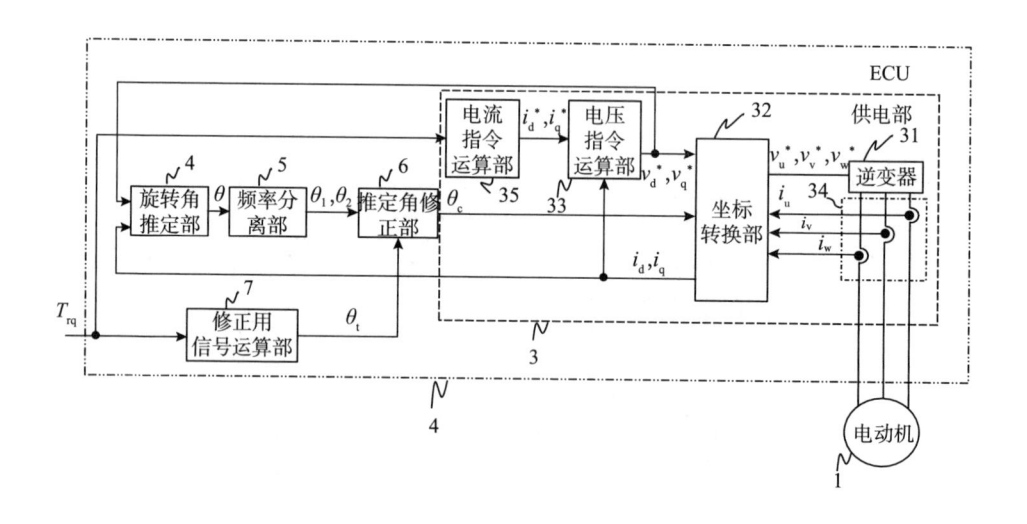

# 第 13 章　开关连接器领域

本章以"一种压接式接线端子"为例,介绍根据技术交底书撰写电连接器领域专利申请的一般思路,在本案例中,通过对发明人撰写的技术交底书以及权利要求书初稿的分析和对现有技术充分检索后,进一步挖掘和完善技术交底书中的技术内容,补充完善说明书;在撰写权利要求时,根据发明实际要解决的技术问题,明确必要技术特征,将其记载到独立权利要求中,对于非必要技术特征,考虑在从属权利要求中进行限定,同时关注对技术方案进行适当的上位概括、扩充请求保护的主题,撰写出保护范围合理、保护主题类型完善且有运用价值的专利申请文件。

## 13.1　创新成果的分析

发明人提交的技术交底书如下:

现有的应用在电脑中的压接式接线端子大都是假定客户端的导线可折弯,端子安装好后,导线插入相应的端子孔内以实现导线的连接。另外,目前市场上也有一些接线端子,可以不折弯导线,让导线平行靠近接线端子的导电片,然后用螺丝刀扳动置于接线端子内部的多连杆机构,依靠该多连杆机构的自锁原理锁紧导线。这种类型的接线端子内部结构复杂,使得该接线端子的体积非常庞大,且扳动螺丝刀的过程中需要转动一定角度,进而无法满足特殊客户对端子使用空间的需求。

总的来说,市场上现有的压接式接线端子在满足特殊客户群体要求时存在以下问题:导线需要折弯插入端子接线孔中进行连接,无法满足特殊工况要求;体积较大,无法满足空间要求;端子接线兼容范围过小,客户必须选择多款端子兼容现有导线范围,不利于客户端降低成本;结构较为复杂,成本高,可靠性低。

针对现有技术中的上述缺陷,本发明主要通过对应用于电脑中的压接式接线端子的压紧部件和导电片结构进行改进,提供一种新的压接式接线端子,实现能快速固定导线的同时避免导线在连接的过程中出现折弯,同时使得接线端子的结构简单、体积小、使用方便。

下面结合附图对本发明的压接式接线端子的结构进行具体说明。

图13-1是本发明压接式接线端子整体结构示意图。如图13-1所示,压接式接线端子包括用于安装导线1的基座部件2和连接在基座部件2上用于将导线1压在基座部件2上的压紧部件3。基座部件2内安装有用于与导线1电连接的导电片5。压紧部件3的上表面设置有第一推块槽35,第一推块槽35内安装有推块34。

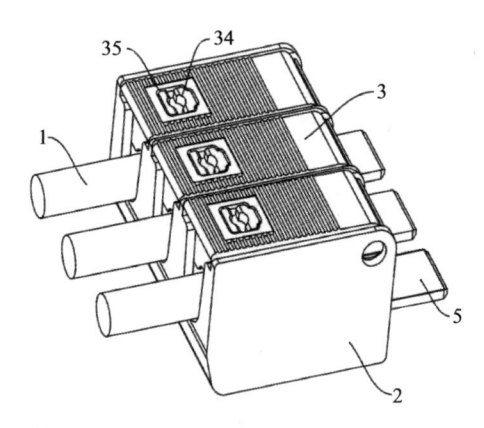

图13-1 压接式接线端子整体结构示意图

图13-2是压接式接线端子旋转其中一个安装位中的压紧部件后的状态示意图,图13-3是压接式接线端子整体结构示意图的俯视图,图13-4是俯视图中A-A的剖视图,图13-5是压接式接线端子的分解示意图。如图13-2~图13-5所示,基座部件2包括绝缘基座4、导电片5和端盖6。绝缘基座4上至少设置有一个安装位7,安装位7左端为进线端。安装位7内配设有导电片5、端盖6和压紧部件3。导电片5通过端盖6固定安装在安装位7内,压紧部件3位于导电片5的上方且铰接安装在安装位7内。压紧部件3包括推块34、防护盖13和弹片14。防护盖13铰接安装在绝缘基座4上,弹片14安装在防护盖13上,推块34安装在防护盖13上,推块34上设置有限位凸台38,限位凸台38具有引导斜面。防护盖13上设置有第一推块槽35,弹

片14上设置有第二推块槽36。防护盖13与绝缘基座4之间设置有定位机构41，定位机构41包括设置在防护盖13上的定位条42和设置在绝缘基座4上能够与所述定位条42相互卡合的定位槽43。端盖6三个方向侧面上均设置有卡槽11，端盖6上端具有一呈"凵"形结构的定位槽9。安装位7左侧为一进线缺口8，进线缺口8下端呈弧形结构。防护盖13上设置有防滑纹路39。

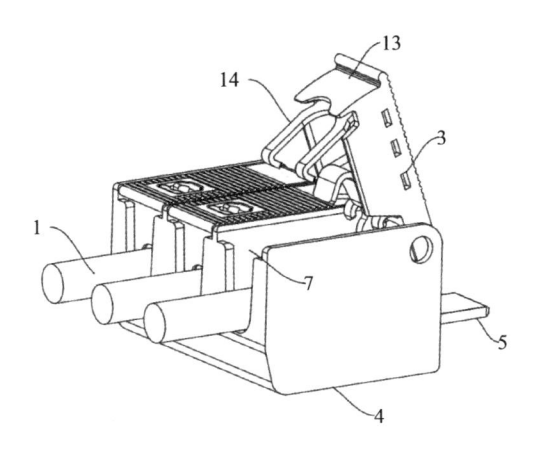

图13-2 压接式接线端子旋转其中一个安装位中的压紧部件后的状态示意图

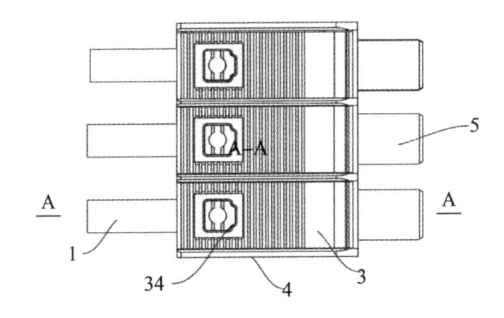

图13-3 压接式接线端子整体结构示意图的俯视图

◎ 电力领域专利申请文件撰写常见问题解析

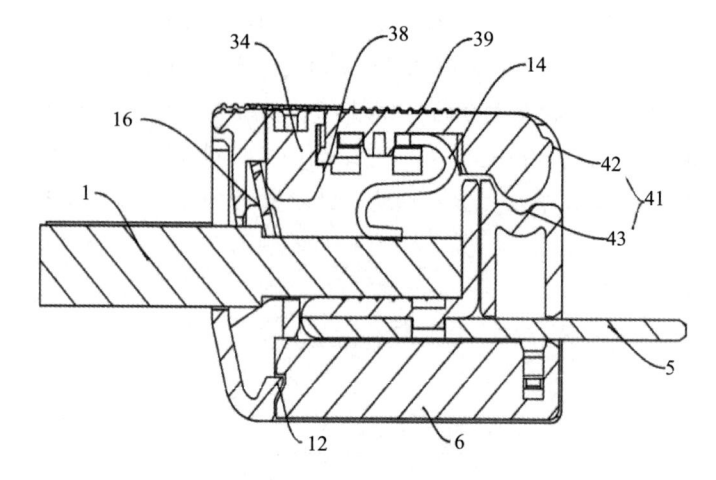

图 13 - 4　俯视图中 A - A 的剖视图

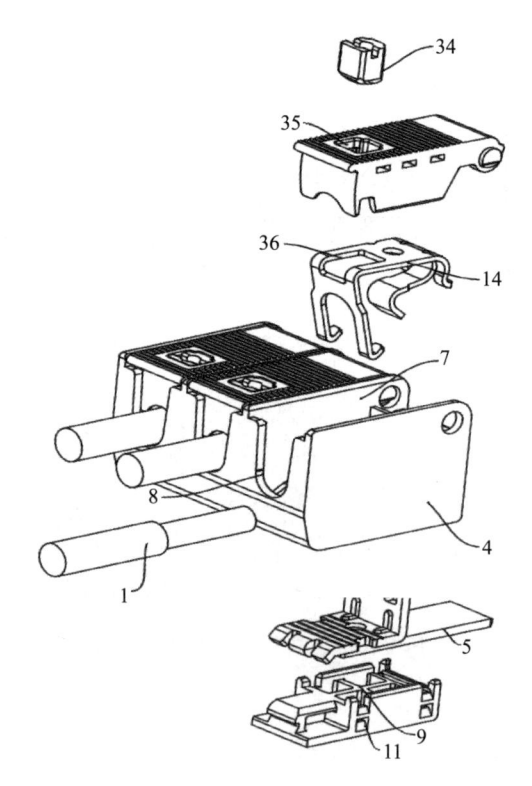

图 13 - 5　压接式接线端子的分解示意图

图13-6是弹片的结构示意图。如图13-6所示，弹片14包括水平部15、斜部16和压紧部17，斜部16倾斜连接在水平部15的左端，压紧部17呈"S"形结构，压紧部17上端与水平部15右端以水平过渡方式连接。斜部16包括连接部和连接在连接部两侧的卡爪18，卡爪18端部具有第一折弯结构19。水平部15右端设置有两个呈"S"形结构的尾爪20。弹片14的水平部15上设置有第二推块槽36。弹片14的水平部15上设置有定位孔29、装配缺口32。

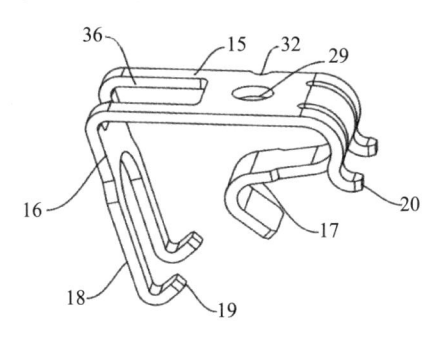

**图13-6　弹片的结构示意图**

图13-7是导电片的结构示意图。如图13-7所示，导电片5包括"L"形连接部22和水平部23，"L"形连接部22包括一个竖直部24和一垂直于所述竖直部24的平部25，水平部23左端与平部25左端通过180°折弯相连，水平部23上表面与平部25下表面通过铆接紧密配合，方孔21设置在竖直部24上；平部25左端设置有第二折弯结构26。

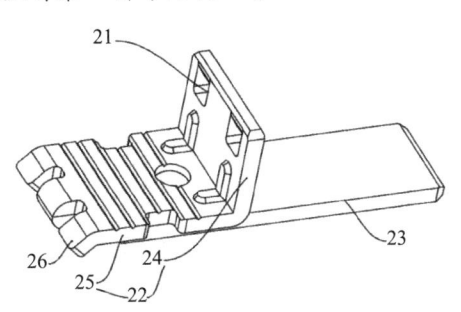

**图13-7　导电片的结构示意图**

图13-8是防护盖的结构示意图。如图13-4和图13-8所示，防护盖13具有一个安装槽27，安装槽27内设置有定位销28和凸条37。安装槽27侧壁设置有倒扣30，倒扣30为设置在安装槽27侧壁的凸台，凸台具有导向斜面。安装槽27侧壁设置有装配柱31。防护盖13左端设置有弧形缺口33。

◎ 电力领域专利申请文件撰写常见问题解析

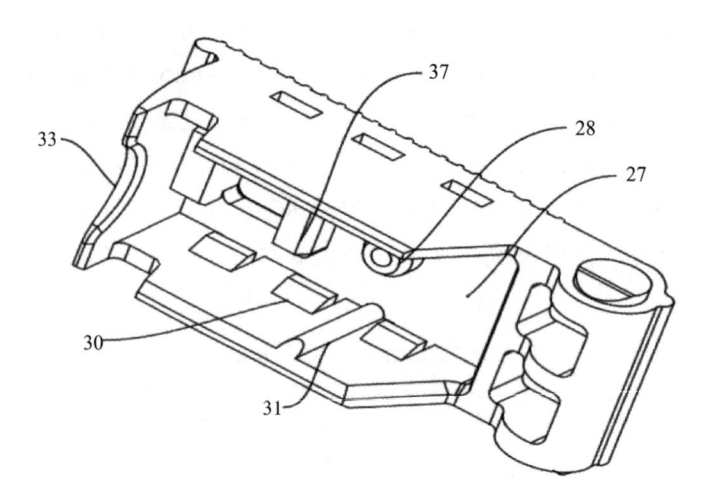

**图 13-8 防护盖的结构示意图**

图 13-9 是绝缘基座的结构示意图。如图 13-9 所示，绝缘基座 4 的内壁上设有限位块 10，限位块 10 与安装位 7 形成限位区域 44。在安装位 7 的侧壁上设置有卡块 12。

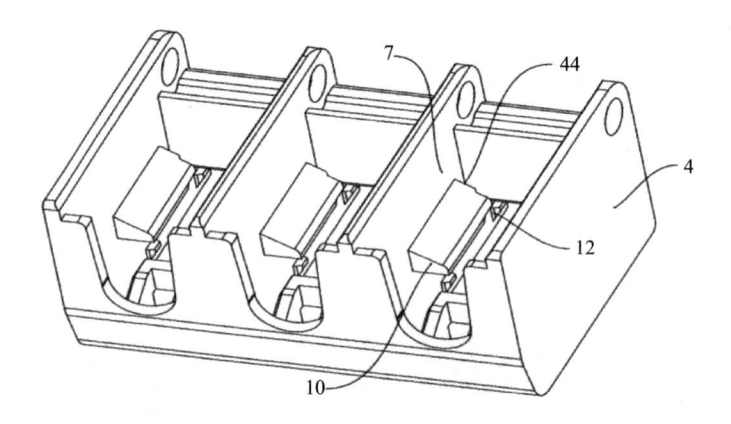

**图 13-9 绝缘基座的结构示意图**

发明人提交的技术交底书中记载的权利要求书如下：

1. 一种应用在电脑中的压接式接线端子，其特征在于：包括用于安装导线的基座部件和连接在基座部件上用于将导线压在基座部件上的压紧部件；基座部件包括绝缘基座、导电片和端盖，绝缘基座上设置有至少一个安装位，安装位左端为进线端；安装位内配设有所述导电片、端盖和压紧部件，导电片通过端盖固定安装在所述安装位内，压紧部件位于导电片的上方且铰接安

· 264 ·

装在所述安装位内；

所述端盖上端具有一呈"凵"形结构的定位槽，安装位两侧壁设置有限位块，导电片安装在所述安装位内后，端盖与绝缘基座相互卡合后将导电片固定在限位块的下端，端盖三个方向侧面上均设置有卡槽，在安装位侧壁上与所述卡槽位对应位置设置有卡块；

所述导电片包括"L"形连接部和水平部，"L"形连接部包括一个竖直部和一垂直于所述竖直部的平部，水平部左端与平部左端通过180°折弯相连，水平部上表面与平部下表面通过铆接紧密配合，所述方孔设置在竖直部上，所述防护盖具有一个安装槽，安装槽内设置有定位销，弹片上设置有能够与所述定位销配合的定位孔；安装槽侧壁设置有倒扣，倒扣为设置在安装槽侧壁的凸台，凸台具有导向斜面；

所述压紧部件包括防护盖、弹片和推块，防护盖铰接安装在绝缘基座上，弹片安装在防护盖上，其中：

所述防护盖具有一个安装槽，安装槽内设置有定位销，弹片上设置有定位孔；安装槽侧壁设置有倒扣，倒扣为设置在安装槽侧壁的凸台，凸台具有导向斜面，所述防护盖上设置有第一推块槽，安装槽的侧壁设置装配柱；

所述弹片包括水平部、斜部和压紧部，斜部倾斜连接在水平部的左端，压紧部呈"S"形结构，压紧部上端与水平部右端以过渡方式连接，斜部包括连接部和连接在所述连接部两侧的卡爪，卡爪端部具有第一折弯结构；水平部右端设置有两个呈"S"形结构的尾爪，所述弹片的水平部上与所述第一推块槽对应的位置处设置有第二推块槽，水平部侧边设置有能够与所述装配柱配合的装配缺口；

所述推块滑动安装在所述第一推块槽内；

所述防护盖左端设置有弧形缺口，所述安装位左侧设置有进线缺口，进线缺口下端呈弧形结构，所述弧形缺口与所述进线缺口形成一容线孔。

## 13.1.1 创新成果的理解

### 13.1.1.1 发明涉及的技术主题

通过阅读上述技术交底书，理解该发明的技术方案为：压接式接线端子包括基座部件和压紧部件两部分，基座部件与压紧部件通过防护盖上的铰链连接，压紧部件可沿基座部件中的绝缘基座上的铰链孔转动。其中，压紧部件主要由防护盖和弹片组成。基座部件主要由端盖、导电片和绝缘基座组成。绝缘基座上设置有至少一个安装位，安装位内配设有导电片、端盖和压紧部件，导电片通过端盖固定安装在安装位内，压紧部件位于导电片的上方且铰接安装在安装位内。压紧部件转动后能够将导线压在导电片上，使得接线端子可以快速地压紧导线且不需要对导线进行弯折。可见，本发明的发明构思在于：在压接式接线端子的防护盖下面设置弹片，接线时，通过转动防护盖带动弹片来实现对导线的快速压紧。

根据该发明构思，本发明的技术主题涉及一种压接式接线端子的结构，属于产品类发明。此外，接线端子在使用过程中需要执行多个步骤，例如，各组成部件的组装步骤、导线的插入步骤、转动防护盖、压紧导线的步骤，且上述步骤的执行都与接线端子的结构特征密切相关。因此，本发明的技术主题还涉及一种压接式接线端子的使用方法。

### 13.1.1.2 发明对现有技术作出的改进及新颖性和创造性的初步判断

对于本发明，经过检索，获得一篇与该发明的技术方案最为相关的现有技术。该现有技术公开了一种快速压接导线的端子座。

该现有技术公开的具体内容如下：参阅图13-10至图13-12，导线端子座包括一个绝缘材料制成的本体和一扳动件，分别以参考编号10、20表示。本体10界定有一腔室11，腔室11内配装有一金属弹片30和一端子脚40；端子脚40被提供插置在一电路板（例如，PCB）上。本体10也包括一与腔室11连通的入线孔12，端子导线50经入线孔12插入腔室11里面，被金属弹片30压制，从而和端子脚40形成电性连接的形态。该金属弹片30可响应扳动件20的运动，用以压制导线50形成电性连接或释放导线50。使用时，转动扳动件20，金属弹片30受到压力后压紧在导线50上，从而使导线50与端子脚40之间紧密连接。

可见，上述现有技术公开了和本发明类似的端子座，其和本发明的工作原理基本相同，本发明和上述现有技术都是在接线端子装置中插入导线后，通过转动设置在绝缘基座上的可转动件，对设置在可转动件下部的夹紧部件施加压力，从而实现对导线的夹紧。通过对比分析，本发明相对于该现有技术的不同之处在于：本发明的弹片14上设置有第一弯折结构19，导电片5上设置有第二弯折结构26，压紧导线时通过第一弯折结构19与第二弯折结构26

相扣合，可以实现对导线更加可靠和牢固的压接。而上述现有技术中仅是利用弹片 30 对导线进行压制，其上没有形成可与端子脚 40 相扣合的结构。可见，本发明中的弹片与导电片相扣合的折弯结构没有被现有技术公开，且基于该结构，本发明解决了导线连接不牢固的技术问题，取得接线端子可以对导线可靠压接的技术效果。由此可以初步判断本发明相对于上述最接近的现有技术具备新颖性和创造性。

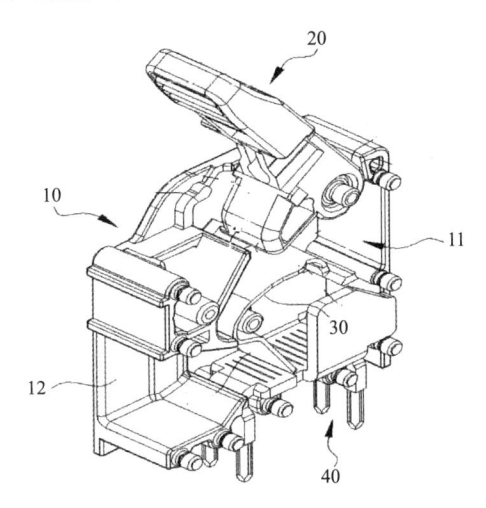

图 13-10　现有技术端子座结构示意图

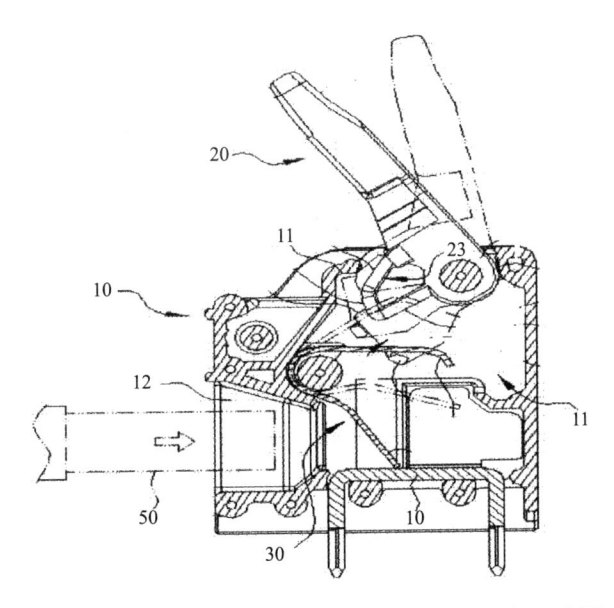

图 13-11　现有技术端子座扳动件在打开位置剖视示意图

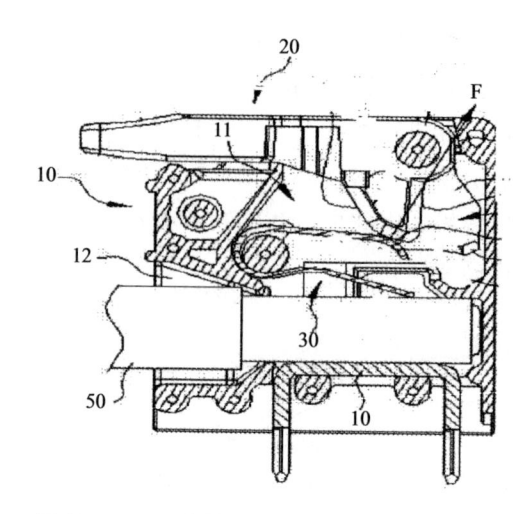

图 13-12 现有技术的端子座扳动件压动部和
金属弹片弧形头端配合压紧剖视图

### 13.1.1.3 技术交底书的分析

（1）发明的原理是否清晰、关键技术手段是否描述清楚、技术方案是否公开充分

对于产品类发明，在说明书中应该清楚地描述产品的各个组成部分以及各个组成部分之间的位置关系，对于可动作的产品，如果只描述其构成不能使所属技术领域的技术人员理解和实现发明时，还应当说明其动作过程或者操作步骤。此外，如果各组成部分的功能不是显而易见的，最好对各部分的功能加以说明，关键技术手段实现的功能应当记载在说明书中，一方面有助于所属技术领域的技术人员对该发明的理解和实施，另一方面用以解释说明发明要解决的技术问题、达到的技术效果。

具体到本发明，技术交底书中虽然清楚地描述了接线端子的各个组成部分以及相互之间的位置关系，但是并没有清楚地描述本发明的压接式接线端子如何使用，各个技术手段能够实现的功能也没有记载。

（2）是否有实现发明效果的等同实施例和具体技术手段的其他实施方式

目前，技术交底书中对于技术方案中的具体技术手段，例如弹片、防护盖、导电片等都只提供了一种特定的结构，需要进一步挖掘是否存在其他实施方式。

具体到该发明，与发明人沟通和对技术方案进一步挖掘，可以增加为适应不同的空间要求的导电片 5 另外的实施方式。

（3）从专利保护和运用出发，考虑技术方案的应用领域是否能够扩大

具体到本发明，技术交底书中描述的是用于电脑中的压接式接线端子，应考虑该发明是否也能用于其他需要使用压接式接线端子的场景。

（4）原权利要求书的撰写是否恰当

首先，技术交底书中的权利要求书包含 1 项权利要求，没有考虑到保护的层级；

其次，主题名称为"应用在电脑中的压接式接线端子"，将技术领域严格限定在电脑领域；

再次，技术交底书中的权利要求 1 用 850 余字符记载了压接式接线端子的所有细节特征，没有对技术方案内容进行概括，保护范围过窄。可见，原权利要求书的撰写不恰当。并且在前述（1）~（3）项内容已经详细分析了原技术交底书存在的问题和需要补充的内容，应在补充完整后重新撰写权利要求书。

## 13.1.2　发明内容的拓展

### 13.1.2.1　发明的原理以及同发明原理密切联系的关键技术手段和等同实施例的补充

1）基于对整个技术方案的理解和撰写专利申请文件的需求，补充以下内容。

关于端盖 6：导电片 5 安装在安装位 7 内后，端盖 6 与绝缘基座 4 相互卡合后实现导电片 5 的固定。通过在端盖 6 上设置的限位块 10，端盖 6 将导电片 5 压在限位块 10 上后能够有效地固定导电片 5，防止导电片 5 脱落；定位槽 9 呈"凵"形结构，能够对导电片 5 起到定位及限位的目的；卡槽 11 与安装位 7 侧壁上的卡块 12 相互卡合，实现端盖 6 的固定，同时在安装的时候也将更加便捷，操作更加简单。安装位 7 左侧为一进线缺口 8，进线缺口 8 下端呈弧形结构，这样在压紧导线 1 的时候便于将导线 1 伸进安装位 7 内。

关于弹片 14：弹片 14 的压紧部 17 与导线 1 接触后，由于压紧部 17 呈"S"形结构，这样使得压紧部 17 在弯曲的部分形成主变形区和副变形区，靠近压紧部 17 的压紧端为副变形区。转动防护盖 13 后，压紧部 17 的压紧端与

导线1接触后，弹片14的主变形区发生较大变形，弹片14的副变形区发生辅助变形，使得弹片14压紧导线1。弹片14的水平部15右端设置有两个呈"S"形结构的尾爪20，尾爪20与导电片5上设置的方孔21配合。这样，弹片14的压紧部17在压紧导线1后，弹片14上的卡爪18端部的第一弯折结构19与导电片5进行扣合后，尾爪20能够滑入导电片5上的方孔21中，进而使得簧舌压紧导线1后，由于弹片14两端尾部的最终着力点均在导电片5上，进而可提高端子压接的可靠性和耐久性。弹片上设置定位孔29，在弹片14直接卡入防护盖13上设置的安装槽27中时，防护盖13上的定位销28和弹片14上的定位孔29实现定位。弹片14上设置有装配缺口32，与防护盖13上设置的装配柱31配合，保证弹片14的装配位置唯一，防止错装。弹片14上设置有第一折弯结构19，将导线1水平放入安装位7中后，转动防护盖13，使得弹片14的压紧部17将导线紧紧压紧在导电片5的平部上，此时弹片14上设置的第一折弯结构19与导电片5上设置的第二折弯结构26相互扣合即可实现导线1的固定。

关于导电片5：压紧部件3转动后能够与导电片5扣合，压紧部件3与导电片5相互扣合后，用于将导线1紧紧压在导电片5上。导电片5的"L"形连接部22能够插入限位块10与安装位7之间形成的限位区域44中，能够起到限位的作用，防止导电片5在使用时受拉力后滑出绝缘基座4。导电片5上设置的方孔21，用于与弹片14上设置的尾爪20配合。导电片5上设置有第二折弯结构26，用于与弹片14上设置的第一折弯结构19相互扣合，即可实现导线1的固定。

关于防护盖13：插入导线1后，通过转动防护盖13使得弹片14将导线1进行压紧，防止导线1脱落。防护盖13的安装槽27内设置有定位销28，用于与弹片14上设置的定位孔29配合。防护盖13设置有倒扣30，倒扣30为具有导向斜面的凸台，设置的导向斜面能够起到导向的作用，便于实现弹片14的安装。装配柱31用于与弹片14上的装配缺口32配合，保证弹簧14的装配位置唯一，防止错装。在弹片14直接卡入防护盖13上设置的安装槽27中时，防护盖13上的定位销28和弹片14上的定位孔29实现定位，防护盖13上的倒扣30实现防护盖13和弹片14的刚性固联。防护盖13上的定位条42用于与绝缘基座4上的定位槽43相配合，当压紧部件3打开120°时，压紧部件3不用手扶即可自行立起来，当导线1放到位后，用手扳动压紧部件3即可，使操作过程更加便捷。防护盖13左端设置有弧形缺口33，这样能够使得弧形缺口 33 与进线缺口 8 形成一容线孔，同时，使得压紧部件 3 与基座部件 2 扣合后，可以防止异物进入安装位 7 中。防护盖 13 的安装槽 27 内设置有凸条 37。

关于推块 34：推块 34 滑动安装在第一推块槽 35 内后，推块 34 上的限位凸台 38 与设置于安装槽 27 内的凸条 37 实现扣合，推块 34 左端与弹片 14 的斜部 16 接触。若需要将弹片 14 与导电片 5 之间的连接脱开，只需要用改刀戳推块 34，一方面推块 34 涨开弹片 14 的斜部 16，另一方面当推块 34 压到位后，让压紧部件 3 顺时针旋转微小角度使卡爪 18 勾脱离导电片 5，从两个方面保证了卡爪 18 与导电片 5 脱开。

此外，补入关于压接式接线端子使用方法的内容，具体如下：

本发明压接式接线端子的使用方法为：将导电片 5 从绝缘基座 4 的下端放置在安装位 7 中，使得导电片 5 的 "L" 形连接部 22 的竖直部 24 穿过限位块 10 与安装位 7 形成的限位区域 44 中，且 "L" 形连接部 22 的平部 25 与限位块 10 接触，将端盖 6 卡接在绝缘基座 4 上并使得端盖 6 将导电片 5 紧紧压在限位块 10 上；将弹片 14 安装在防护盖 13 的安装槽 27 内后将防护盖 13 铰接在绝缘基座 4 上；将导线 1 水平放入安装位 7 中，采用导线 1 端部与 "L" 形连接部 22 的竖直部 24 抵接，实现导线 1 的定位，转动防护盖 13，使得弹片 14 的压紧部 17 将导线 1 紧紧压在导电片 5 的平部 25 上，实现对导线 1 的固定。

补入上述内容后，技术交底书中清楚、完整地对接线端子的结构及其使用方法进行了描述，包括压接式接线端子的组成部件、各组成部件之间的位置关系、各组成部件的作用以及接线端子的操作步骤，基于该技术交底书，本领域技术人员可以毫无困难地实施该发明。

2）关于实施方式，进行如下补充。

导电片 5 的另一种实施方式为：将导电片 5 的尾部设置成折弯。图 13-13 为另一种实施方式的导电片整体结构示意图。图 13-14 为另一种实施方式的导电片与端盖的配合示意图。如图 13-13、图 13-14 所示，导电片 5 的尾部具有一个直角折弯，端盖 6 底部设置有与图 13-5 中所示的定位槽 9 连通的通槽 40，尾部折弯后能够穿过通槽 40。

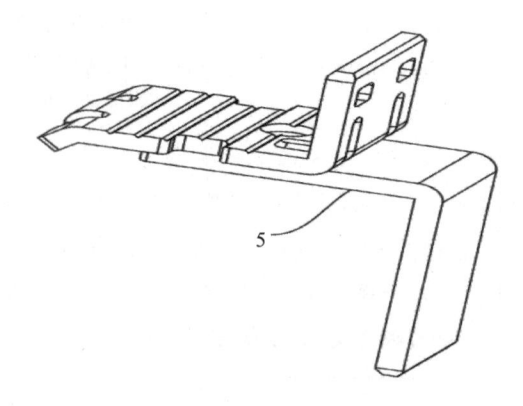

图 13–13　另一种实施方式的导电片整体结构示意图

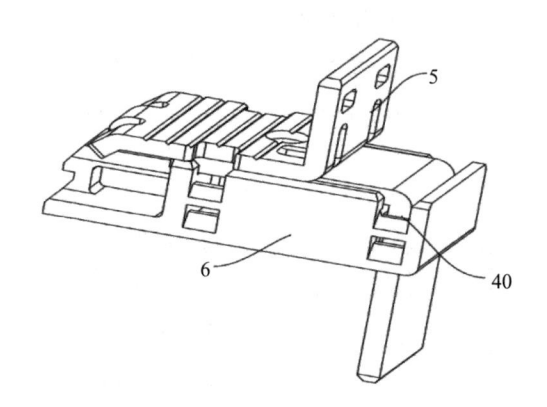

图 13–14　另一种实施方式的导电片与端盖的配合示意图

### 13.1.2.2　技术方案的应用领域的挖掘

在本发明中，技术交底书中描述的是用于电脑中的压接式接线端子，但本领域技术人员知晓该压接式接线端子可适用于使用插拔连接导线的一般性领域，例如汽车、医疗器械、轮船行业等。

### 13.1.3　专利运用的考量

#### 13.1.3.1　权利要求的类型

具体到本发明，发明的改进点主要在于利用压接式接线端子中的弹片和导电片形成相互扣合的折弯结构，对插入的导线进行更加牢固、可靠的压接，其既涉及接线端子的结构，又涉及接线端子的使用方法，因此可以考虑对涉及接线端子的产品权利要求以及涉及接线端子使用方法的方法权利要求均予以保护，即技术主题一为一种压接式接线端子；技术主题二为一种压接式接线端子的使用方法。

### 13.1.3.2 权利要求的保护范围

（1）技术交底书中具有多个实施例时权利要求的合理概括

具体到本发明，导电片 5 具有两种实施方式，其中一种实施方式为尾部设置为水平部，另一种实施方式为尾部设置为直角弯折结构。在撰写权利要求时，可以基于这两种实施方式进行上位概括，撰写为导电片包括"L"形连接部和与"L"形连接部固定连接的尾部。

（2）技术交底书中仅给出技术手段的一种实施方式时的概括

具体到本发明，对于弹片和导电片，只要弹片和导电片上形成有扣合结构，使得两者在插入导线后可以在防护盖的作用下相互扣合，实现对导线的锁固即可，本领域技术人员容易想到可以使弹片和导电片实现相扣合的结构并不限于技术交底书中记载的折弯结构，因此，考虑对该技术特征进行上位概括，采用功能性限定来概括弹片和导电片实现扣合的结构，即弹片 14 和导电片 5 分别设有扣合结构，防护盖 13 转动后，弹片 14 与导电片 5 相互扣合，用于将导线 1 压接在导电片 5 上，而不具体限定弹片 14 和导电片 5 分别设置折弯结构。

（3）避免直接将独立权利要求的技术方案限定于技术交底书中直接提及的应用领域

具体到本发明，避免在权利要求中限定压接式接线端子用于电脑。

### 13.1.3.3 权利要求的执行主体

具体到本发明，执行主体分为制造商侧和用户侧，在撰写权利要求时，如果站在制造"压接式接线端子"的视角来进行单侧撰写，在侵权诉讼时，专利权人相对比较容易找到侵权产品或侵权行为，也使得在授权许可时，可以覆盖更多的许可对象，例如，采用同样的压接式接线端子的制造商均是其潜在的许可对象。

并且撰写主题为"压接式接线端子"的权利要求时，权利要求中不宜包含"压接式接线端子的使用方法"特征，以免增加侵权判断的难度，降低专利价值。对于方法权利要求，仅以使用方的一侧作为执行主体，来描述方法权利要求的各个步骤。

### 13.1.3.4 显性撰写方式

具体到本发明，技术交底书中记载了"弹片 14 上设置有装配缺口 32，与防护盖 13 上设置的装配柱 31 配合，保证弹片 14 的装配位置唯一，防止错装"。其中"装配柱"和"装配缺口"并不是本领域中规范的技术术语，属于发明人的自造词。在本领域中，对于用于实现防止错装的结构通常称为防呆结构，如果该防呆结构具体采用的是柱和缺口，一般称为"防呆柱"和"防呆缺口"，因此此处应避免采用发明人自造的"装配柱"和"装配缺口"，而应采用本领域中规范标准的"防呆柱"和"防呆缺口"。

### 13.1.3.5 考虑动态保护

具体到本发明，首先应当对于弹片 14 和导电片 5 上相互扣合的折弯结构在独立权利要求中以功能性限定，获得最大的保护范围，然后在从属权利要求中进一步限定实现功能的具体结构；对于弹片、导电片除扣合结构以外的特征也进一步在从属权利要求中进行限定；以及对防护盖、端盖等部件进一步限定的特征可以写入从属权利要求。

## 13.2 权利要求书的撰写

按照本书第 7 章记载的撰写顺序撰写技术主题一"一种压接式接线端子"和技术主题二"一种压接式接线端子的使用方法"的权利要求。

### 13.2.1 列出技术方案的全部技术特征

按照对技术方案的理解，基于实施例中的具体技术方案，涉及压接式接线端子的权利要求包括以下技术特征：

1）基座部件 2，用于安装导线 1。

2）压紧部件 3，连接在基座部件 2 上用于将导线 1 压在基座部件 2 上。

3）基座部件2包括绝缘基座4、导电片5和端盖6。

4）绝缘基座4设置有至少一个安装位7，安装位7内配设导电片5、端盖6和压紧部件3，导电片5通过端盖6固定安装在安装位7内。

5）压紧部件3位于导电片5的上方且铰接安装在安装位7内，压紧部件3包括防护盖13和弹片14，弹片14安装在防护盖13上，防护盖13铰接安装在绝缘基座4上。

6）弹片14和导电片5分别设有扣合结构，防护盖13转动后，弹片14与导电片5相互扣合，用于将导线1压接在导电片5上。

7）端盖6上端具有一呈"凵"形结构的定位槽9，安装位7两侧壁设置有限位块10，导电片5安装在安装位7内后，端盖6与绝缘基座4相互卡合，用于将导电片5固定在限位块10的下端。

8）端盖6三个侧面上均设置有卡槽11，在安装位7侧壁上与卡槽11对应位置处设置有卡块12，端盖6与绝缘基座4通过卡槽11及卡块12相互卡合后实现所述端盖6的固定。

9）弹片14包括水平部15、斜部16和压紧部17，斜部16倾斜连接在水平部15的左端，压紧部17呈"S"形结构，压紧部17上端与水平部15右端以过渡方式连接。

10）斜部16包括连接部和连接在连接部两侧的卡爪18，卡爪18端部具有第一折弯结构19，第一折弯结构19用于与导电片5实现扣合。

11）水平部15右端设置有两个呈"S"形结构的尾爪20，尾爪20与导电片5上设置的方孔21配合。

12）导电片5，包括"L"形连接部22和与"L"形连接部22固定连接的尾部23，"L"形连接部22包括一个竖直部24和一个垂直竖直部的平部25，尾部23的左端与平部25的左端通过180°折弯相连，尾部23上表面与平部25下表面通过铆接紧密配合，平部25的左端设置有能够与第一折弯结构19相互扣合的第二弯折结构26。

13）导电片5的尾部23设置为水平部，或设置为直角弯折结构，端盖6底部设置有通槽40，尾部弯折后能够穿过通槽40。

14）防护盖13内设置有一个安装槽27，安装槽27内设置有定位销28，弹片14上设置有能够与定位销28配合的定位孔29。

15）安装槽27侧壁设置有用于将弹片14固定的倒扣30，倒扣30为设置在安装槽27侧壁的凸台，凸台具有导向斜面。

16）压紧部件3还包括推块34，防护盖13上设置有第一推块槽35，推块34可以滑动安装在第一推块槽35内。

17）弹片14的水平部15上与第一推块槽35对应位置设置有第二推块槽36，推块34的侧壁设置有限位凸台38，限位凸台38具有引导斜面，第二推块槽36内设置有凸条37，推块34滑动安装在第一推块槽35内后，推块34上的限位凸台38与凸条37实现扣合。

18）安装槽27的侧壁设置有防呆柱31；水平部15的侧边设置有能够与防呆柱31配合的防呆缺口32，用于与防呆柱31相配合，用于避免弹片14错装。

19）防护盖13左端设置有弧形缺口33，安装位7左侧设置有进线缺口8，进线缺口8下端呈弧形结构，弧形缺口33与进线缺口18形成一容线孔。

20）防护盖13上设置有定位条42，用于与绝缘基座4上的定位槽43相配合，当压紧部件3打开120°时，压紧部件13不用手扶即可自行立起来。

21）防护盖13上设置有防滑纹路39。

对于技术主题二，用于上述压接式接线端子的使用方法的权利要求还包括以下技术特征：

1a）导电片5的安装步骤，将导电片5从绝缘基座4的下端放置在安装位中。

2a）弹片14的安装步骤，将弹片14安装在防护盖13的安装槽内后将防护盖13铰接在绝缘基座上。

3a）导线1的压紧步骤，将导线1水平放入安装位7中，转动防护盖13，使得弹片14的压紧部17将导线1压在导电片5的平部25上，此时弹片14上设置的扣合结构与导电片5上设置的扣合机构相互扣合。

4a）安装导电片5时，使得导电片5的"L"形连接部22的竖直部24穿过限位块10与安装位7形成的限位区域44中，且"L"形连接部22的平部25与限位块10接触。

5a）压紧导线1时，采用导线1端部与"L"形连接部22的竖直部24抵接，实现导线1的定位。

## 13.2.2 明确发明要解决的技术问题

对于该发明，如前所述，经检索得到了最接近的现有技术。且由本章第

13.1.1 节可知，检索得到的最接近的现有技术公开了：一种压接式接线端子，包括由绝缘材料制成的本体10（相当于本发明的绝缘基座）、扳动件20（相当于本发明的防护盖）、金属弹片30、端子脚40（相当于本发明的导电片）；工作时将导线插入本体10内，转动扳动件20带动金属弹片30对导线进行压紧（扳动件和金属弹片两者相当于本发明的压紧部件）；本体10内设置有安装位，安装位内配设有金属弹片30、扳动件20、端子脚40；扳动件20位于端子脚40的上方且铰接安装在安装位内。

本发明相对于该现有技术的改进在于弹片14和导电片5上形成有扣合结构，当防护盖13转动后弹片14上的扣合结构可以与导电片5上的扣合结构相扣合，将导线压紧在导电片5上，提高接线端子对导线压接的可靠性和牢固性。因此相对于该最接近的现有技术，可以确定本发明实际所要解决的技术问题是：提高压接式接线端子对导线压接的牢固性和可靠性。

## 13.2.3　确定独立权利要求的必要技术特征

具体到本发明，相对于检索到的最接近的现有技术，本发明实际解决的技术问题由最初确定的"如何实现导线快速压接的同时不需要对导线进行弯折"改变为"提高压接式接线端子对导线压接的可靠性和牢固性"。在确定了所要解决的技术问题的基础上，需要确定出前述技术特征中哪些技术特征是解决这个技术问题的必要技术特征。下面进行具体分析。

为了解决该技术问题，请求保护压接式接线端子的权利要求中应包括以下技术特征：

1）基座部件2，用于安装导线1。

2）压紧部件3，连接在基座部件2上用于将导线1压在基座部件2上。

3）基座部件2包括绝缘基座4、导电片5和端盖6。

4）绝缘基座4设置有至少一个安装位7，安装位7内配设导电片5、端盖6和压紧部件3，导电片5通过端盖6固定安装在安装位7内。

5）压紧部件3位于导电片5的上方且铰接安装在安装位7内，压紧部件3包括防护盖13和弹片14，弹片14安装在防护盖13上，防护盖13铰接安装在绝缘基座4上。

本发明是对于快速压接导线的压接端子的改进，上述技术特征使得技术方案实现压接式接线端子对导线的快速压接的基本功能。

此外还应包括技术特征：

6）弹片 14 和导电片 5 分别设有扣合结构，防护盖 13 转动后，弹片 14 与导电片 5 相互扣合，用于将导线 1 压接在导电片 5 上。

该特征为解决本发明所要解决的技术问题的关键技术手段，如果没有该技术特征，则无法实现提高压接式接线端子对导线压接的可靠性和牢固性，因此为必要技术特征。

由此可见，前述技术特征 1）~6）是本发明解决"提高压接式接线端子对导线压接的可靠性和牢固性"的技术问题的必要技术特征。

至于其他技术特征是在能实现"提高压接式接线端子对导线牢固、可靠压接"基础上的进一步优化，对于本发明所要解决的技术问题而言，这些特征并不是必要的。这些将在本章后续第 13.2.5 节中加以分析。

基于以上分析，为了解决"提高压接式接线端子对导线压接的可靠性和牢固性"的技术问题，请求保护压接式接线端子的独立权利要求 1 中应该包括上述技术特征 1）~6）。

针对请求保护压接式接线端子的使用方法的权利要求，按照同样的思路，可以确定上述涉及弹片和导电片的安装步骤，以及涉及导线的压紧步骤为必要技术特征，即压接式接线端子使用方法技术方案中的技术特征 1a）~3a）属于必要技术特征。

### 13.2.4 撰写独立权利要求

具体到本发明，针对请求保护压接式接线端子的权利要求，技术特征 1）~6）为本发明的技术主题一的必要技术特征，均应写入该独立权利要求中。通过前述对最接近现有技术的分析可知，技术特征 1）~5）已经被检索到的最接近的现有技术公开，应写入独立权利要求的前序部分；技术特征 6）没有被该现有技术公开，是解决本发明为解决其实际要解决的技术问题的关键技术手段，也是使得本发明相对于该现有技术具备新颖性和创造性的技术特征，应写入独立权利要求的特征部分。因此，最终撰写的权利要求 1 如下：

1. 一种压接式接线端子，包括用于安装导线（1）的基座部件（2）和连接在所述基座部件（2）上用于将所述导线（1）压在所述基座部件（2）上的压紧部件（3）；所述基座部件（2）包括绝缘基座（4）、导电片（5）和端盖（6），所述绝缘基座（4）上设置有至少一个安装位（7），所述安装位

(7) 内配设有所述导电片（5）、所述端盖（6）和所述压紧部件（3），所述导电片（5）通过所述端盖（6）固定安装在所述安装位（7）内，所述压紧部件（3）位于所述导电片（5）的上方且铰接安装在所述安装位（7）内，所述压紧部件（3）包括防护盖（13）和弹片（14），所述防护盖（13）铰接安装在所述绝缘基座（4）上，其特征在于：所述弹片（14）安装在所述防护盖（13）上，所述弹片（14）和所述导电片（5）上分别设置有扣合结构，所述防护盖（13）转动后，所述弹片（14）与所述导电片（5）相互扣合，用于将所述导线（1）压接在所述导电片（5）上。

针对请求保护压接式接线端子的使用方法的权利要求，根据对最接近现有技术的描述可知，该现有技术的压接式接线端子的使用方法为：转动扳动件20，金属弹片30受到压力后压紧在导线50上，从而使导线50与端子脚40之间紧密连接。且本领域技术人员可以直接地、毫无疑义地确定该现有技术的使用方法中必然存在导电片的安装步骤和弹片的安装步骤。因此上述导电片和弹片的安装步骤为本发明和现有技术共有的技术特征，应写入该方法独立权利要求的前序部分。至于导线的压紧步骤，该步骤中涉及了扣合结构，由于现有技术没有公开有关扣合结构的特征，因此该步骤没有被现有技术公开，应写入独立权利要求的特征部分。

基于以上分析，可以撰写压接式接线端子使用方法的独立权利要求如下：

一种根据权利要求1所述的压接式接线端子的使用方法，包括如下步骤：

步骤1：将导电片（5）从绝缘基座（4）的下端放置在安装位（7）中；

步骤2：将弹片（14）安装在防护盖（13）的安装槽内后将防护盖（13）铰接在绝缘基座（4）上；

其特征在于，还包括：

步骤3：将导线（1）水平放入安装位（7）中，转动防护盖（13），使得弹片（14）的压紧部（17）将导线（1）压在导电片（5）的平部（25）上，此时弹片（14）上设置的扣合结构与导电片（5）上设置的扣合结构相互扣合，实现导线（1）的固定。

## 13.2.5 撰写从属权利要求

具体到本发明技术主题一"一种压接式接线端子"，在前面列出的技术特征7）~21）未写入独立权利要求中，现在对这些特征进行分析，确定是否将其作为从属权利要求的附加技术特征，以及从属权利要求的引用基础和引用关系。

技术特征7）是对本发明的关键技术手段——技术特征3）中的端盖6以及技术特征4）中的绝缘基座4的进一步限定，该技术特征限定了端盖6与绝缘基座4相卡合的一个具体结构，基于该特征，技术方案进一步解决的技术问题是利用端盖与基座具体卡合结构实现将导电片固定在限位块的下端。这些附加技术特征是说明书实施例中记载的具体结构，无法再进行拆分，也无法对其中的部分特征再进行概括，因此应记载在一项从属权利要求中，该从属权利要求可作为引用权利要求1的从属权利要求2。

技术特征8）是对本发明的关键技术手段——技术特征3）中的端盖6以及技术特征4）中的绝缘基座4的进一步限定，该技术特征限定了端盖6与绝缘基座4相卡合的另一个具体结构，基于该特征，技术方案进一步解决的技术问题是实现端盖6的固定。该附加技术特征是说明书实施例中记载的具体结构，无法再进行拆分，也无法对其中的部分特征再进行概括，因此应记载在一项从属权利要求中，该从属权利要求作为引用权利要求1的从属权利要求3。

技术特征9）是对本发明的关键技术手段——技术特征5）中的弹片14的进一步限定，该技术特征限定了弹片14实现其功能的具体结构，基于该特征，技术方案进一步解决的技术问题是提供一种"实现牢固接触"功能的弹片。该附加技术特征为说明书实施例中记载的具体结构，无法再进行拆分，也无法对其中的部分特征再进行概括，因此应记载在一项从属权利要求中，该项从属权利要求可以作为引用权利要求1的从属权利要求4。

技术特征10）是对技术特征9）中的弹片14上的斜部16的进一步限定，该技术特征限定了弹片14与导电片5实现扣合功能的具体结构，基于该特征，技术方案进一步解决的技术问题是提供一种弹片14如何实现扣合的具体结构。该附加技术特征为说明书实施例中记载的具体结构，无法再进行拆分，也无法对其中的部分特征再进行概括，因此应记载在一项从属权利要求中，该项从属权利要求可以作为引用权利要求4的从属权利要求5。

技术特征11）是对技术特征9）中的弹片14上的水平部15的进一步限定，该技术特征限定了弹片14与导电片5相固定连接的具体结构，基于该特征，技术方案进一步解决的技术问题是实现弹片14与导电片5固定连接。该附加技术特征为说明书实施例中记载的具体结构，无法再进行拆分，也无法对其中的部分特征再进行概括，因此应记载在一项从属权利要求中，该项从属权利要求可以作为引用权利要求 4 的从属权利要求 6。

技术特征 12）是对本发明的关键技术手段——技术特征 3）中的导电片 5 的进一步限定，该技术特征限定了导电片 5 实现其功能的具体结构，基于该特征，技术方案进一步解决的技术问题是提供一种"实现牢固接触"功能的导电片。该附加技术特征为说明书实施例中记载的具体结构，无法再进行拆分，也无法对其中的部分特征再进行概括，因此应记载在一项从属权利要求中，该项从属权利要求可以作为引用权利要求 1 的从属权利要求 7。

技术特征 13）是对技术特征 12）中的导电片 5 的尾部的进一步限定，该技术特征限定了导电片 5 与端盖 6 相固定连接的具体结构，基于该特征，技术方案进一步解决的技术问题是如何将导电片 5 固定在端盖 6 上。该附加技术特征为说明书实施例中记载的具体结构，无法再进行拆分，也无法对其中的部分特征再进行概括，因此应记载在一项从属权利要求中，该项从属权利要求可以作为引用权利要求 7 的从属权利要求 8。

技术特征 14）是对技术特征 5）中的防护盖 13 以及弹片 14 的进一步限定，该技术特征限定了防护盖 3 与弹片 14 相固定连接的具体结构，基于该特征，技术方案进一步解决的技术问题是如何将弹片 14 固定在防护盖 13 上。该附加技术特征为说明书实施例中记载的具体结构，无法再进行拆分，也无法对其中的部分特征再进行概括，因此应记载在一项从属权利要求中，该项从属权利要求可以作为引用权利要求 1 的从属权利要求 9。

技术特征 15）是对技术特征 14）中的防护盖 13 的安装槽 27 的进一步限定，该技术特征限定了在安装槽 27 侧壁上设置有倒扣 30，基于该特征，技术方案进一步解决的技术问题是提供一种将弹片 14 固定在防护盖 13 上的具体结构。该附加技术特征为说明书实施例中记载的具体结构，无法再进行拆分，也无法对其中的部分特征再进行概括，因此应记载在一项从属权利要求中，该项从属权利要求可以作为引用权利要求 9 的从属权利要求 10。

技术特征 16）是对本发明的关键技术手段——技术特征 2）中的压紧部件 3 的进一步限定，该技术特征限定了压紧部件中进一步包括推块 34，基于该特征，技术方案进一步解决的技术问题是便于实现弹片 14 与导电片 5 脱离。该附加技术特征为说明书实施例中记载的具体结构，无法再进行拆分，也无法对其中的部分特征再进行概括，因此应记载在一项从属权利要求中，该项从属权利要求可以作为引用权利要求 1 的从属权利要求 11。

技术特征 17）是对技术特征 16）中的推块 34 的进一步限定，该技术特征限定了推块 34 活动安装在第一推块槽 35 内，基于该特征，技术方案进一步解决的技术问题是便于实现弹片 14 与导电片 5 的脱开。该附加技术特征为说明书实施例中记载的具体结构，无法再进行拆分，也无法对其中的部分特征再进行概括，因此应记载在一项从属权利要求中，该项从属权利要求可以作为引用权利要求 11 的从属权利要求 12。

技术特征 18）对技术特征 1）中的防护盖 13 的安装槽 27 以及技术特征 5）中的弹片 14 作了进一步限定，该技术特征限定了防护盖 13 与弹片 14 的防呆结构，基于该特征，技术方案进一步解决的技术问题是保证弹片 14 的装配位置唯一。该附加技术特征为说明书实施例中记载的具体结构，无法再进行拆分，也无法对其中的部分特征再进行概括，因此应记载在一项从属权利要求中，该项从属权利要求可以作为引用权利要求 9 的从属权利要求 13。

技术特征 19）对技术特征 5）中的防护盖 13 和技术特征 3）中的绝缘基座 4 作了进一步限定，该技术特征限定了防护盖 13 和绝缘基座 4 上的进线结构，基于该特征，技术方案进一步解决的技术问题是提供导线插入接线端子的入口。该附加技术特征为说明书实施例中记载的具体结构，无法再进行拆分，也无法对其中的部分特征再进行概括，因此应记载在一项从属权利要求中，该项从属权利要求可以作为引用权利要求 1 的从属权利要求 14。

技术特征 20）是技术特征 5）中的防护盖 13 和技术特征 3）中的绝缘基座 4 的进一步限定，该技术特征限定了防护盖 13 与绝缘基座 4 的配合结构，基于该特征，技术方案进一步解决的技术问题是使压紧部件 3 在打开一定程度后可以自行立起来。该附加技术特征为说明书实施例中记载的具体结构，无法再进行拆分，也无法对其中的部分特征再进行概括，因此应记载在一项从属权利要求中，该项从属权利要求可以作为引用权利要求 1 的从属权利要求 15。

技术特征 21）是对技术特征 5）中的防护盖 13 的进一步限定，该技术特征限定了防护盖 13 上的防滑结构，基于该特征，技术方案进一步解决的技术问题是便于防护盖的操作。该附加技术特征为说明书实施例中记载的具体结构，无法再进行拆分，也无法对其中的部分特征再进行概括，因此应记载在一项从属权利要求中，该项从属权利要求可以作为引用权利要求 1 的从属权利要求 16。

基于上述分析，针对压接式接线端子的技术方案，撰写从属权利要求如下：

2. 根据权利要求 1 所述的一种压接式接线端子，其特征在于：所述端盖（6）上端具有一呈"凵"形结构的定位槽（9），所述安装位（7）两侧壁设置有限位块（10），所述导电片（5）安装在所述安装位（7）内后，所述端盖（6）与所述绝缘基座（4）相互卡合后将所述导电片（5）固定在所述限位块（10）的下端。

3. 根据权利要求 1 所述的一种压接式接线端子，其特征在于：所述端盖（6）三个侧面上均设置有卡槽（11），在所述安装位（7）侧壁上与所述卡槽（11）对应位置处设置有卡块（12），所述端盖（6）与所述绝缘基座（4）通过所述卡槽（11）及所述卡块（12）相互卡合后实现所述端盖（6）的固定。

4. 根据权利要求 1 所述的一种压接式接线端子，其特征在于：所述弹片（14）包括水平部（15）、斜部（16）和压紧部（17），所述斜部（16）倾斜连接在所述水平部（15）的左端，所述压紧部（17）呈"S"形结构，所述压紧部（17）上端与所述水平部（15）右端以过渡方式连接。

5. 根据权利要求 4 所述的一种压接式接线端子，其特征在于：所述斜部（16）包括连接部和连接在所述连接部两侧的卡爪（18），所述卡爪（18）端部具有第一折弯结构（19）；所述卡爪（18）端部的所述第一折弯结构（19）用于与所述导电片（5）实现扣合。

6. 根据权利要求 4 所述的一种压接式接线端子，其特征在于：所述水平部（15）右端设置有两个呈"S"形结构的尾爪（20），尾爪与导电片上设置的方孔（21）配合。

7. 根据权利要求 1 所述的一种压接式接线端子，其特征在于：所述导电片（5）包括"L"形连接部（22）和尾部（23），所述"L"形连接部（22）包括一个竖直部（24）和一垂直于所述竖直部（24）的平部（25），所述尾部（23）左端与所述平部（25）左端通过180°折弯相连，所述尾部（23）上表面与所述平部（25）下表面通过铆接紧密配合，所述平部（25）左端设置有能够与所述第一折弯结构（19）相互扣合的第二折弯结构（26）。

8. 根据权利要求 7 所述的一种压接式接线端子，其特征在于：所述尾部（23）为水平部，或是具有一个直角折弯，所述端盖（6）底部设置有通槽（40），所述尾部（23）折弯后能够穿过所述通槽（40），用于实现导电片（5）与端盖（6）的固定。

9. 根据权利要求 1 所述的一种压接式接线端子，其特征在于：所述防护盖（13）具有一个安装槽（27），所述安装槽（27）内设置有定位销（28），所述弹片（14）上设置有能够与所述定位销（28）配合的定位孔（29），用于实现弹片（14）固定安装在防护盖（13）上。

10. 根据权利要求9所述的一种压接式接线端子，其特征在于：所述安装槽（27）侧壁设置有用于将所述弹片（14）固定的倒扣（30），所述倒扣（30）为设置在所述安装槽（27）侧壁的凸台，所述凸台具有导向斜面。

11. 根据权利要求1所述的一种压接式接线端子，其特征在于：所述压紧部件（3）还包括推块（34），所述防护盖（13）上设置有第一推块槽（35），所述推块（34）滑动安装在所述第一推块槽（35）内。

12. 根据权利要求11所述的一种压接式接线端子，其特征在于：所述弹片（14）的水平部（15）上与所述第一推块槽（35）对应位置处设置有第二推块槽（36），所述推块（34）的侧壁设置有限位凸台（38），所述限位凸台（38）具有引导斜面，所述第二推块槽（36）内设置有凸条（37），所述推块（34）滑动安装在所述第一推块槽（35）内后，所述推块（34）上的所述限位凸台（38）与所述凸条（37）实现扣合。

13. 根据权利要求9所述的一种压接式接线端子，其特征在于：所述安装槽（27）的侧壁设置有防呆柱（31），所述弹片（14）包括水平部（15），水平部（15）的侧边设置有能够与所述防呆柱（31）配合的防呆缺口（32），用于避免弹片（14）错装。

14. 根据权利要求1所述的一种压接式接线端子，其特征在于：防护盖（13）左端设置有弧形缺口（33），安装位（7）左侧设置有进线缺口（8），进线缺口（8）下端呈弧形结构，弧形缺口（33）与进线缺口18形成一容线孔。

15. 根据权利要求1所述的一种压接式接线端子，其特征在于：防护盖（13）上设置有定位条（42），绝缘基座（4）的对应位置处设置有定位槽（43），当压紧部件（3）打开120°时，压紧部件（13）不用手扶可自行立起来。

16. 根据权利要求1所述的一种压接式接线端子，其特征在于：防护盖（13）上设置有防滑纹路（39）。

针对本发明技术主题二"一种压接式接线端子的使用方法"（其独立权利要求依序撰写为权利要求17）：

上述技术特征4a)是对上述技术特征1a)中的导电片安装步骤的进一步限

定，该技术特征限定了将导电片 5 固定安装在绝缘基座上的步骤，基于该技术特征，技术方案进一步解决的技术问题是如何将导电片 5 固定安装在绝缘基座上。该附加技术特征为说明书实施例中记载的具体结构，无法再进行拆分，也无法对其中的部分特征再进行概括，因此应记载在一项从属权利要求中，该项从属权利要求可以作为引用权利要求 17 的从属权利要求 18。

上述技术特征 5a) 是对上述技术特征 3a) 中的导线压紧步骤的进一步限定，该技术特征限定的是将导线 1 定位的步骤，基于该技术特征，技术方案进一步解决的技术问题是在压接前如何对导线进行定位。该附加技术特征为说明书实施例中记载的具体结构，无法再进行拆分，也无法对其中的部分特征再进行概括，因此应记载在一项从属权利要求中；该项从属权利要求可以作为引用权利要求 17 的从属权利要求 19。

基于以上分析，可以撰写技术主题二的从属权利要求。

18. 根据权利要求 17 的压接式接线端子的使用方法，进一步包括如下步骤：

步骤 1 中，使得导电片 5 的 "L" 形连接部（22）的竖直部（24）穿过限位块（10）与安装位（7）形成的限位区域（44）中，且 "L" 形连接部（22）的平部（25）与限位块（10）接触。

19. 根据权利要求 17 的压接式接线端子的使用方法，进一步包括：

步骤 3 中，采用导线（1）端部与 "L" 形连接部（22）的竖直部（24）抵接，实现导线（1）的定位。

## 13.3　说明书及其摘要的撰写

下面来具体说明如何撰写本发明的说明书及其摘要。

（1）发明或者实用新型的名称

本发明涉及两项独立权利要求，发明名称中应该清楚、简要、全面地反映所要保护的主题 "压接式接线端子" 和 "压接式接线端子的使用方法"，因此，发明名称可以写为 "一种压接式接线端子及其使用方法"。

（2）发明或者实用新型的技术领域

本发明所属的直接应用的具体技术领域是连接器领域，具体涉及一种压接式接线端子及其使用方法。

(3) 发明或者实用新型的背景技术

具体到本发明，通过对现有技术的检索和分析，得到与本发明最相关的一份现有技术。因此，背景技术部分可以对该现有技术进行说明，并基于该现有技术，分析现有技术存在的缺陷。即，现有技术中的缺陷为对导线夹持不够牢固和可靠。

(4) 发明或者实用新型的内容

本部分应当清楚、客观地写明要解决的技术问题、采用的技术方案和与现有技术相比所具有的有益效果。撰写时，应注意如果检索到了相较于发明人在技术交底书中提供的背景技术更为相关的对比文件，发明所要解决的技术问题和与现有技术相比所取得的有益效果都会发生改变，应当进行适应性的修改。

1) 关于要解决的技术问题。

本发明的技术交底书中描述的所要解决的技术问题是"快速地对导线实现压接，而不需要导线弯折"，经过检索后，发现了更为接近的现有技术，相对于该现有技术，本发明由于在导电片和压紧部件的弹性片上设置扣合结构，从而可以更加牢固可靠地压接导线，相较于技术交底书描述的技术问题已经发生改变，因此需要作适应性的修改，修改后本发明所要解决的技术问题为"如何更加牢固可靠地压接导线"。

2) 关于技术方案。

由于本发明具有两个独立权利要求，应当在此部分说明这两项发明的技术方案，至少应反映包含全部必要技术特征的两个独立权利要求的技术方案。

3) 关于有益效果。

本发明的技术方案直接带来的技术效果为：能够更加牢固可靠地实现导线的压接。

(5) 附图说明

附图说明按照《专利审查指南2010》的要求撰写。

(6) 具体实施方式

在本发明中，发明人在技术交底书中给出了弹片与导电片扣合结构的具体实施方式、导电片结构的多个实施方式，为了支持权利要求的概括，这些实施方式均应记载在本部分。

(7) 说明书附图

在本发明中，具有多幅附图，应保证在多幅附图中附图标记前后一致，以免对技术方案的整体理解带来困惑。

(8) 说明书摘要

说明书摘要按照《专利审查指南2010》的要求撰写。

## 13.4　发明专利申请的参考文本

在上面工作的基础上，撰写本案例"一种压接式接线端子及其使用方法"的发明专利申请的参考文本。

<h2 style="text-align:center">权 利 要 求 书</h2>

1. 一种压接式接线端子，包括用于安装导线（1）的基座部件（2）和连接在所述基座部件（2）上用于将所述导线（1）压在所述基座部件（2）上的压紧部件（3）；所述基座部件（2）包括绝缘基座（4）、导电片（5）和端盖（6），所述绝缘基座（4）上设置有至少一个安装位（7），所述安装位（7）内配设有所述导电片（5）、所述端盖（6）和所述压紧部件（3），所述导电片（5）通过所述端盖（6）固定安装在所述安装位（7）内，所述压紧部件（3）位于所述导电片（5）的上方且铰接安装在所述安装位（7）内，所述压紧部件（3）包括防护盖（13）和弹片（14），所述防护盖（13）铰接安装在所述绝缘基座（4）上，其特征在于：所述弹片（14）安装在所述防护盖（13）上，所述弹片（14）和所述导电片（5）上分别设置有扣合结构，所述防护盖（13）转动后，所述弹片（14）与所述导电片（5）相互扣合，用于将所述导线（1）压接在所述导电片（5）上。

2. 根据权利要求1所述的一种压接式接线端子，其特征在于：所述端盖（6）上端具有一呈"凵"形结构的定位槽（9），所述安装位（7）两侧壁设置有限位块（10），所述导电片（5）安装在所述安装位（7）内后，所述端盖（6）与所述绝缘基座（4）相互卡合后将所述导电片（5）固定在所述限位块（10）的下端。

3. 根据权利要求1所述的一种压接式接线端子，其特征在于：所述端盖（6）三个侧面上均设置有卡槽（11），在所述安装位（7）侧壁上与所述卡槽（11）对应位置处设置有卡块（12），所述端盖（6）与所述绝缘基座（4）通过所述卡槽（11）及所述卡块（12）相互卡合后实现所述端盖（6）的固定。

4. 根据权利要求1所述的一种压接式接线端子，其特征在于：所述弹片（14）包括水平部（15）、斜部（16）和压紧部（17），所述斜部（16）倾斜连接在所述水平部（15）的左端，所述压紧部（17）呈"S"形结构，所述压紧部（17）上端与所述水平部（15）右端以过渡方式连接。

5. 根据权利要求4所述的一种压接式接线端子，其特征在于：所述斜部（16）包括连接部和连接在所述连接部两侧的卡爪（18），所述卡爪（18）端部具有第一折弯结构（19）；所述卡爪（18）端部的所述第一折弯结构（19）用于与所述导电片（5）实现扣合。

6. 根据权利要求4所述的一种压接式接线端子，其特征在于：所述水平部（15）右端设置有两个呈"S"形结构的尾爪（20），尾爪（20）与导电片（5）上设置的方孔（21）配合。

7. 根据权利要求1所述的一种压接式接线端子，其特征在于：所述导电片（5）包括"L"形连接部（22）和尾部（23），所述"L"形连接部（22）包括一个竖直部（24）和一垂直于所述竖直部（24）的平部（25），所述尾部（23）左端与所述平部（25）左端通过180°折弯相连，所述尾部（23）上表面与所述平部（25）下表面通过铆接紧密配合，所述平部（25）左端设置有能够与所述第一折弯结构（19）相互扣合的第二折弯结构（26）。

8. 根据权利要求7所述的一种压接式接线端子，其特征在于：所述尾部（23）为水平部，或是具有一个直角折弯，所述端盖（6）底部设置有通槽（40），所述尾部（23）折弯后能够穿过所述通槽（40），用于实现导电片（5）与端盖（6）的固定。

9. 根据权利要求1所述的一种压接式接线端子，其特征在于：所述防护盖（13）具有一个安装槽（27），所述安装槽（27）内设置有定位销（28），所述弹片（14）上设置有能够与所述定位销（28）配合的定位孔（29），用于实现弹片（14）固定安装在防护盖（13）上。

10. 根据权利要求9所述的一种压接式接线端子，其特征在于：所述安装槽（27）侧壁设置有用于将所述弹片（14）固定的倒扣（30），所述倒扣（30）为设置在所述安装槽（27）侧壁的凸台，所述凸台具有导向斜面。

11. 根据权利要求1所述的一种压接式接线端子，其特征在于：所述压紧部件（3）还包括推块（34），所述防护盖（13）上设置有第一推块槽（35），所述推块（34）滑动安装在所述第一推块槽（35）内。

12. 根据权利要求11所述的一种压接式接线端子，其特征在于：所述弹片（14）的水平部（15）上与所述第一推块槽（35）对应位置处设置有第二推块槽（36），所述推块（34）的侧壁设置有限位凸台（38），所述限位凸台（38）具有引导斜面，所述第二推块槽（36）内设置有凸条（37），所述推块（34）滑动安装在所述第一推块槽（35）内后，所述推块（34）上的所述限位凸台（38）与所述凸条（37）实现扣合。

13. 根据权利要求9所述的一种压接式接线端子，其特征在于：所述安装槽（27）的侧壁设置有防呆柱（31），所述弹片（14）包括水平部（15），水平部（15）的侧边设置有能够与所述防呆柱（31）配合的防呆缺口（32），用于避免弹片（14）错装。

14. 根据权利要求1所述的一种压接式接线端子，其特征在于：防护盖（13）左端设置有弧形缺口（33），安装位（7）左侧设置有进线缺口（8），进线缺口（8）下端呈弧形结构，弧形缺口（33）与进线缺口（8）形成一容线孔。

15. 根据权利要求1所述的一种压接式接线端子，其特征在于：防护盖（13）上设置有定位条（42），绝缘基座（4）的对应位置处设置有定位槽（43），当压紧部件（3）打开120°时，压紧部件（13）不用手扶可自行立起来。

16. 根据权利要求1所述的一种压接式接线端子，其特征在于：防护盖（13）上设置有防滑纹路（39）。

17. 一种根据权利要求1所述的压接式接线端子的使用方法，包括如下步骤：

步骤1：将导电片（5）从绝缘基座（4）的下端放置在安装位（7）中；

步骤2：将弹片（14）安装在防护盖（13）的安装槽内后将防护盖（13）铰接在绝缘基座（4）上；

其特征在于：

步骤3：将导线（1）水平放入安装位（7）中，转动防护盖（13），使得弹片（14）的压紧部（17）将导线（1）压在导电片（5）的平部（25）上，此时弹片（14）上设置的扣合结构与导电片（5）上设置的扣合结构相互扣合，实现导线（1）的固定。

18. 根据权利要求17的压接式接线端子的使用方法，进一步包括如下步骤：

步骤1中，使得导电片（5）的"L"形连接部（22）的竖直部穿过限位块（10）与安装位（7）形成的限位区域（44）中，且"L"形连接部（22）的平部（25）与限位块（10）接触。

19. 根据权利要求17的压接式接线端子的使用方法，进一步包括：

步骤3中，采用导线（1）端部与"L"形连接部（22）的竖直部（24）抵接，实现导线（1）的定位。

# 说 明 书

## 一种压接式接线端子及其使用方法

**技术领域**

本发明属于电连接技术领域，具体涉及一种压接式接线端子；另外，本发明还涉及一种压接式接线端子的使用方法。

**背景技术**

接线端子是电连接领域一类非常重要的产品，其成本低廉和应用方式灵活，使得国内外市场接线端子的各种新技术及其相关产品层出不穷。目前市场上有一些压接式接线端子，将导线插入接线端子的腔室后，转动铰接在绝缘基座上的扳动件，然后按压设置在扳动件下方的金属弹片，金属弹片响应于扳动件的动作，压制插入接线腔室中的导线，而使设置在接线端子腔室中的端子脚与导线间形成电连接。现有压接式接线端子在满足特殊客户群体要求时存在以下问题：导线与端子脚之间仅依靠金属弹片对导线的压接抵触形成电连接，两者之间电连接的可靠性和牢固性都不能满足要求。

**发明内容**

为了提高压接式接线端子与导线之间压接的可靠性和牢固性，本发明提供一种压接式接线端子及其使用方法。

一种压接式接线端子，包括用于安装导线的基座部件和连接在所述基座部件上用于将所述导线压在所述基座部件上的压紧部件；所述基座部件包括绝缘基座、导电片和端盖，所述绝缘基座上设置有至少一个安装位，所述安装位内配设有所述导电片、所述端盖和所述压紧部件，所述导电片通过所述端盖固定安装在所述安装位内，所述压紧部件位于所述导电片的上方且铰接安装在所述安装位内,所述压紧部件包括防护盖和弹片,所述防护盖铰接安装在所述绝缘基座上,其特征在于:所述弹片安装在所述防护盖上,所述弹片和所述导电片上分别设置有扣合结构,所述防护盖转动后,所述弹片与所述导电片相互扣合,用于将所述导线压接在所述导电片上。

一种上述压接式接线端子的使用方法,包括如下步骤:

步骤1:将导电片从绝缘基座的下端放置在安装位中;

步骤2:将弹片安装在防护盖的安装槽内后将防护盖铰接在绝缘基座上;

其特征在于,还包括:

步骤3:将导线水平放入安装位中,转动防护盖,使得弹片的压紧部将导线压在导电片的平部上,此时弹片上设置的扣合结构与导电片上设置的扣合结构相互扣合,实现导线的固定。

根据本发明提供的压接式接线端子及其使用方法,由于接线端子的弹片和导电片上设置有扣合结构,当弹片响应于防护盖的转动压接在导线上时,弹片与导电片可以相互扣合,从而能够对导线进行更加牢固的压接,因此能够提高导线压接的可靠性和牢固性。

**附图说明**

图1为本发明整体结构示意图。

图2为本发明旋转其中一个安装位中的压紧部件后的状态示意图。

图3为本发明图1的俯视图。

图4为本发明图3中A-A面剖视图。

图5为本发明部分组件分解示意图。

图6为本发明端盖的整体结构示意图。

图7为本发明弹片整体结构示意图。

图8为本发明导电片结构示意图。

图9为本发明另一实施例中的导电片整体结构示意图。

图10为本发明另一实施例中的导电片与端盖的配合关系示意图。

图11为本发明绝缘基座的结构示意图。

**具体实施方式**

下面结合附图对本发明的压接式接线端子及其使用方法进行说明。另外,在各实施方式中,相同或相应部分以同一标号来表示,并省略重复的说明。

本发明公开了一种压接式接线端子,如图1-4所示,包括用于安装导线1的基座部件2和连接在基座部件2上用于将导线1压在基座部件2上的压紧部件3；基座部件2包括绝缘基座4、导电片5和端盖6，绝缘基座4上设置有至少一个安装位7，安装位7左端为进线端；安装位7内配设有所述导电片5、端盖6和压紧部件3，导电片5通过端盖6固定安装在所述安装位7内，压紧部件3位于导电片5的上方且铰接安装在所述安装位7内；压紧部件3包括防护盖13和弹片14，防护盖13铰接安装在绝缘基座4上，弹片14安装在防护盖13上，弹片14能够与导电片5相互扣合，通过转动防护盖13后使得弹片14将导线1压紧在导电片5上，防止导线1脱落。

如图3所示，在本实施例中，绝缘基座4上设置有三个安装位7，每一个安装位7内均设置有导电片5、端盖6和压紧部件3。

其中，安装位7左侧为一进线缺口8，进线缺口8下端呈弧形结构；这样在压紧导线1的时候便于将导线1伸进安装位7内。

如图5和图11所示，端盖6上端具有一呈"凵"形结构的定位槽9，安装位7两侧壁设置有限位块10，导电片5安装在所述安装位7内后，端盖6与绝缘基座4相互卡合后将导电片5紧紧固定在限位块10的下端。这样，通过设置的限位块10能够对导电片5进行限位，便于端盖6与绝缘基座4卡合后实现固定导电片5的目的，端盖6将导电片5压在限位块10上后能够有效地固定导电片5，防止导电片5脱落；而定位槽9呈"凵"形结构，能够对导电片5起到定位及限位的目的。

其中，端盖6三个方向侧面上均设置有卡槽11，在安装位7侧壁上与所述卡槽11对应位置设置有卡块12，端盖6与绝缘基座4通过卡槽11及卡块12相互卡合后实现端盖6的固定，同时，在安装的时候也将更加便捷，操作更加简单，只需要对准后按动端盖即可。

如图4所示，防护盖13与绝缘基座4之间设置有定位机构41，定位机构41包括设置在防护盖13上的定位条42和设置在绝缘基座4上能够与所述定位条42相互卡合的第一定位槽43。当压紧部件3打开120°时，压紧部件3不用手扶可自行立起来。

防护盖13的端面上设置有防滑纹路39，便于对防护盖13进行操作。

防护盖13左端设置有弧形缺口33，这样能够使得弧形缺口33与进线缺口8形成一容线孔，同时，使得压紧部件3与基座部件2扣合后，可以防止异物进入安装位7中。

如图7所示，在本实施例中，弹片14结构如下：
弹片14包括水平部15、斜部16和压紧部17，斜部16倾斜连接在水平部

15 的左端，压紧部 17 呈 "S" 形结构，压紧部 17 上端与水平部 15 右端以水平过渡方式连接。斜部 16 包括连接部和连接在所述连接部两侧的卡爪 18，卡爪 18 端部具有第一折弯结构 19；卡爪 18 端部的第一折弯结构 19 用于与导电片 5 实现卡合。这样，在实际的使用中，弹片 14 的压紧部 17 与导线 1 接触后，由于压紧部 17 呈 "S" 形结构，使得压紧部 17 具有在弯曲的部分形成主变形区和副变形区，靠近压紧部 17 的压紧端为副变形区；转动防护盖 13 后，压紧部 17 的压紧端与导线 1 接触后，弹片 14 的主变形区发生较大变形，弹片 14 的副变形区发生辅助变形，使得弹片 14 压紧导线 1。

在本实施例中，水平部 15 右端设置有两个呈 "S" 形结构的尾爪 20，尾爪 20 与导电片 5 上设置的方孔 21 配合。这样，弹片 14 的压紧部 17 在压紧导线 1 后，弹片 14 上卡爪 18 端部的第一折弯结构 19 与导电片 5 进行扣合后，所述尾爪 20 能够滑入导电片 5 上的方孔 21 中，进而使得弹片 14 压紧导线 1 后，由于弹片 14 两端尾部的最终着力点均在导电片 5 上，进而可极大提高端子压接的可靠性和耐久性。

图 8 示出了导电片 5 的一种实施例。如图 8 所示，其中，导电片 5 结构如下：导电片 5 包括 "L" 形连接部 22 和尾部 23，尾部 23 设置为水平部，"L" 形连接部 22 包括一个竖直部 24 和一垂直于竖直部 24 的平部 25，尾部 23 左端与平部 25 左端通过 180° 折弯相连，尾部 23 上表面与平部 25 下表面通过铆接紧密配合，所述方孔 21 设置在竖直部上；平部 25 左端设置有能够与所述第一折弯结构 19 相互扣合的第二折弯结构 26。这样，通过第一折弯结构 19 与第二折弯结构 26 相互扣合后实现弹片 14 与导电片 5 的连接，并且，"L" 形连接部 22 能够插入限位块 10 与安装位 7 之间形成的限位区域 44 中，能够起到限位的作用，能够防止导电片 5 在使用时受拉力后滑出绝缘基座 4。

图 9 和图 10 示出了导电片 5 的另一种实施例，为适应不同的空间要求，尾部 23 还可以具有一个直角折弯，端盖 6 底部设置有一垂直并与所述定位槽 9 连通的通槽 40，尾部 23 折弯后能够穿过所述通槽 40。

如图 6 所示，防护盖 13 具有一个安装槽 27，安装槽 27 内设置有定位销 28，弹片 14 上设置有能够与所述定位销 28 配合的定位孔 29。安装槽 27 侧壁设置有用于将弹片 14 固定的倒扣 30。倒扣 30 为设置在安装槽 27 侧壁的凸台，凸台具有导向斜面；设置的导向斜面能够起到导向的作用，便于实现弹片 14 的安装。安装槽 27 侧壁设置有防呆柱 31，水平部 15 侧边设置有能够与所述防呆柱 31 配合的防呆缺口 32，进而保证弹片 14 的装配位置唯一，防止错装。在弹片14直接卡入防护盖13上设置的安装槽27中时，防护盖13上的定位销28和弹片14上的定位孔29实现定位，防护盖13上的倒扣30实现防护盖13和弹片14的刚性固联。

如图1、图4和图5所示，压紧部件3还包括推块34，防护盖13上设置有第一推块槽35，弹片14的水平部15上与所述第一推块槽35相互对应位置处设置有第二推块槽36，推块34滑动安装在第一推块槽35内；安装槽27内设置有能够延伸进第二推块槽36内的凸条37；推块34侧壁设置有限位凸台38，限位凸台38具有一个引导斜面，推块34滑动安装在第一推块槽35内后，推块34上的限位凸台38与凸条37实现扣合；推块34左端与弹片14的斜部16接触。若需要将弹片14与导电片5之间的连接脱开，只需要用改刀戳推块34，一方面推块34涨开弹片14的斜部16，另一方面当推块34压到位后，让压紧部件3顺时针旋转微小角度使卡爪18脱离导电片5，从两个方面保证了卡爪18与导电片5脱开。

本发明还涉及一种压接式接线端子的使用方法，其具体过程如下：

步骤1：将导电片5从绝缘基座4的下端放置在安装位7中，使得导电片5的"L"形连接部22的竖直部24穿过限位块10与安装位7形成的限位区域44中，且"L"形连接部22的平部25与限位块10接触，将端盖6卡接在绝缘基座4上并使得端盖6将导电片5紧紧压在限位块10上；

步骤2：将弹片14安装在防护盖13的安装槽27内后将防护盖13铰接在绝缘基座4上；

步骤3：将导线1水平放入安装位7中，采用导线1端部与"L"形连接部22的竖直部24实现导线1的定位，转动防护盖13，使得弹片14的压紧部17将导线1紧紧压在导电片5的平部25上，此时弹片14上设置的第一折弯结构19与导电片5上设置的第二折弯结构26相互扣合即可实现导线1的固定。

尽管已描述了本发明的优选实施例，但本领域内的技术人员一旦得知基本创造性概念，则可对这些实施例作出另外的变更和修改。所以，所附权利要求意欲解释为包括优选实施例以及落入本发明范围的所有变更和修改。以上所述仅为本发明的较佳实施例而已，并不用以限制本发明，应当指出的是，凡在本发明的精神和原则之内所作的任何修改、等同替换和改进等，均应包含在本发明的保护范围之内。

## 说 明 书 附 图

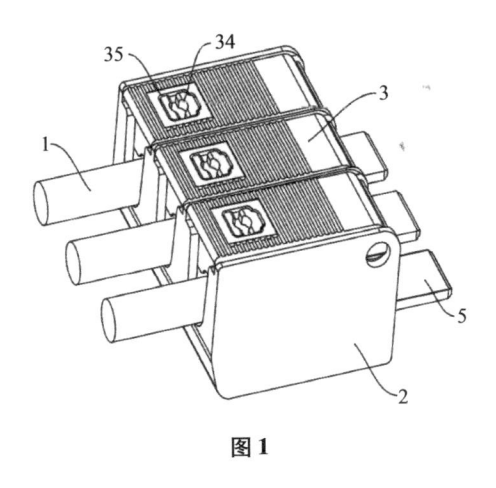

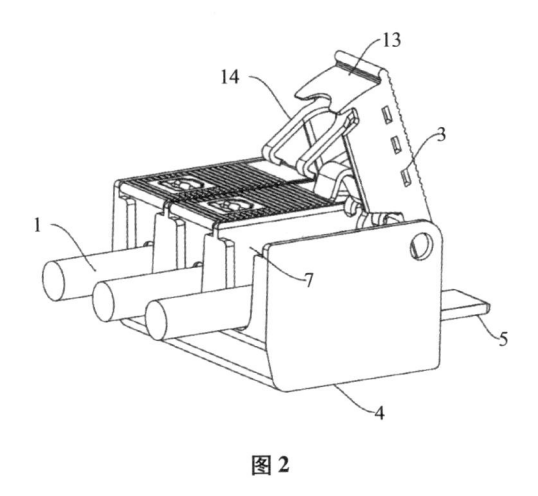

图 1

图 2

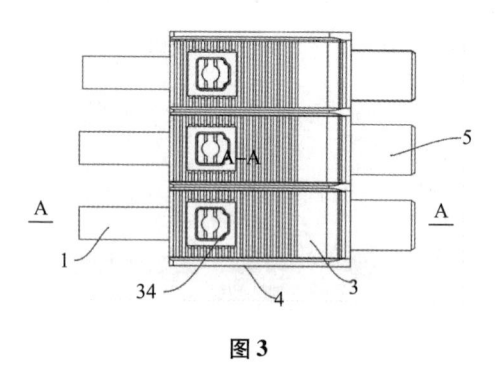

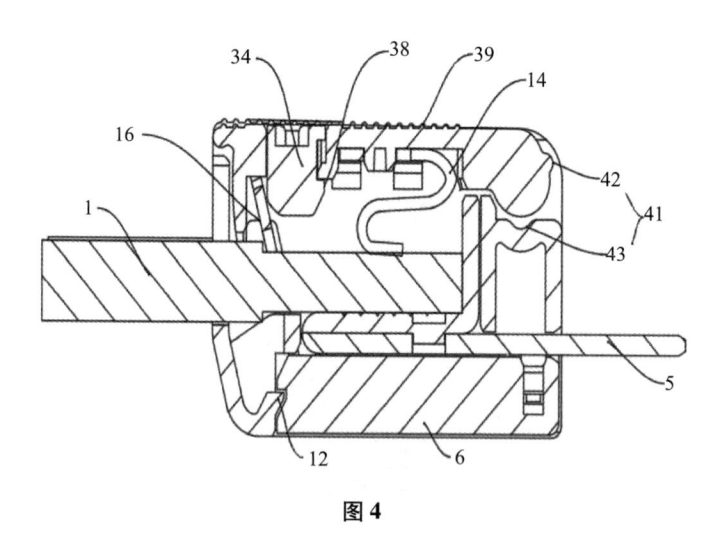

图 3

图 4

第 13 章　开关连接器领域

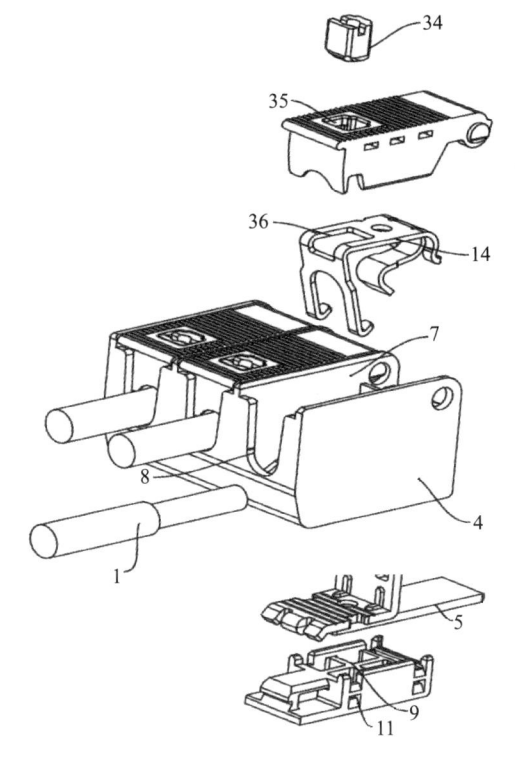

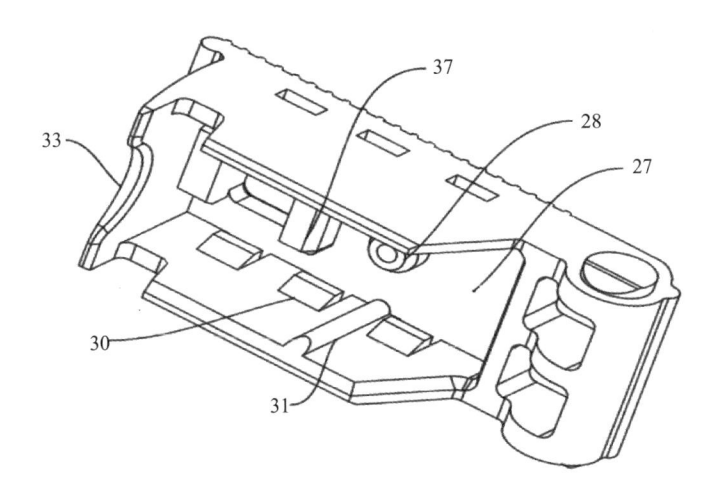

图 5

图 6

图 7

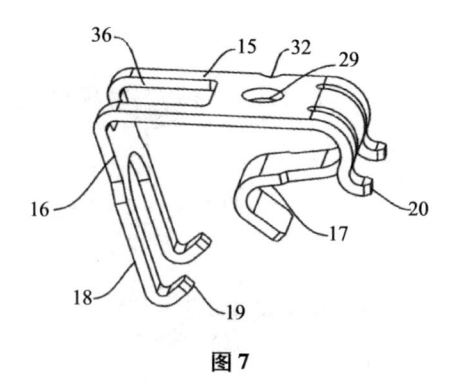

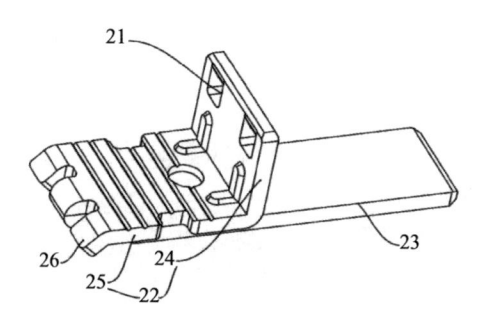

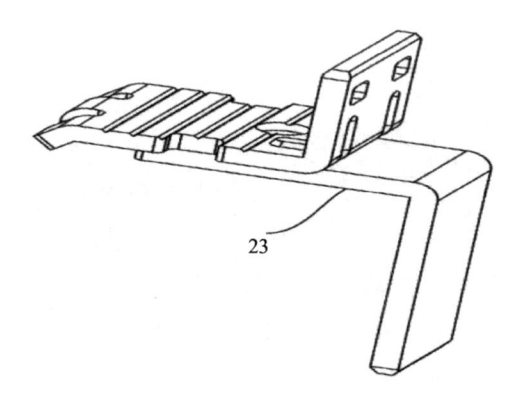

图 8

图 9

第 13 章 开关连接器领域

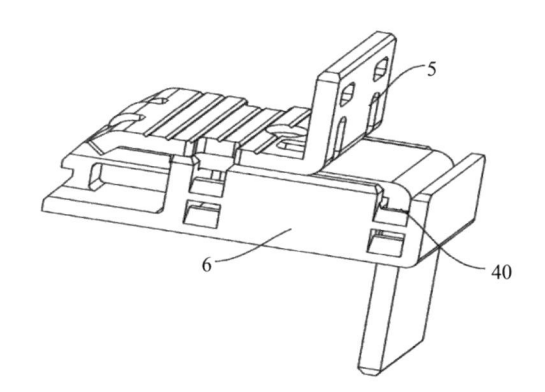

图 10

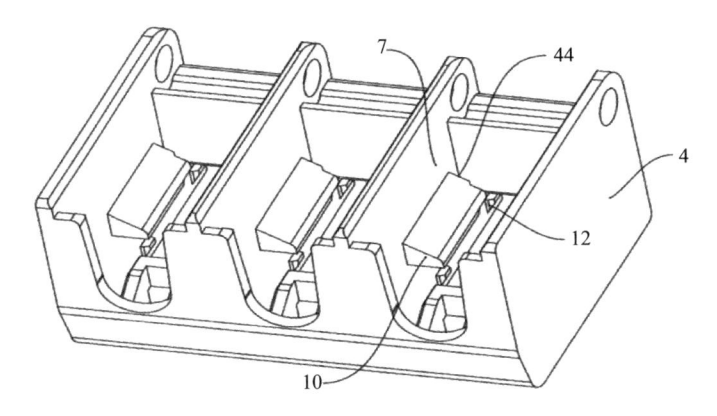

图 11

# 说 明 书 摘 要

　　一种压接式接线端子，包括用于安装导线的基座部件和连接在基座部件上用于将导线压在基座部件上的压紧部件；基座部件包括绝缘基座、导电片和端盖，绝缘基座上设置有至少一个安装位，安装位左端为进线端；安装位内配设有导电片、端盖和压紧部件，导电片通过端盖固定安装在所述安装位内，压紧部件位于导电片的上方且铰接安装在所述安装位内；压紧部件转动后能够与导电片扣合，压紧部件与导电片相互扣合后，可将导线紧紧压在导电片上；另外，本发明还公开了一种压接式接线端子的使用方法。本发明在实际的使用中能够实现快速固定导线的目的，且能够将导线牢固且可靠地压接在接线端子中，同时避免了导线在压接的过程中出现折弯的情况。

# 摘 要 附 图

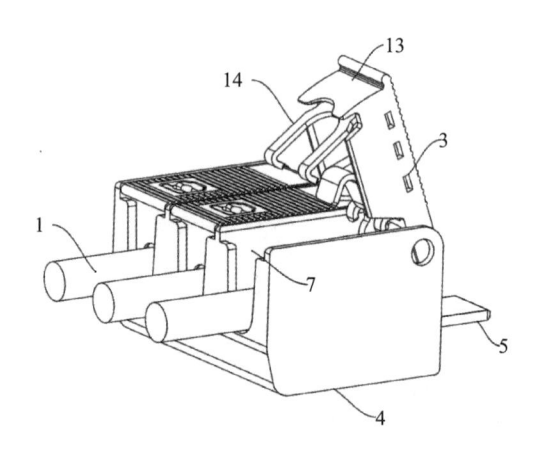

# 参考文献

[1] 尹新天. 专利法详解［M］. 北京：知识产权出版社，2011.

[2] 李永红，肖光庭. 电学领域专利申请文件撰写精要［M］. 北京：知识产权出版社，2016.

[3] 李超，王智勇. 通信领域专利申请文件撰写案例剖析［M］. 北京：知识产权出版社，2017.

[4] 孟俊娥，赵建军. 机械领域专利申请文件撰写精解［M］. 北京：知识产权出版社，2021.